Σ BEST
シグマベスト

シグマ 基本問題集

化 学

文英堂編集部 編

文英堂

特色と使用法

◎「**シグマ基本問題集 化学**」は，問題を解くことによって教科書の内容を基本からしっかりと理解していくことをねらった**日常学習用問題集**である。編集にあたっては，次の点に気を配り，これらを本書の特色とした。

▶ 学習内容を細分し，重要ポイントを明示

● 学校の授業にあった学習をしやすいように，「化学」の内容を54の項目に分けた。また，**テストに出る重要ポイント**では，その項目での重要度が非常に高く，必ずテストに出そうなポイントだけをまとめた。必ず目を通すこと。

▶ 「基本問題」と「応用問題」の2段階編集

● **基本問題**は教科書の内容を理解するための問題で，**応用問題**は教科書の知識を応用して解く発展的な問題である。どちらも小問ごとに できたらチェック 欄を設けてあるので，できたかどうかをチェックし，弱点の発見に役立ててほしい。また，解けない問題は ガイド などを参考にして，できるだけ自分で考えよう。
● 特に重要な問題は 例題研究 として取り上げ， 着眼 と 解き方 をつけてくわしく解説している。

▶ 定期テスト対策も万全

● **基本問題**のなかで定期テストで必ず問われる問題には テスト必出 マークをつけ，**応用問題**のなかで定期テストに出やすい応用的な問題には 差がつく マークをつけた。テスト直前には，これらの問題をもう一度解き直そう。

▶ くわしい解説つきの別冊正解答集

● 解答は答え合わせをしやすいように別冊とし，**問題の解き方が完璧にわかる**ようくわしい解説をつけた。また， テスト対策 では，定期テストなどの試験対策上のアドバイスや留意点を示した。大いに活用してほしい。

もくじ

1章 物質の状態

1. 物質の状態変化と蒸気圧 ……… 4
2. 分子間力と沸点・融点 ……… 8
3. ボイル・シャルルの法則 ……… 10
4. 気体の状態方程式 ……… 12
5. 混合気体の圧力 ……… 14
6. 金属結晶の構造 ……… 16
7. イオン結晶の構造 ……… 19
8. その他の結晶と非晶質 ……… 22
9. 溶解と溶解度 ……… 24
10. 溶液の濃度 ……… 28
11. 希薄溶液の性質 ……… 30
12. コロイド溶液 ……… 34

2章 物質の変化

13. 反応熱と熱化学方程式 ……… 36
14. ヘスの法則と結合エネルギー ……… 40
15. 電池 ……… 43
16. 電気分解 ……… 46
17. 反応の速さと反応のしくみ ……… 50
18. 化学平衡と平衡定数 ……… 54
19. 化学平衡の移動 ……… 58
20. 電離平衡と電離定数 ……… 60
21. 電解質水溶液の平衡 ……… 63

3章 無機物質

22. 元素の分類と性質 ……… 68
23. 水素と希ガス(貴ガス) ……… 70
24. ハロゲン ……… 72
25. 酸素と硫黄 ……… 76
26. 窒素とリン ……… 78
27. 炭素とケイ素 ……… 80
28. 気体の製法と性質 ……… 82
29. 典型元素の金属とその化合物 ……… 85
30. 遷移元素とその化合物 ……… 90
31. 金属イオンの分離と確認 ……… 94
32. 金属 ……… 96
33. セラミックス ……… 98

4章 有機化合物

34. 有機化合物の化学式の決定 ……… 100
35. 脂肪族炭化水素 ……… 102
36. アルコールとアルデヒド・ケトン ……… 105
37. カルボン酸とエステル ……… 109
38. 油脂とセッケン ……… 112
39. 芳香族炭化水素 ……… 115
40. フェノールと芳香族カルボン酸 ……… 118
41. ニトロ化合物と芳香族アミン ……… 121
42. 有機化合物の分離 ……… 124
43. 染料と洗剤 ……… 126
44. 医薬品の化学 ……… 128

5章 高分子化合物

45. 高分子化合物と重合の種類 ……… 130
46. 糖類 ……… 132
47. アミノ酸とタンパク質 ……… 137
48. 生命体を構成する物質 ……… 142
49. 化学反応と酵素 ……… 144
50. 生体内の化学反応 ……… 146
51. 化学繊維 ……… 148
52. 合成樹脂(プラスチック) ……… 152
53. 天然ゴムと合成ゴム ……… 155
54. 機能性高分子と再利用 ……… 157

◆ 別冊 正解答集

1 物質の状態変化と蒸気圧

テストに出る重要ポイント

- **粒子の熱運動**…物質を構成している粒子（原子・分子・イオンなど）が，その温度に応じて行っている運動。三態のうち，どの状態かは，粒子間の引力の大きさと熱運動の激しさによって決まる。

- **三態と熱運動**
  ① **固体**…粒子は，定まった位置で振動している。
  ➡ 粒子が規則正しく配列している固体が**結晶**。
  ② **液体**…粒子は集合しているが，互いに入れ替わったり，移動できる。
  ③ **気体**…分子が互いに離れて高速で運動している。

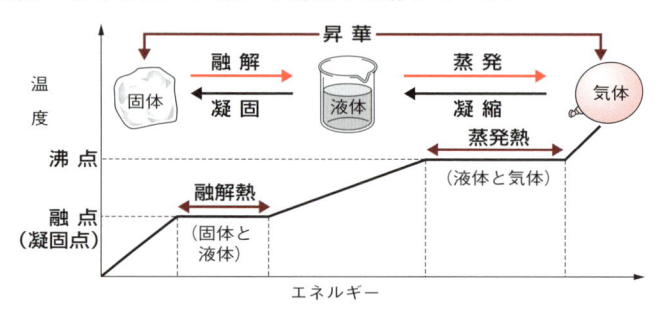

  （温度−エネルギーのグラフ：固体→融解→液体→蒸発→気体，昇華，凝固，凝縮，融解熱（固体と液体），蒸発熱（液体と気体），融点（凝固点），沸点）

- **気体の圧力**…気体分子が容器などの壁に衝突しておよぼす力が原因。
  ① **大気の圧力**…**大気圧**といい，標準大気圧は **1 atm**（1気圧）で，**高さ760 mm の水銀柱**による圧力と等しい。➡ トリチェリの実験
  ② **圧力の単位**…$1\,\text{atm} = 760\,\text{mmHg} = 1.013 \times 10^5\,\text{Pa}$

- **蒸気圧と沸騰**
  ① **飽和蒸気圧（蒸気圧）**…気液平衡における蒸気の圧力。
    ▶ **気液平衡**…蒸発と凝縮の速さが等しくなった状態。
    ↳見かけ上は蒸発も凝縮も停止。
  ② **沸騰**…液体の内部からも蒸発する現象で，蒸気圧が外圧に等しいときに起こる。
    ➡ このときの温度が**沸点**。
    ▶ 単に沸点といえば，外圧が$1.013 \times 10^5\,\text{Pa}$のときの値である。
  ③ **蒸気圧曲線**…蒸気圧と温度との関係のグラフ（右上の図）。

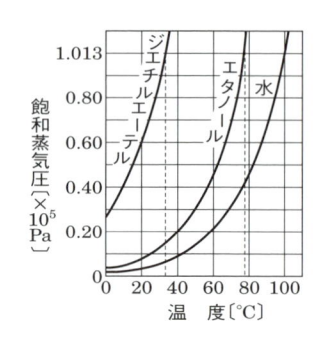

（蒸気圧曲線のグラフ：ジエチルエーテル，エタノール，水。縦軸 飽和蒸気圧 $[\times 10^5\,\text{Pa}]$，横軸 温度 $[℃]$）

基本問題

解答 → 別冊 *p.2*

1 物質の三態

分子からなる物質について述べた次の(1)～(5)の文は，固体，液体，気体のどれにあてはまるか。

- (1) 分子間の距離が小さいが，分子の位置が互いに置き換わる。
- (2) エネルギーの最も低い状態である。
- (3) 分子間の距離が最も大きい。
- (4) 分子間の距離がほぼ一定である。
- (5) 分子間力がほとんど無視できる。

2 状態変化と温度・エネルギー ◀テスト必出

右図は，ある物質を固体から加熱していったときの温度と加熱時間のグラフである。あとの各問いに答えよ。

- (1) 図の T_1，T_2 は何とよばれるか。
- (2) AB 間，BC 間，CD 間，DE 間，EF 間では，この物質はそれぞれのような状態にあるか。
- (3) BC 間および DE 間では，なぜ温度が上昇しないのか。理由を説明せよ。
- (4) CD 間の状態と EF 間の状態では，密度はどちらが大きいか。
- (5) AB 間の状態から，CD 間の状態になる状態変化を何というか。
- (6) AB 間の状態から，直接 EF 間の状態になる状態変化を何というか。

3 気液平衡

次のア～エの文のうち，物質が気液平衡の状態にあることを最もよく示しているものはどれか。

- ア 液体の表面から分子がたえず飛び出している状態。
- イ 液体の表面から分子が飛び出し，空間にある分子が液体にもどる状態。
- ウ 液体の表面から飛び出す分子数と，空間から液体中にもどる分子数とが等しくなっている状態。
- エ 液体の表面から分子が飛び出さなくなった状態。

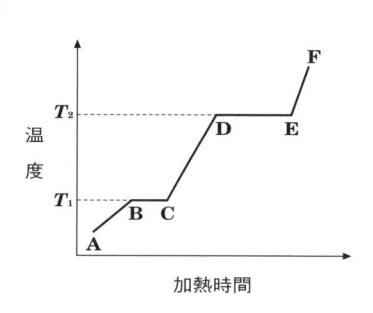

4 蒸気圧曲線と沸点 〈テスト必出〉

右図は物質 A, B, C の蒸気圧曲線である。次の各問いに答えよ。

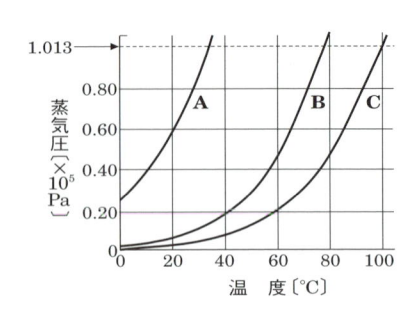

- (1) A, B, C の沸点はおよそ何℃か。
- (2) 水は A ~ C のどれか。
- (3) 最も蒸発しやすい物質はどれか。
- (4) A は外圧が 6.0×10^4 Pa のとき，何℃で沸騰するか。

応用問題　　　　　　　　　　　　　　　　　解答 ➡ 別冊 p.3

5 次のア～オの文のうち，正しいものをすべて答えよ。
- ア　沸点では，物質は液体と気体のエネルギーが等しくなっている。
- イ　固体が液体になる変化を昇華という。
- ウ　分子からなる物質の大部分では，その分子間の距離は，液体のときのほうが固体のときよりやや大きい。
- エ　液体が固体になるときは，融解熱と等しい量の熱を放出する。
- オ　気体では，温度が高くなるにつれて，分子間の平均距離が大きくなる。

6 〈差がつく〉右図は，物質 A ~ C の蒸気圧曲線である。次のア～オの文のうち，誤っているものはどれか。 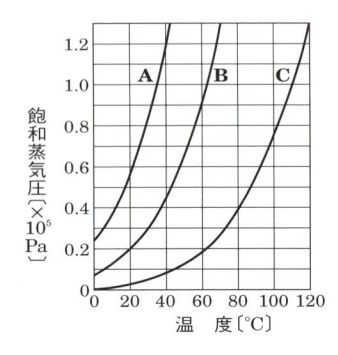
- ア　外圧が 1.0×10^5 Pa のとき，C の沸点が最も高い。
- イ　40℃では，C の飽和蒸気圧が最も小さい。
- ウ　外圧が 0.2×10^5 Pa のときの B の沸点は，外圧が 1.0×10^5 Pa のときの A の沸点より低い。
- エ　20℃の密閉容器にあらかじめ 0.05×10^5 Pa の窒素が入っているとき，その中での B の飽和蒸気圧は 0.15×10^5 Pa である。
- オ　80℃における C の飽和蒸気圧は，20℃における A の飽和蒸気圧より小さい。

📖 **ガイド**　飽和蒸気圧が外圧に等しいときの温度が沸点である。

例題研究 1．次の各問いに答えよ。

(1) 0℃の氷45.0gを加熱して100℃の水蒸気にするのに必要な熱量を求めよ。ただし，水の融解熱を6.01 kJ/mol，蒸発熱を40.7 kJ/mol，水1gの温度を1℃上げるのに必要な熱量を4.18Jとする。（原子量；H = 1.0，O = 16.0）

(2) ある純物質の固体1 molを，大気圧のもとで毎分2.0 kJの割合で加熱した。右図は，そのときの加熱時間と物質の温度の関係を表している。この物質の融解熱と蒸発熱を求めよ。

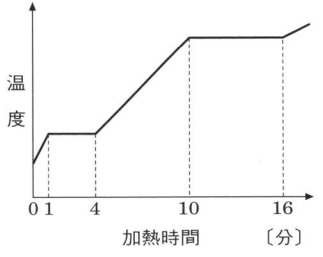

着眼 (1) 必要な熱量＝融解に必要な熱量＋温度上昇に必要な熱量＋蒸発に必要な熱量
(2) 融解中や沸騰中は，物質の温度は上昇しない。

解き方 (1) 氷の物質量は，$\dfrac{45.0}{18.0}$ = 2.50 mol

必要な熱量 = 6.01 × 2.50 + 4.18 × 10^{-3} × 100 × 45.0 + 40.7 × 2.50
　　　　　　融解に必要な熱量　　　温度上昇に必要な熱量　　　蒸発に必要な熱量
 = 135.5… ≒ 136 kJ

(2) 加熱してから1分後に融解が始まり，10分後に沸騰が始まっている。
融解熱；2.0 × (4 − 1) = 6.0 kJ/mol
蒸発熱；2.0 × (16 − 10) = 12.0 kJ/mol

答 (1) 136 kJ　(2) 融解熱；6.0 kJ/mol，蒸発熱；12.0 kJ/mol

---

7 ◆差がつく 右図は水の状態図で，圧力Pと温度Tの変化と水の状態の関係を示している。次の各問いに答えよ。

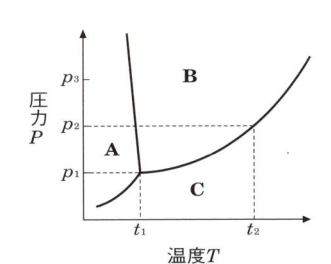

□(1) A，B，Cは，どの状態を示すか。
□(2) 次のア〜エのうち，正しいものはどれか。
　ア　水の融点は，圧力に関係なく一定である。
　イ　圧力がp_2からp_3になると，水の沸点は低くなる。
　ウ　圧力がp_1より低いとき，水は固体から直接，気体になる。
　エ　温度がt_1より低いときは，圧力を変えても水は液体では存在しない。

📖**ガイド**　AとBの間の直線は水の融点を表し，BとCの間の曲線は蒸気圧曲線であり，水の沸点を表す。

2 分子間力と沸点・融点

テストに出る重要ポイント

- **分子間力**…ファンデルワールス力や水素結合など，分子間にはたらく弱い引力。➡ イオン結合や共有結合より，結合力がはるかに弱い。
- **ファンデルワールス力**…すべての分子間にはたらく引力。➡ 構造が同じような分子では分子量が大きいほど強く，沸点が高くなる。
- **水素結合**…電気陰性度の大きい元素の水素化合物（HF，H_2O，NH_3）の分子間に生じる引力。結合力は，ファンデルワールス力よりは強いが，共有結合ほどは強くない。➡ HF，H_2O，NH_3 の沸点は分子量から予想される温度に比べて，異常に高い。
- **水の特性**…沸点・融点が高い。さまざまな物質を溶かす。氷（固体）の密度は水（液体）より小さい。
  ➡ この特性は水素結合による。
- **分子の極性と沸点**…分子量が同程度の水素化合物の沸点を比較すると，14族に比べて15，16，17族の水素化合物の沸点が高い。
  ➡ 15，16，17族の水素化合物は極性分子であり，分子間に静電気的な引力がはたらくためである。

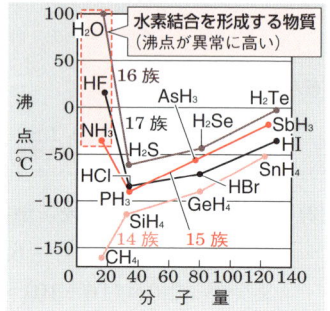

基本問題

解答 ➡ 別冊 p.3

8 分子からなる物質の沸点 ◀テスト必出

次の文中のア～キにあてはまる語句を答えよ。

CH_4，SiH_4，GeH_4 などの14族の水素化合物の沸点は，分子量が大きくなるほど（ ア ）なっている。これは，分子量が大きいほど（ イ ）が強くなるためである。また，NH_3，PH_3，AsH_3 などの15族の水素化合物のほうが，14族の水素化合物より沸点が（ ウ ）。これは14族の水素化合物の分子が（ エ ）形で（ オ ）分子であるのに対し，15族の水素化合物の分子は（ カ ）形で（ キ ）分子であるためである。

9 水の性質

次の記述ア～エのうち，正しいものはどれか。
ア　水は極性分子からなる物質も，無極性分子からなる物質も溶かす。
イ　水は凝固すると，密度が大きくなる。
ウ　水の沸点が分子量に比較して異常に高いのは，水素結合と関係している。
エ　水分子は1対の非共有電子対と2対の共有電子対をもつ。

応用問題　　　　　　　　　　　　　　　　　　　　解答 → 別冊 p.4

10　次の(1)～(5)は2種類の物質の融点あるいは沸点の高さを比べたものである。それぞれの融点・沸点の高低ができる理由を説明したものをア～オから選べ。
(1)　NH_3 < NaCl　　(2)　KCl < NaCl　　(3)　F_2 < HCl
(4)　CH_4 < C_2H_6　　(5)　AgCl < $BaCl_2$

ア　イオンからなる物質において，両イオン間の中心距離が小さいほど，イオン間にはたらく力は大きく融点は高い。
イ　イオンからなる物質は，分子からなる物質より融点が高い。
ウ　分子からなる物質において，分子量が大きいほど沸点は高い。
エ　イオンからなる物質において，両イオン間の距離は同じでも，両イオンの電気量が大きいほど結合が強く，融点も高い。
オ　分子量がほぼ同じでも，極性分子は無極性分子より沸点が高い。

11　<差がつく>　A_1～A_4，B_2～B_4，C_1～C_4，D_1～D_4は，それぞれ14族，15族，16族，17族の各周期の元素の水素化合物である。

(1)　A_1，C_1，D_1を化学式で表せ。
(2)　C_1，D_1の沸点が高い理由を説明せよ。
(3)　C_1のほうがD_1より沸点が高い理由は何か，説明せよ。
(4)　第3周期以降では，周期が大きくなるほど沸点が高くなっている。これはなぜか。この理由を説明せよ。
(5)　15族の第2周期元素の水素化合物をB_1とする。B_1の沸点は図中のア～ウのどこに示されるか。記号で答えよ。

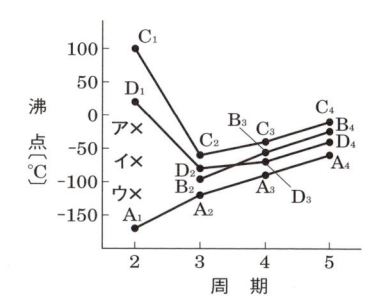

3 ボイル・シャルルの法則

テストに出る重要ポイント

- **ボイルの法則**

 一定量の気体の体積は，**圧力に反比例する**（温度一定）。

 $P_1V_1 = P_2V_2$　　　はじめ ➡ 圧力…P_1，体積…V_1
 　　　　　　　　　　　変化後 ➡ 圧力…P_2，体積…V_2

- **シャルルの法則**

 一定量の気体の体積は，**絶対温度に比例する**（圧力一定）。

 $\dfrac{V_1}{T_1} = \dfrac{V_2}{T_2}$　　　はじめ ➡ 絶対温度…T_1，体積…V_1
 　　　　　　　　　変化後 ➡ 絶対温度…T_2，体積…V_2

 ▶ 絶対温度 $T(\mathrm{K}) = 273 + t(\text{℃})$

- **ボイル・シャルルの法則**

 一定量の気体の体積は，**圧力に反比例し，絶対温度に比例する**。

 $\dfrac{P_1V_1}{T_1} = \dfrac{P_2V_2}{T_2}$　　　はじめ ➡ 圧力…P_1，絶対温度…T_1，体積…V_1
 　　　　　　　　　　変化後 ➡ 圧力…P_2，絶対温度…T_2，体積…V_2

基本問題　　　　　　　　　　　　　　　　　　　　　解答 ➡ 別冊 *p.4*

12 ボイルの法則とシャルルの法則　◀テスト必出

次の各問いに答えよ。

□(1) 2.5×10^5 Pa で 3.0 L の酸素を，同じ温度で 10.0 L の容器に入れた。酸素の示す圧力は何 Pa か。

□(2) 標準状態で 6.0 L の気体を，同じ圧力で 100℃ とすると，体積は何 L になるか。

13 ボイルの法則とシャルルの法則のグラフ

次の(1), (2)にあてはまるグラフをあとのア〜カから選べ。

□(1) $PV = $ 一定　　　　□(2) $\dfrac{V}{T} = $ 一定

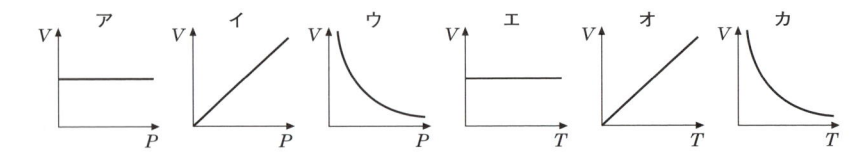

ア　イ　ウ　エ　オ　カ

例題研究 2. 27℃, 3.03×10^5 Pa で600 mLの水素は, 標準状態で何mLか。

着眼 温度と圧力の両方が変化しているから, ボイル・シャルルの法則に代入する。なお, 標準状態は0℃, 1.01×10^5 Pa である。

解き方 $\dfrac{P_1 V_1}{T_1} = \dfrac{P_2 V_2}{T_2}$ に代入する。

$$\dfrac{3.03 \times 10^5 \times 600}{273+27} = \dfrac{1.01 \times 10^5 \times V_2}{273} \quad \therefore \quad V_2 = 1638 ≒ 1640 \text{ mL}$$

答 1640 mL

14 ボイル・シャルルの法則 ◀テスト必出

次の各問いに答えよ。

(1) 27℃, 2.02×10^5 Pa で4.0 Lの窒素は, 標準状態で何Lか。

(2) 標準状態で5.0 Lの酸素を2.0 Lの容器に入れて77℃に保つと, 圧力は何Paか。

(3) 127℃, 3.03×10^5 Pa で6.00 Lの水素を, 4.00 Lの容器に入れてある温度に保つと, 圧力は9.09×10^5 Paであった。温度を何℃に保ったか。

応用問題 ……………………………………… 解答 ➡ 別冊 p.5

15 次の各問いに答えよ。

(1) 0℃で3.0 Lの気体の圧力を2倍にしたところ, 体積が2.0 Lになった。このときの温度は何℃か。

(2) 標準状態で, 窒素7.0 gは何Lの体積を占めるか。また, 圧力を一定に保って137℃に加熱すると, その体積は何Lとなるか。

📖 **ガイド** (1) P_1 を P_0, P_2 を $2P_0$ として式に代入。

16 ◀差がつく 一定量の気体を温度 T_1〔K〕または T_2〔K〕に保ったまま, 圧力 P を変えたときの気体の体積 V〔L〕と圧力 P〔Pa〕との関係を表すグラフとして最も適当なものを, 次のア～オから選べ。ただし, $T_1 > T_2$ とする。

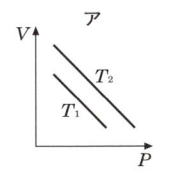

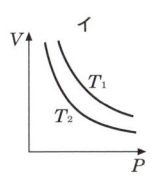

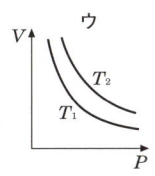

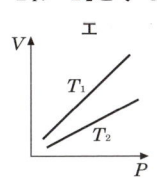

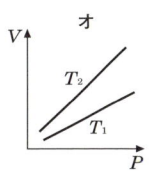

4 気体の状態方程式

> ★ テストに出る重要ポイント
>
> ● **気体の状態方程式**…与えられた条件に合わせて，次の2つの式を使い分ける。
>
> $$PV = nRT \qquad PV = \frac{w}{M}RT$$
>
> n；物質量〔mol〕　　R；気体定数　　w；質量〔g〕　　M；分子量
>
> ▶代入するとき，次の単位に注意する。
>
> $P \to$ Pa，$V \to$ L，$T \to$ K　➡　$R = 8.31 \times 10^3$ Pa·L/(K·mol)
>
> $P \to$ kPa，$V \to$ L，$T \to$ K　➡　$R = 8.31$ kPa·L/(K·mol)
>
> $P \to$ Pa，$V \to$ m³，$T \to$ K　➡　$R = 8.31$ Pa·m³/(K·mol)

基本問題　　　　　　　　　　　　　　　　　　　　　解答 ➡ 別冊 *p.5*

[例題研究] **3.** 次の各問いに答えよ。（原子量；N＝14，アボガドロ定数；$N_A = 6.0 \times 10^{23}$/mol，気体定数；$R = 8.3 \times 10^3$ Pa·L/(K·mol)）

(1) 27℃，2.0×10^5 Pa で 500 mL の窒素中の分子の数を求めよ。

(2) 47℃，3.0×10^5 Pa で 600 mL の窒素の質量を求めよ。

[着眼] (1) まず，$PV = nRT$ から窒素の物質量を求める。さらに，アボガドロ定数から分子の数を求める。

(2) $PV = \dfrac{w}{M}RT$ を利用する。

[解き方] (1) $P = 2.0 \times 10^5$ Pa，$V = 500 \times 10^{-3} = 0.50$ L，

$T = 273 + 27 = 300$ K を $PV = nRT$ に代入して，

$2.0 \times 10^5 \times 0.50 = n \times 8.3 \times 10^3 \times 300$ 　∴　$n ≒ 4.0 \times 10^{-2}$ mol

分子の数は，

$6.0 \times 10^{23} \times 4.0 \times 10^{-2} = 2.4 \times 10^{22}$ 個

(2) $P = 3.0 \times 10^5$ Pa，$V = 600 \times 10^{-3} = 0.60$ L，

$T = 273 + 47 = 320$ K，$M = 14 \times 2 = 28$ を $PV = \dfrac{w}{M}RT$ に代入して，

$3.0 \times 10^5 \times 0.60 = \dfrac{w}{28} \times 8.3 \times 10^3 \times 320$ 　∴　$w ≒ 1.9$ g

答 (1) 2.4×10^{22} 個　　(2) 1.9 g

17 気体中の分子数

15℃，$1.8×10^5$ Pa で3.0 L の気体中に含まれる分子の数を求めよ。（アボガドロ定数；$N_A = 6.0×10^{23}$/mol，気体定数；$R = 8.3×10^3$ Pa·L/(K·mol)）

18 気体の質量と分子量　◁テスト必出

次の各問いに答えよ。（原子量；O = 16, 気体定数；$R = 8.3×10^3$ Pa·L/(K·mol)）

(1) 27℃，$5.0×10^5$ Pa で10 L の酸素の質量は何 g か。

(2) ある気体を1.6 g とり，400 mL の容器内に入れて温度を127℃に保ったところ，気体の圧力は$3.0×10^5$ Pa を示した。この気体の分子量を求めよ。

19 気体の状態方程式　◁テスト必出

次の各問いに答えよ。（気体定数；$R = 8.3×10^3$ Pa·L/(K·mol)）

(1) 窒素3.0 mol を27℃，$2.0×10^5$ Pa の状態に保つと，体積は何 L になるか。

(2) 酸素2.0 mol を容積5.0 L の密閉容器に入れ，77℃に保つと，圧力は何 Pa になるか。

📖 ガイド　$PV = nRT$ に与えられた条件を代入するとき，圧力の単位には特に注意する。

応用問題　　　　　　　　　　　　　　　解答 ➡ 別冊 p.6

20 ◁差がつく　気体の状態方程式 $PV = nRT$ において，次の(1)〜(3)の関係を表すグラフをあとのア〜オより選べ。

(1) n，T が一定のときの PV と P
(2) n，V が一定のときの P と T
(3) P，V が一定のときの n と T

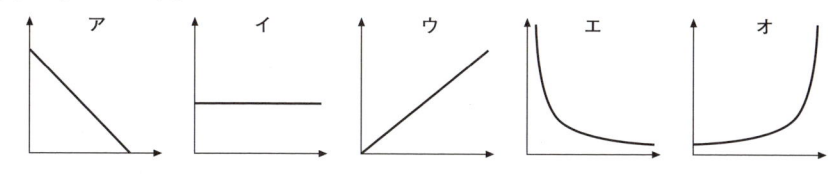

📖 ガイド　気体の状態方程式をもとに，比例か反比例か一定値かを判断する。

21 ある液体物質を約10 mL とり，容積500 mL のフラスコに入れ，小さな穴をあけたアルミ箔でふたをして，沸騰水（100℃）で完全に気化させた後，放冷して液化したところ，残った液体の質量は1.2 g であった。この液体物質の分子量を求めよ。ただし，大気圧は$1.0×10^5$ Pa，気体定数 $R = 8.3×10^3$ Pa·L/(K·mol)とする。

5 混合気体の圧力

テストに出る重要ポイント

- **混合気体の圧力**
  ① **ドルトンの分圧の法則**　混合気体において，**全圧＝分圧の和**の関係が成り立つ。　$P = P_1 + P_2 + \cdots\cdots$
  ▶ **全圧**…混合気体が示す圧力。
  ▶ **分圧**…混合気体の成分気体の圧力。
  ② 混合気体における成分気体の分圧比
  　分圧比＝体積比（同温・同圧）**＝物質量比**（分子数比）
- **実在気体と理想気体**

	実在気体	理想気体
ボイル・シャルルの法則	完全にはあてはまらない	完全にあてはまる
分子間力	ある（低温・高圧で影響）	ない
分子の体積	ある（高圧で影響）	ない

基本問題　　　　　　　　　　　　　　　　　　　　　　　解答 ➡ 別冊 p.7

例題研究 　4. 3.0×10^5 Pa の窒素が入った容積 2.0 L の容器 A と，1.0×10^5 Pa の酸素が入った容積 3.0 L の容器 B を連結し，コック C を開けて混合気体とした。次の各問いに答えよ。

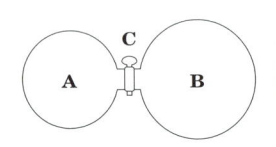

(1) 混合気体中の窒素，酸素の分圧を求めよ。
(2) 混合気体の全圧を求めよ。

[着眼] (1) 混合気体の体積が，2.0＋3.0＝5.0 L になったことに着目する。
　　　 (2) 窒素と酸素の分圧の和が，混合気体の全圧となる。

[解き方] (1) 窒素，酸素の分圧を P_N，P_O とすると，ボイルの法則より，
　　$3.0\times10^5\times2.0 = P_N\times5.0$　　∴　$P_N = 1.2\times10^5$ Pa
　　$1.0\times10^5\times3.0 = P_O\times5.0$　　∴　$P_O = 6.0\times10^4$ Pa
(2) 全圧は分圧の和であるから，
　　$(1.2+0.60)\times10^5 = 1.8\times10^5$ Pa

　　答　(1) 窒素；1.2×10^5 Pa，酸素；6.0×10^4 Pa　　(2) 1.8×10^5 Pa

22 混合気体 ◀テスト必出

窒素0.70gとメタン CH_4 0.80gを5.0Lの容器に入れ，27℃とした。（原子量；H = 1.0, C = 12, N = 14, 気体定数；$R = 8.3 \times 10^3$ Pa・L/(K・mol)）

(1) 窒素とメタンの分圧比を求めよ。　　(2) 全圧は何 Pa か。
(3) 窒素の分圧は何 Pa か。

23 理想気体と実在気体

次のア～エの文のうち，誤っているものを2つ選べ。
ア　理想気体は，気体の状態方程式を完全に満たす。
イ　理想気体の分子には体積や質量がない。
ウ　実在気体は，温度が高いほうが理想気体に近い。
エ　実在気体は，圧力が高いほうが理想気体に近い。

応用問題　　　　　　　　　　　　　　　　　　　　　　　解答 ⇒ 別冊 p.7

24 ◀差がつく

水素0.10g，窒素0.70g，酸素0.80gを，27℃で500mLの容器に入れた。次の各問に答えよ。（原子量；H = 1.0, N = 14, O = 16, 気体定数；$R = 8.3 \times 10^3$ Pa・L/(K・mol)）

(1) 混合気体の平均分子量を求めよ。
(2) 混合気体の全圧を求めよ。

25

2.0Lの密閉容器に同物質量の一酸化炭素と酸素を入れ，20℃にすると，混合気体の全圧は 6.0×10^5 Pa であった。この混合気体に点火して一酸化炭素を燃やし，20℃にすると，全圧は何 Pa か。また，このときの二酸化炭素の分圧は何 Pa か。ただし，一酸化炭素はすべて燃えて二酸化炭素になったものとする。

26 ◀差がつく

右図は，理想気体，窒素，二酸化炭素について，温度 T を一定にして，圧力 P を変えながら，1molの体積 V を測定し，$\dfrac{PV}{RT}$ の値を求めたときのグラフである。A，B，C はどれにあてはまるか。

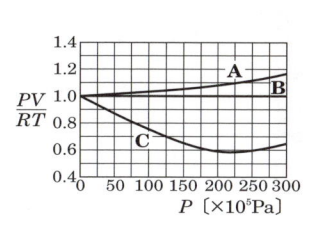

6 金属結晶の構造

テストに出る重要ポイント

- **金属結合**…多数の金属原子が，自由に動ける<u>自由電子</u>を共有することによってできる結合。
  - ➡ 金属元素の原子間の結合。
  - ▶価電子が自由電子となっている。

- **金属結晶**…金属原子が金属結合により，規則正しく配列した結晶。
  - ▶性質…<u>金属光沢</u>(こうたく)がある。<u>展性・延性</u>に富む。電気や熱をよく通す。
    - 展性└たたくとうすく広がる性質┘　延性└引っぱると長くのびる性質┘
  - ➡ これらの性質は，いずれも自由電子による。

- **金属結晶の構造**…次の3種類がある。

	体心立方格子	面心立方格子	六方最密構造
単位格子	(図)	(図)	(図) 単位格子
配位数	8	12	12
単位格子中の原子数	$1 + \dfrac{1}{8} \times 8 = 2$ ↑中心 ↑頂点	$\dfrac{1}{2} \times 6 + \dfrac{1}{8} \times 8 = 4$ ↑面 ↑頂点	$\left\{ \dfrac{1}{6} \times 12 + \dfrac{1}{2} \times 2 \right.$ ↑頂点 ↑上下面 $\left. + 1 \times 3 \right\} \div 3 = 2$ ↑中間部
充填率(じゅうてんりつ)	68%	74%	74%
例	Li, Na, K	Al, Ni, Cu	Mg, Zn

- ▶<u>配位数</u>…1つの原子に接している原子の数。
- ▶原子の詰まりぐあい(充填率)は，
  <u>体心立方格子＜面心立方格子＝六方最密構造</u>
- ▶単位格子の一辺を l〔cm〕，金属結合の半径を r〔cm〕とすると，
  - 体心立方格子 ➡ $(4r)^2 = 3l^2$ ➡ $r = \dfrac{\sqrt{3}}{4}l$
  - 面心立方格子 ➡ $(4r)^2 = 2l^2$ ➡ $r = \dfrac{\sqrt{2}}{4}l$

6 金属結晶の構造

基本問題　　　　　　　　　　　　　　　　　解答 → 別冊 p.8

27 体心立方格子と面心立方格子　◀テスト必出

次のア～エの文のうち，誤っているものを選べ。
ア　体心立方格子と面心立方格子では，1つの原子に接する原子の数が等しい。
イ　体心立方格子と面心立方格子は，ともに単位格子の中にすき間がある。
ウ　面心立方格子のほうが体心立方格子よりも単位格子中の原子数が多い。
エ　同じ体積で比べると，体心立方格子よりも面心立方格子のほうが，原子が密に詰めこまれている。

例題研究 5. ある金属の結晶構造は面心立方格子であり，単位格子の一辺は $3.5×10^{-8}$ cm，密度は 8.9 g/cm^3 である。次の各問いに答えよ。（アボガドロ定数； $N_A = 6.0×10^{23}$/mol, $\sqrt{2} = 1.4$)

(1) 単位格子中の原子の数は何個か。
(2) この金属の金属結合の半径を求めよ。
(3) この金属の原子量を求めよ。

着眼 (1) 頂点の原子は8つ，面の中心の原子は2つの単位格子にまたがっている。
(2) 単位格子の面の対角線の長さは，結合半径の4倍に等しい。
(3) まず，単位格子の質量を求める。

解き方 (1) 単位格子の頂点に8個，面の中心に6個あるから，

$$\underset{\text{←8つの単位格子にまたがっている。}}{\frac{1}{8}×8} + \underset{\text{←2つの単位格子にまたがっている。}}{\frac{1}{2}×6} = 4 \text{ 個}$$

(2) 金属原子の半径を r [cm] とすると，右図より，
$$4r = 3.5×10^{-8} × \sqrt{2}$$
よって，$r = \dfrac{3.5×10^{-8}×\sqrt{2}}{4} ≒ 1.2×10^{-8}$ cm

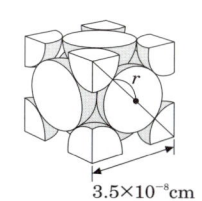

(3) 単位格子の体積は，$(3.5×10^{-8})^3$ cm^3 である。
単位格子の質量は，
$$8.9 × (3.5×10^{-8})^3 ≒ 3.8×10^{-22} \text{ g}$$
これが原子4個の質量に等しいから，金属の原子量を x とすると，
$$4 : 6.0×10^{23} = 3.8×10^{-22} : x$$
∴ $x = 57$

答 (1) 4個　(2) $1.2×10^{-8}$ cm　(3) 57

応用問題

28 次の文章のア～カに入る数式および数値を書け。ただし，密度を d，原子半径を r，アボガドロ数を N_A とし，原子は最も近くにあるものどうしが接しているものとする。

　金属の結晶が体心立方格子をとる場合，単位格子の一辺は（　ア　）である。このとき，単位格子あたりの原子の数は（　イ　）個であるので，この金属の原子量は，（　ウ　）となる。また，金属の結晶が面心立方格子をとる場合は，単位格子の一辺は（　エ　）である。単位格子あたりの原子の数は（　オ　）個であるので，この金属の原子量は（　カ　）となる。

29 ◀差がつく　同じ金属元素の結晶格子が，次のア～ウのように変化した。あとの各問いに答えよ。

　ア　体心立方格子から面心立方格子　　イ　面心立方格子から体心立方格子
　ウ　面心立方格子から六方最密構造

(1) 密度が小さくなったのはどれか。　(2) 密度が変わらなかったのはどれか。

📖ガイド　充填率（または配位数）の違いに着目する。

30 2種類の金属 A，B があり，A は体心立方格子，B は面心立方格子の結晶構造をもつ。A，B の単位格子の一辺をそれぞれ a〔nm〕，b〔nm〕，原子量をそれぞれ M_A，M_B とするとき，金属 A，B の密度の比を求めよ。

31 ◀差がつく　次の文章の（　　）内に適する語句，数値を入れよ。（$\sqrt{3}=1.73$，原子量；Na＝23）

　ナトリウムの結晶構造は，右図に示すような（　①　）格子であり，1つのナトリウム原子に隣接するナトリウム原子の数は（　②　）個，単位格子中のナトリウム原子の数は（　③　）個である。単位格子の一辺の長さを0.43nmとし，結晶中のナトリウム原子を互いに隣接する球であるとすると，ナトリウム原子の半径は（　④　）nm，1cm³中に含まれるナトリウム原子の数は（　⑤　）個となる。また，ナトリウムの結晶の密度を0.97g/cm³とすれば，ナトリウム原子1個の質量は（　⑥　）gとなるから，アボガドロ定数は（　⑦　）/mol と計算される。

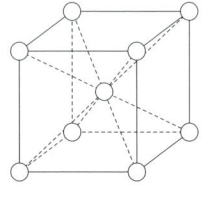

📖ガイド　アボガドロ数個のナトリウム原子の質量は23gである。

7 イオン結晶の構造

テストに出る重要ポイント

- **イオン結合**…陽イオンと陰イオンが<u>静電気的な引力</u>によって引きあってできる結合。➡ 金属元素の原子と非金属元素の原子間の結合に多い。
  └クーロン力

  ▶一般に，金属元素は陽イオンになりやすく，非金属元素は陰イオンになりやすい。

  〔例外〕・H は H^+ になりやすい。
  ・希ガスはイオンになりにくい。

  ▶NH_4Cl は例外で，非金属元素からなる NH_4^+ と Cl^- がイオン結合によって結びついている。

- **イオン結晶**…イオン結合によってできている結晶。陽イオンと陰イオンが規則正しく立体的に配列している。

  〔性質〕
  ・結晶の状態では電気を通さないが，加熱融解すると電気を通す。
  ・水に溶けるイオン結晶の水溶液は電気を通す。
  ・融点は比較的高い。
    └NaCl で801℃
  ・硬くてもろい。

	塩化ナトリウム NaCl	塩化セシウム CsCl	硫化亜鉛 ZnS
単位格子	Na^+ Cl^- 0.564nm	Cl^- Cs^+ 0.412nm	Zn^{2+} S^{2-} 0.540nm
単位格子中に含まれる原子数	Na^+；$\frac{1}{4}\times 12+1$ $=4$個 Cl^-；$\frac{1}{8}\times 8+\frac{1}{2}\times 6$ $=4$個	Cs^+；1個 Cl^-；$\frac{1}{8}\times 8=1$個	Zn^{2+}；$1\times 4=4$個 S^{2-}；$\frac{1}{8}\times 8+\frac{1}{2}\times 6$ $=4$個
配位数	6	8	4

基本問題

32 イオン結合 ◀テスト必出

次のア〜キの物質のうち，原子間の結合がイオン結合であるものをすべて選べ。

ア CO_2　　イ CaO　　ウ N_2　　エ CCl_4
オ KCl　　カ H_2O　　キ $MgBr_2$

33 イオン結晶

次のア〜オの文のうち，イオン結晶にあてはまらないものをすべて選べ。
ア　金属元素と非金属元素の化合物に多い。
イ　融点が非常に低い。
ウ　水に溶ける結晶では，その水溶液は電気を通す。
エ　結晶の状態では電気を通さないが，加熱融解すると電気を通す。
オ　展性・延性に富む結晶である。

34 単位格子と密度 ◀テスト必出

右図は塩化ナトリウムの単位格子である。次の各問いに答えよ。（原子量；$Na = 23$, $Cl = 35.5$, アボガドロ定数；$N_A = 6.0 \times 10^{23}$/mol）

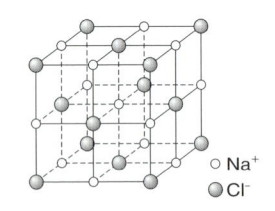

(1) Na^+ に接している Cl^- は何個か。
(2) 単位格子中の Na^+ と Cl^- はそれぞれ何個か。
(3) 単位格子の一辺の長さが 5.6×10^{-8} cm のとき，この結晶の密度は何 g/cm³ か。

35 CsCl, ZnS の単位格子

右の図のイオン結晶について，次の問いに答えよ。

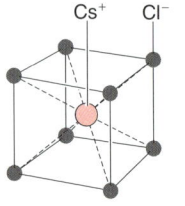

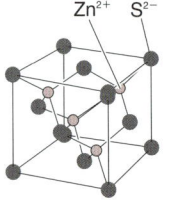

(1) 塩化セシウム CsCl の単位格子中に含まれるセシウムイオン Cs^+，塩化物イオン Cl^- の数はそれぞれ何個か。
(2) 塩化セシウム CsCl の単位格子中に含まれる塩化物イオン Cl^- は何個のセシウムイオン Cs^+ と接しているか。

CsClの単位格子　　ZnSの単位格子

(3) 硫化亜鉛 ZnS の単位格子中に含まれる亜鉛イオン Zn^{2+}，硫化物イオン S^{2-} の数はそれぞれ何個か。

(4) 硫化亜鉛 ZnS の単位格子中に含まれる亜鉛イオン Zn^{2+} は何個の硫化物イオン S^{2-} と接しているか。

応用問題　　　　　　　　　　　　　　　　　　　解答 ⇒ 別冊 p.11

36 次のア〜オの化合物の結晶のうち，どちらもイオン結合からなるものの組み合わせをすべて選べ。

ア　NaCl, HCl　　　イ　$CaCl_2$, KI　　　ウ　CS_2, I_2
エ　SiO_2, CuO　　　オ　NH_4Cl, Al_2O_3

📖ガイド　金属元素と非金属元素の化合物を選ぶ。NH_4^+ に注意。

37 右図は，原子A(●)と原子B(○)からなる化合物の結晶の単位格子を示したものである。次の各問いに答えよ。

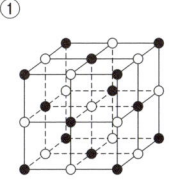

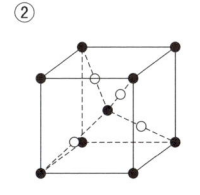

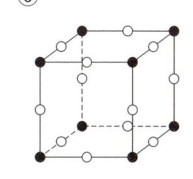

(1) ①〜③のそれぞれの単位格子中の原子Aと原子Bの数を求めよ。
(2) ①〜③のそれぞれの組成式をA，Bを用いて表せ。

📖ガイド　格子の頂点の原子は8つ，辺の中央の原子は4つ，面の中央の原子は2つの単位格子にまたがっている。

38 ◀差がつく▶　右図は金属 M と塩素 Cl の化合物のイオン結晶の単位格子で，格子の中心の●が金属 M のイオン，頂点の○が塩化物イオン Cl^- である。単位格子の一辺の長さ a が 0.40 nm，結晶の密度が $4.0\,g/cm^3$ であるとき，次の各問いに答えよ。（原子量；Cl = 35.5，アボガドロ定数；$N_A = 6.0 \times 10^{23}/mol$）

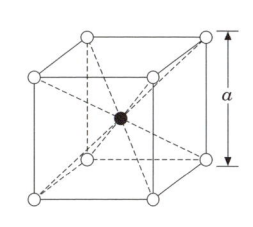

(1) 単位格子中の金属 M のイオン，Cl^- はそれぞれ何個か。
(2) この化合物の組成式を示せ。ただし，金属 M の元素記号を M とする。
(3) 金属 M の原子量を求めよ。

8 その他の結晶と非晶質

テストに出る重要ポイント

- **共有結合の結晶**…多数の原子が共有結合してできた結晶 ➡ 融点が非常に高く，硬い。電気を通さない。

  例 ダイヤモンド，黒鉛，ケイ素 Si，二酸化ケイ素 SiO_2

  ① ダイヤモンド…正四面体を基本単位とする立体網目構造。無色透明。
     └─ C原子の4個の価電子が共有結合をして形成。
     非常に硬い。電気を通さない。

  ② 黒鉛…正六角形を基本単位とする平面層状構造。各層間は分子間力
     └─ C原子の4個の価電子のうち3個が共有結合をして形成。
     でつながっている。黒色不透明。軟らかい。電気を通す。

- **分子結晶**…分子が分子間力によって規則的に並んだ結晶。 ➡ 軟らかく，
  └─例；ドライアイス CO_2，ヨウ素 I_2
  融点が低い。

- **非晶質(アモルファス)**…粒子の配列が規則的でない固体。一定の融点
  └─例；アモルファスシリコン，アモルファス合金
  を示さない。

- **結晶の種類のまとめ**

種類	イオン結晶	分子結晶	共有結合の結晶	金属結晶
おもな成分元素	金属元素 非金属元素	非金属元素	非金属元素	金属元素
結合	イオン結合	分子間力 (原子間は共有結合)	共有結合	金属結合
融点	高い	低い	非常に高い	高いものが多い
電気伝導性	なし(液体；あり)	なし	なし(黒鉛；あり)	あり
物理的性質	硬い，もろい	もろくこわれやすい	非常に硬い	光沢 展性・延性

基本問題   解答 ➡ 別冊 p.12

39 ダイヤモンドと黒鉛

ダイヤモンドと黒鉛に関する記述として正しいものを，次のア〜ウから1つ選べ。

ア ダイヤモンドは共有結合の結晶であるが，黒鉛は金属結合の結晶である。

イ 結晶内のある原子に最も近接している原子の個数は，黒鉛のほうがダイヤモンドよりも1つ少ない。

ウ　ダイヤモンドが電気を通さないのに対して，黒鉛が電気の良導体であるのは，共有結合している炭素原子の価電子数に関して，黒鉛のほうがダイヤモンドよりも1つ多いためである。

☐ **40** さまざまな結晶の特徴 ◀テスト必出
次の表の①〜⑬に適する語句を，あとのア〜スからそれぞれ選べ。

結晶の種類	イオン結晶	金属結晶	共有結合の結晶	分子結晶
成分元素	①	②	③	非金属元素
融　点	④	高いものが多い	⑤	⑥
電気伝導性	⑦	⑧	なし(黒鉛はあり)	⑨
物理的性質	⑩	⑪	⑫	⑬

ア　高い　　イ　電気を通す　　ウ　軟らかくてもろい　　エ　非金属元素
オ　硬くてもろい　　カ　金属元素と非金属元素　　キ　金属元素
ク　液体や水溶液は電気を通す　　ケ　電気を通さない
コ　光沢や展性・延性をもつ　　サ　非常に硬い　　シ　非常に高い
ス　低い

応用問題　　　　　　　　　　　　　　　　　　解答 ➡ 別冊 p.12

☐ **41** ◀差がつく　次に示した(1)〜(6)の物質について，結晶の種類をア〜エから1つずつ選び，含んでいる結合をオ〜クからすべて選べ。
☐ (1)　NaOH　　☐ (2)　$CaCl_2$　　☐ (3)　NH_4Cl　　☐ (4)　H_2O
☐ (5)　Na_2CO_3　　☐ (6)　CCl_4

ア　イオン結晶　　イ　分子結晶　　ウ　共有結合の結晶
エ　金属結晶　　オ　イオン結合　　カ　分子間力　　キ　共有結合
ク　金属結合

☐ **42** 次の(1)〜(3)の記述について，正しいものは正，誤っているものは誤と答えよ。
☐ (1)　ドライアイスは CO_2 の分子からなる結晶で，昇華しやすくもろい。
☐ (2)　展性・延性などの金属特有の性質をもつのは，自由電子による共有結合をしているからである。
☐ (3)　一定の融点をもつ非晶質(アモルファス)がある。

9 溶解と溶解度

★テストに出る重要ポイント

- **溶解**……液体にほかの物質が溶け,均一な混合物ができる現象。
  ① **イオン結晶**…水中では電離している。水分子との間にはたらく静電気的な引力によって,水分子がイオンをとり囲んでいる(**水和**)。
  　（溶媒／溶質／溶液）
  ② **分子からなる物質**
  　▶**極性分子**…極性分子の溶媒に溶けやすい。水中では水和している。
  　▶**無極性分子**…無極性分子の溶媒に溶けやすい。
  　　　　　　　　（水など／ベンゼンなど）

- **気体の溶解度**
  ① 温度と溶解度…**温度が高いほど,溶解度は小さい**(圧力一定)。
  ② 圧力(分圧)と溶解度…温度が一定のとき,**一定量の液体に溶ける気体の質量・物質量は圧力に比例する。** ➡ **ヘンリーの法則**
  　▶溶ける気体の体積は,標準状態に換算すると,圧力に比例する。
  　▶溶ける気体の体積は,それぞれの圧力では一定である。

- **固体の溶解度**…一般に,**溶媒100gに溶ける溶質のg数**で表す。
  　▶**溶解度曲線**…温度による溶解度の変化を表したグラフ(右図)。

- **水和水を含まない結晶の析出量**
  ① 冷却による析出……飽和水溶液 w〔g〕を冷却したときに析出する結晶 x〔g〕
  　➡ (100+はじめの温度の溶解度):溶解度の差 = $w:x$
  　　　　　（S_1）　　　　　　　　　　　（S_1-S_2）
  ② 溶媒の蒸発による析出…飽和水溶液から水 w〔g〕を蒸発させたときに析出する結晶 x〔g〕 ➡ 100:溶解度 = $w:x$

- **水和水を含む結晶の溶解量・析出量**
  ① 溶解量の計算……水 w〔g〕に溶けうる結晶(水和物)x〔g〕
  　➡ ($w+x$):結晶 x〔g〕中の無水物の質量 = (100+溶解度):溶解度
  ② 冷却による析出量の計算…飽和水溶液 w〔g〕を冷却したときに析出する結晶(水和物)x〔g〕
  　➡ ($w-x$):冷却時の飽和水溶液中の無水物の質量
  　　　　　　 = (100+冷却時の溶解度):冷却時の溶解度

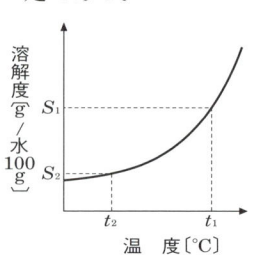

基本問題

43 溶解

次のア～エの文のうち，誤っているものはどれか。
ア 水溶液中のイオンは水和している。
イ 水溶液中の溶質分子は水和している。
ウ 水は極性分子なので，アンモニアなどの極性分子を溶かしやすい。
エ ナフタレンは無極性分子なので，水にもベンゼンにもよく溶ける。

44 気体の溶解度 ◀テスト必出

メタン CH_4 は，$0℃$，$1.0×10^5 Pa$ のもとで，水 $1.0 L$ に $56 mL$ 溶ける。$0℃$，$3.0×10^5 Pa$ のもとで，水 $2.0 L$ に溶けるメタンについて，次の(1)～(3)を求めよ。
（原子量；H＝1.0，C＝12）

(1) 質量
(2) $0℃$，$1.0×10^5 Pa$ に換算した体積
(3) $0℃$，$3.0×10^5 Pa$ のもとでの体積

例題研究 6. 右図は，硝酸カリウムの溶解度曲線である。$40℃$ の硝酸カリウムの飽和水溶液 $300 g$ を $10℃$ まで冷却すると，何 g の結晶が析出するか。

[着眼] $40℃$ のときの溶解度は64である。$40℃$ の飽和水溶液 $164 g$ を冷却したときをもとに考える。

[解き方] まず，水が $100 g$ のときの析出量を考える。水 $100 g$ に溶ける硝酸カリウムは，$40℃$ で $64 g$，$10℃$ で $22 g$ であるから，$40℃$ の飽和水溶液 $164 g$ を冷却したときに析出する硝酸カリウムの質量は，

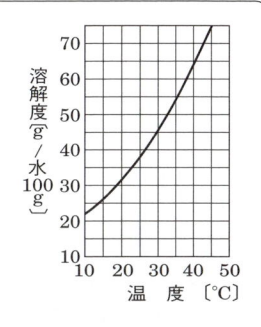

$64 - 22 = 42 g$

（←溶解度の差）
（100＋はじめの温度の溶解度→）

ここで，飽和水溶液 $300 g$ を冷却したときに析出する硝酸カリウムを $x [g]$ とすると，

$164 : 42 = 300 : x$　∴　$x ≒ 77 g$

答 $77 g$

45 固体の溶解度と析出量 ◀テスト必出

水100gに対する塩化カリウムの溶解度は，60℃で46，20℃で34である。次の各問いに答えよ。

(1) 60℃の水200gに塩化カリウムを溶かせるだけ溶かした水溶液を，20℃まで冷却すると，何gの塩化カリウムの結晶が析出するか。

(2) (1)の20℃の水溶液の水を20g蒸発させると，さらに何gの塩化カリウムの結晶が析出するか。

(3) 60℃の塩化カリウム飽和水溶液200gを20℃まで冷却すると，何gの塩化カリウムの結晶が析出するか。

46 水和水を含む結晶の溶解量

水100gに対する硫酸銅(Ⅱ)無水物 $CuSO_4$ の溶解度は，20℃で20である。20℃で水100gに溶ける硫酸銅(Ⅱ)五水和物 $CuSO_4 \cdot 5H_2O$ の結晶の質量を求めよ。（式量；$CuSO_4 = 160$，$CuSO_4 \cdot 5H_2O = 250$）

応用問題　　解答 ➡ 別冊 p.14

47
温度一定のもとで，一定量の水に溶解する窒素の量と圧力の関係について，次の各問いに答えよ。

(1) 窒素の量を物質量で表すとき，窒素の量と圧力の関係はどうなるか。右のア～エから選べ。

(2) 窒素の量を溶解したときの圧力での体積で表すとき，窒素の量と圧力の関係はどうなるか。右のア～エから選べ。

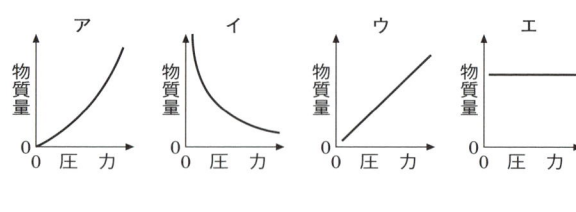

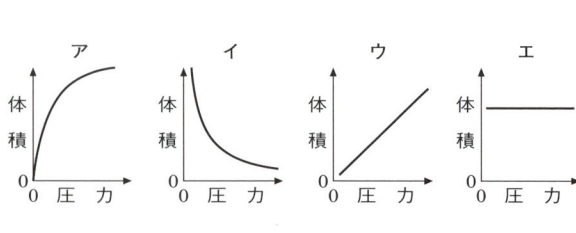

48 ◀差がつく▶ 右の表は$1.0×10^5$Paで水1.0Lに溶ける酸素と窒素の体積を標準状態に換算して示したものである。酸素と窒素の体積比が2：3である混合気体が水と接しているとき，次の問いに答えよ。ただし，水の蒸気圧は無視してよい。（原子量；N＝14，O＝16）

温度	酸素	窒素
5℃	0.043L	0.021L
40℃	0.023L	0.012L

□ (1) 40℃，$2.0×10^5$Paでこの混合気体が水と接しているときの水中の窒素のモル濃度〔mol/L〕はいくらか。

□ (2) 5℃，$2.0×10^5$Paでこの混合気体が飽和している水1.0Lを40℃に温めたとき，発生する気体の質量〔g〕はいくらか。

□ **49** 0℃の水100gに$1.01×10^5$Paにおいて溶ける窒素，酸素の質量は，それぞれ$2.94×10^{-3}$g，$6.95×10^{-3}$gである。0℃の水に溶けた空気の窒素と酸素の物質量比$\dfrac{N_2}{O_2}$を求めよ。ただし，空気を窒素と酸素の体積比が4：1の混合気体とする。（原子量；N＝14.0，O＝16.0）

📖 ガイド　溶ける気体の物質量は，分圧に比例する。

□ **50** ◀差がつく▶ 水100gに対する硝酸カリウムの溶解度は，80℃で170，10℃で22である。次の各問いに答えよ。

□ (1) 80℃の飽和水溶液100gを10℃まで冷却すると，何gの結晶が析出するか。

□ (2) 80℃の飽和水溶液100gを10℃まで冷却した後，温度を10℃に保ったままで10gの水を蒸発させた。全部で何gの結晶が析出するか。

□ (3) 80℃の飽和水溶液を10℃まで冷却すると，37gの結晶が析出した。はじめの飽和水溶液は何gか。

📖 ガイド　(1)(3)飽和水溶液(100＋170)gを冷却したときの析出量を基準にする。
(2)水10gに溶けていた硝酸カリウムがさらに析出する。

□ **51** ◀差がつく▶ 水100gに対する無水硫酸銅(Ⅱ)$CuSO_4$の溶解度は，20℃で20，60℃で40である。60℃における硫酸銅(Ⅱ)の飽和水溶液100gを20℃まで冷却するとき，析出する硫酸銅(Ⅱ)五水和物$CuSO_4·5H_2O$は何gか。（原子量；H＝1.0，O＝16，S＝32，Cu＝64）

📖 ガイド　析出する五水和物をx〔g〕とすると，その中に含まれる硫酸銅は$\dfrac{160}{250}x$〔g〕である。

10 溶液の濃度

テストに出る重要ポイント

○ 溶液の濃度の表し方

	単位	溶液	溶媒	溶質
質量パーセント濃度	%	100 g	—	g 数
モル濃度	mol/L	1 L	—	mol 数
質量モル濃度	mol/kg	—	1 kg	mol 数

○ 濃度の換算

溶液の密度；d〔g/cm³〕，溶質の分子量(式量)；M

x〔%〕$\rightleftarrows$ y〔mol/L〕 ➡ $\dfrac{100}{d}$〔mL〕：$\dfrac{x}{M}$〔mol〕＝ 1000 mL：y〔mol〕

　　　　　　　　　　　　↑溶液100g中の体積　　↑溶液100g中の溶質の物質量

x〔%〕$\rightleftarrows$ z〔mol/kg〕 ➡ $(100-x)$〔g〕：$\dfrac{x}{M}$〔mol〕＝ 1000 g：z〔mol〕

　　　　　　　　　　　　↑溶液100g中の溶媒の質量

基本問題 ・・・・・・・・・・・・・・・・・・・・・・・・・・・・・・・・・・・ 解答 ➡ 別冊 *p.15*

例題研究 7. 水酸化ナトリウム **8.0 g** を水に溶かして **100 mL** とした水溶液がある。この水溶液の密度を **1.1 g/cm³** として，次の(1)〜(3)を求めよ。(式量；NaOH＝40)

(1) 質量パーセント濃度　　(2) モル濃度　　(3) 質量モル濃度

[着眼] (1)「水溶液 100 g」中の水酸化ナトリウムの質量を求める。
(2)「水溶液 1 L」中の水酸化ナトリウムの物質量を求める。
(3)「水 1 kg」に溶けている水酸化ナトリウムの物質量を求める。

[解き方] (1) 水溶液 100 mL の質量は，$1.1 \times 100 = 110$ g

よって，質量パーセント濃度は，$\dfrac{8.0}{110} \times 100 = 7.27\cdots \fallingdotseq 7.3$ %

(2) 式量；NaOH＝40 より，水酸化ナトリウム 8.0 g の物質量は，$\dfrac{8.0}{40} = 0.20$ mol

よって，モル濃度は，$\dfrac{0.20 \text{ mol}}{0.10 \text{ L}} = 2.0$ mol/L

(3) 水溶液 100 mL 中の水の質量は，$110 - 8.0 = 102$ g

よって，質量モル濃度は，$\dfrac{0.20 \text{ mol}}{0.102 \text{ kg}} = 1.96\cdots \fallingdotseq 2.0$ mol/kg

[答] (1) 7.3 %　　(2) 2.0 mol/L　　(3) 2.0 mol/kg

52 水溶液のつくり方

次のア〜エのうち，$0.10\,\mathrm{mol/L}$ の NaOH 水溶液をつくるときの方法として適当なものはどれか。ただし，水の密度は $1.0\,\mathrm{g/mL}$ とし，NaOH 水溶液の密度はそれより大きいものとする。（式量；NaOH $= 40$）

ア　水 1 L（1000 mL）に NaOH を 4.0 g 加える。
イ　水 996 g に NaOH を 4.0 g 加える。
ウ　NaOH 4.0 g に水を加えて 1 L とする。
エ　水 996 mL に NaOH を 4.0 g 加える。

53 濃度の換算　＜テスト必出

質量パーセント濃度が 25% の塩化ナトリウム水溶液（密度；$1.2\,\mathrm{g/cm^3}$）について，次の(1)，(2)を求めよ。（式量；NaCl $= 58.5$）

□ (1)　モル濃度　　　□ (2)　質量モル濃度

応用問題　　　　　　　　　　　　　　　　　　　　　　解答 ➡ 別冊 p.16

54
シュウ酸の結晶（$H_2C_2O_4 \cdot 2H_2O$）6.3 g を水に溶かして 100 mL とした水溶液がある。この水溶液の密度を $1.02\,\mathrm{g/cm^3}$ として，次の(1)〜(3)を求めよ。（分子量；$H_2C_2O_4 = 90$，$H_2O = 18$）

□ (1)　質量パーセント濃度　　□ (2)　モル濃度　　□ (3)　質量モル濃度

55 ＜差がつく
質量パーセント濃度が 20.0% の塩化ナトリウム水溶液の密度は $1.15\,\mathrm{g/cm^3}$ である。次の各問いに答えよ。（原子量；Na $= 23.0$，Cl $= 35.5$）

□ (1)　この水溶液 300 mL をつくるのに，塩化ナトリウムは何 g 必要か。
□ (2)　この水溶液のモル濃度を求めよ。　□ (3)　この水溶液の質量モル濃度を求めよ。

56 ＜差がつく
次の各問いに答えよ。（原子量；H $= 1.0$，N $= 14.0$，O $= 16.0$，S $= 32.0$，Cl $= 35.5$，Ag $= 108.0$）

□ (1)　密度が $1.20\,\mathrm{g/cm^3}$ の希硫酸の質量パーセント濃度は 28.0% である。この希硫酸のモル濃度を求めよ。
□ (2)　$1.50\,\mathrm{mol/L}$ の硝酸銀水溶液の密度は $1.10\,\mathrm{g/cm^3}$ である。この硝酸銀水溶液の質量パーセント濃度を求めよ。
□ (3)　$2.00\,\mathrm{mol/L}$ の塩酸 500 mL をつくるには，質量パーセント濃度が 30.0% の塩酸（密度；$1.10\,\mathrm{g/cm^3}$）は何 mL 必要か。

11 希薄溶液の性質

テストに出る重要ポイント

● **蒸気圧降下と沸点上昇・凝固点降下**
① **蒸気圧降下**…溶液が示す蒸気圧が，同温の溶媒が示す蒸気圧より低くなる現象。
② **沸点上昇**…溶質が不揮発性の溶液で，沸点が溶媒より高くなる現象。このときの沸点の差が**沸点上昇度**。
③ **凝固点降下**…溶液の凝固点が溶媒の凝固点より低くなる現象。このときの凝固点の差が**凝固点降下度**。
④ **過冷却**…溶媒や溶液の温度が凝固点より低くなっても凝固しない現象。凝固が始まると温度が上昇し，凝固点にもどる。

● **沸点上昇度・凝固点降下度**…質量モル濃度に比例。電解質溶液ではイオンの質量モル濃度に比例。
└─ 1 mol/L の NaCl 水溶液の場合は 2 mol/L

$$\Delta t = km$$

Δt；沸点上昇度・凝固点降下度〔K〕
m；質量モル濃度〔mol/kg〕 ➡ 電解質ではイオンの濃度。
k；モル沸点上昇・モル凝固点降下〔K・kg/mol〕 ➡ 溶媒 1 kg に溶質 1 mol を溶かした溶液の沸点上昇度・凝固点降下度。

● **浸透と浸透圧**
① **半透膜**…溶媒粒子は通すが，溶質粒子は通さない膜。
　例 ぼうこう膜，セロハン
② **浸透**…溶媒が半透膜を通って移動する現象。
　➡ 濃度の小さい溶液から大きい溶液へ移動。
③ **浸透圧**…浸透する圧力。➡ 液面を等しくしようとする圧力。
④ **ファントホッフの法則**…浸透圧はモル濃度と絶対温度に比例。

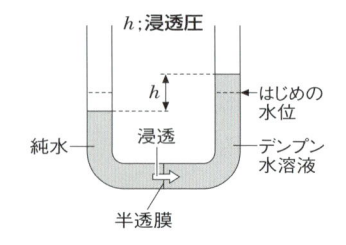

$$\pi = cRT \qquad \pi V = nRT \qquad \pi V = \frac{w}{M} RT$$

π；浸透圧〔Pa〕　c；モル濃度〔mol/L〕　R；気体定数〔Pa・L/(K・mol)〕　T；絶対温度〔K〕
V；溶液の体積〔L〕　n；物質量〔mol〕　w；溶質の質量〔g〕　M；溶質の分子量

基本問題

解答 ➡ 別冊 p.17

57 蒸気圧降下と沸点上昇 ◀テスト必出

水100gに，次のア～ウの物質をそれぞれ5g溶かした水溶液について，あとの各問いに答えよ。

　ア　グルコース(分子量；180)　　　イ　尿素(分子量；60)
　ウ　スクロース(分子量；342)

(1) 同温で，蒸気圧が最も高いものはどれか。
(2) 沸点が最も高いものはどれか。

58 蒸気圧曲線と沸点

右図は，次のア～ウの液体の蒸気圧曲線である。あとの各問いに答えよ。

　ア　水　　　イ　1 mol/kg 塩化ナトリウム水溶液
　ウ　1 mol/kg スクロース水溶液

(1) A～Cは，それぞれどの液体の蒸気圧曲線か。
(2) 沸点が最も高いのは，ア～ウのどの液体か。

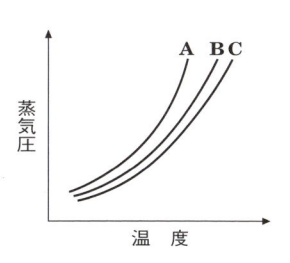

59 電解質水溶液と凝固点降下

次のア～ウの物質の水溶液を，凝固点が高い順に並べよ。ただし，水溶液の濃度はいずれも0.05 mol/kgとする。

　ア　塩化ナトリウム　　　イ　塩化マグネシウム　　　ウ　スクロース

例題研究 　**8.** 水200gに尿素6.0gを溶かした水溶液の沸点は何℃か。ただし，水のモル沸点上昇を0.52 K·kg/mol，尿素の分子量を60とする。

着眼 沸点上昇度は質量モル濃度に比例する。

解き方 尿素の物質量は，$\dfrac{6.0}{60} = 0.10$ mol

この水溶液の質量モル濃度 m は，$m = \dfrac{0.10 \text{ mol}}{0.20 \text{ kg}} = 0.50$ mol/kg

沸点上昇度 Δt は，$\Delta t = km$ より，$\Delta t = 0.52 \times 0.50 = 0.26$ K

よって，沸点は，$100 + 0.26 = 100.26$ ℃

答 100.26℃

60 沸点上昇と凝固点降下 ◀テスト必出

水のモル沸点上昇を $0.515\,\text{K·kg/mol}$，モル凝固点降下を $1.86\,\text{K·kg/mol}$ として，次の(1)，(2)の水溶液の沸点および凝固点を求めよ。

- (1) 水100gにグルコース（分子量；180）を9.0g溶かした水溶液。
- (2) 水200gに塩化ナトリウム（式量；58.5）を11.7g溶かした水溶液。

61 冷却曲線

右図は，ある水溶液を徐々に冷却したときの，時間と温度の関係を示したグラフである。

- (1) この水溶液の凝固点を示しているのは，ア〜エのどれか。
- (2) 凝固の開始は，A〜Dのどこか。
- (3) Xの部分で，温度が徐々に下がるのはなぜか。

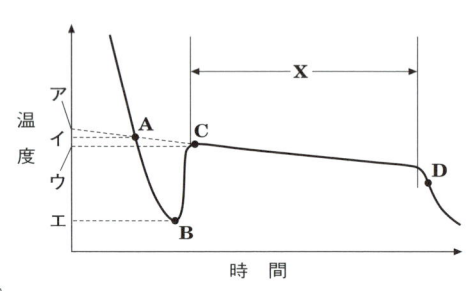

62 浸透の方向

右図のように，2種類の溶液A，Bの間に半透膜をおいた。溶液A，Bを次の(1)，(2)のような組み合わせにしたとき，浸透はA→B，B→Aのどちらの方向に起こるか。（分子量；尿素=60，グルコース=180，スクロース=342）

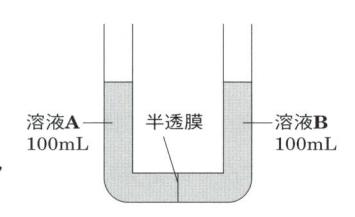

- (1) A；水に6gのグルコースを溶かして100mLにした水溶液　B；純水
- (2) A；水に6gの尿素を溶かして100mLにした水溶液
  B；水に6gのスクロースを溶かして100mLにした水溶液

63 浸透圧 ◀テスト必出

9.0gのグルコース $C_6H_{12}O_6$（分子量；180）を水に溶かし，300mLとした水溶液の27℃における浸透圧は何Paか。（気体定数；$R = 8.3 \times 10^3\,\text{Pa·L/(K·mol)}$）

応用問題

- 64 水200gにスクロース $C_{12}H_{22}O_{11}$ を4.00g溶かした溶液の凝固点と同じ凝固点のグルコース $C_6H_{12}O_6$ の水溶液をつくるには，水500gにグルコースを何g溶かせばよいか。（原子量；H=1.0，C=12，O=16）

65 ◀差がつく▶ ビーカー A，B，C に，それぞれ無水硫酸銅(Ⅱ)3.20g，塩化ナトリウム1.46g，グルコース5.40gを入れ，水を100mLずつ加えて3種類の溶液を調製した。その後，ビーカーを右図のような密閉した容器中におき，長時間放置した。次の各問いに答えよ。(式量・分子量；$CuSO_4 = 160$，$NaCl = 58.5$，$C_6H_{12}O_6 = 180$)

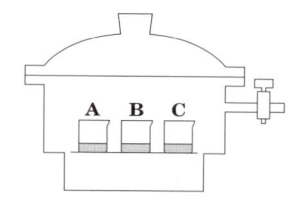

(1) 調製直後の3種類の水溶液のうちで，沸点の最も高いものはどれか。

(2) 長時間放置した後，水溶液の質量が最も減少したのはどれか。

66 次のア〜オの文のうち，正しいものをすべて選べ。

ア 水にエタノールを溶かした溶液の沸点は100℃以上になる。

イ 水にエチレングリコールを溶かした溶液は，不凍液として車に用いられるが，これは凝固点降下を利用したものである。

ウ スクロース水溶液の一部を凝固させると，氷は溶液と同濃度のスクロースを含む。

エ 防虫剤のショウノウとp-ジクロロベンゼンは，どちらも昇華性の固体であるが，混合すると融点が下がり，液体になってしまう。

オ 降雪時に NaCl や $CaCl_2$ を道路に散布するのは，雪を固めるためである。

67 ◀差がつく▶ 二硫化炭素100gに硫黄1.50gを溶かした溶液の沸点は46.40℃であった。純粋な二硫化炭素の沸点を46.26℃，二硫化炭素のモル沸点上昇を2.40K·kg/mol として，溶液中の硫黄の分子量と分子式を求めよ。(原子量；S = 32)

📖ガイド 質量モル濃度を分子量 M を用いて表す。その後，$\Delta t = km$ に代入する。

68 ◀差がつく▶ ヒトの血液の浸透圧は，37℃で約7.6×10^5Pa である。次の各問いに答えよ。(原子量；H = 1.0，C = 12，O = 16，Na = 23，Cl = 35.5，気体定数；$R = 8.3 \times 10^3$ Pa·L/(K·mol))

(1) ヒトの血液と同じ浸透圧のグルコース $C_6H_{12}O_6$ 水溶液を1.0Lつくりたい。グルコース $C_6H_{12}O_6$ は何g必要か。

(2) ヒトの血液と同じ浸透圧の生理食塩水を1.0Lつくりたい。塩化ナトリウムは何g必要か。

12 コロイド溶液

テストに出る重要ポイント

- **コロイド**…直径が 10^{-9}〜10^{-7} m の粒子（**コロイド粒子**）が分散している状態または物質。

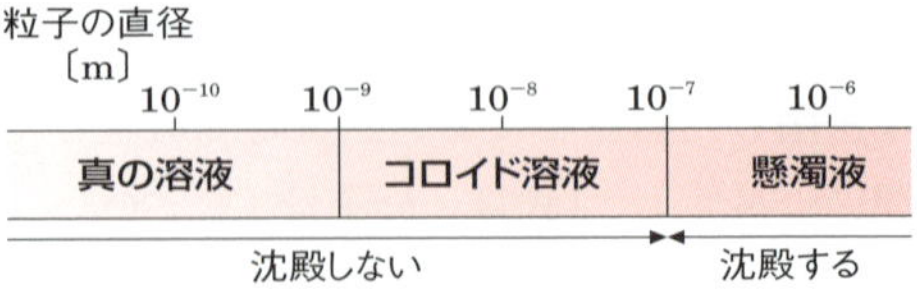

粒子の直径〔m〕	10^{-10}	10^{-9}	10^{-8}	10^{-7}	10^{-6}
	真の溶液		コロイド溶液		懸濁液
	沈殿しない				沈殿する

- **コロイド溶液**（←コロイド粒子が分散している溶液）**の性質**
  ① **チンダル現象**…光の通路が明るく見える現象。➡ **コロイド粒子が光を散乱**することによる。
  ② **ブラウン運動**…コロイド粒子の**不規則な運動**。➡ 分散媒のコロイド粒子への衝突によって起こる。（←水分子など）
  ③ **電気泳動**…電圧により，コロイド粒子が一方の極に移動する現象。
  ④ **透析**…透析膜(半透膜)（←セロハンなど）によりコロイド溶液を精製する操作。
  ⑤ **凝析**…**少量の電解質**を加えたときにコロイド粒子が沈殿する現象。
  ➡ コロイド粒子の電荷（←分散質）と反対の種類で，価数の大きいイオンほど凝析力が大きい。
  ⑥ **塩析**…**多量の電解質**を加えたときにコロイド粒子が沈殿する現象。

- **コロイドの種類**
  ① **疎水コロイド**…凝析するコロイド。➡ 少量の電解質で沈殿。
  （←無機物質のコロイドに多い。水に混じりにくい。）
  ② **親水コロイド**…塩析するコロイド。➡ 多量の電解質で沈殿。
  （←有機物質のコロイドに多い。水に混じりやすい。）
  ③ **保護コロイド**…疎水コロイドに加えた親水コロイド。➡ 凝析しにくくなる。　例 墨汁に含まれるにかわ

基本問題　　　　　　　　　　　　　　　　　　解答 ➡ 別冊 p.19

□ 69　コロイド粒子

次のア〜エの文のうち，誤っているものはどれか。

ア　コロイド粒子は，直径が 10^{-9}〜10^{-7} m 程度の粒子である。
イ　コロイド粒子は，ろ紙を通過しない。
ウ　コロイド粒子は，イオンやふつうの分子より大きい。
エ　コロイド粒子は，沈殿するほどは大きくない。

12 コロイド溶液

70 コロイド溶液の性質 ◀テスト必出

次の(1)～(4)の記述と最も関係のある語句を，あとのア～エから選べ。
- (1) コロイド粒子は，たえず不規則な運動をしている。
- (2) デンプン水溶液に横から光を当てると，光の通路が明るく光って見える。
- (3) コロイド溶液に電極を入れ，直流電源につなぐと，コロイド粒子が一方の極に集まる。
- (4) イオンなどを含むコロイド溶液をセロハン袋に入れ，流水中に浸した。

　ア　チンダル現象　　イ　ブラウン運動　　ウ　電気泳動　　エ　透析

71 コロイド溶液の種類

次のア～カの溶液を，①疎水コロイド，②親水コロイド，③真の溶液に分類せよ。
- ア　砂糖水
- イ　デンプン水溶液
- ウ　セッケン水
- エ　うすい泥水
- オ　食塩水
- カ　硫黄のコロイド

応用問題　　　　　　　　　　　　　　　　　　　解答 ➡ 別冊 p.20

72
塩化鉄(Ⅲ)水溶液を沸騰水に入れると，コロイドが生じた。このコロイド溶液をセロハン袋に入れて純水に浸したとき，セロハン袋の中から純水に移動するものを，次のア～オからすべて選べ。

　ア　Fe^{3+}　　イ　H^+　　ウ　OH^-　　エ　Cl^-　　オ　$Fe(OH)_3$

73
粘土のコロイド溶液中に電極を挿入すると，コロイド粒子は陽極側に移動する。粘土のコロイドを凝析させるとき，最も効果的な塩を，次のア～オから選べ。

　ア　$NaCl$　　イ　K_2SO_4　　ウ　$AlCl_3$　　エ　Na_3PO_4　　オ　$CaCl_2$

74 ◀差がつく
次の(1)～(5)の記述と最も関係のある語句を，あとのア～キから選べ。
- (1) 河口で三角州ができる。
- (2) 昼間の空は明るい。
- (3) 豆乳ににがり($MgCl_2$を含む)を入れると，固まって豆腐になる。
- (4) 煙突から出る煙を少なくするため，煙道に高い電圧をかける。
- (5) 墨汁にはカーボン(炭素)のほかに，にかわが含まれている。

　ア　電気泳動　　イ　保護コロイド　　ウ　ブラウン運動　　エ　塩析
　オ　凝析　　カ　透析　　キ　チンダル現象

13 反応熱と熱化学方程式

- **反応熱**…化学反応には必ず熱の出入りをともなう。この熱を**反応熱**といい，熱を放出する反応を**発熱反応**，熱を吸収する反応を**吸熱反応**という。

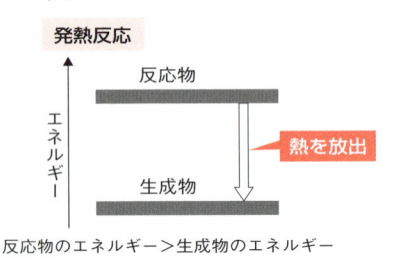

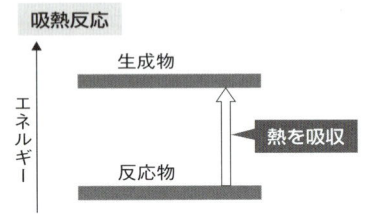

発熱反応
エネルギー：反応物 → 生成物（熱を放出）
反応物のエネルギー＞生成物のエネルギー

吸熱反応
エネルギー：反応物 → 生成物（熱を吸収）
反応物のエネルギー＜生成物のエネルギー

- **反応熱の種類**
  ① **燃焼熱**…**物質 1 mol が燃焼する**ときに発生する熱量。
  ② **生成熱**…**化合物 1 mol をその成分元素の単体からつくるとき**に，出入りする熱量。
  ③ **中和熱**…**酸・塩基の水溶液から H_2O 1 mol が生成する**ときに発生する熱量。
  ④ **溶解熱**…**物質 1 mol を大量の溶媒に溶かしたとき**に出入りする熱量。その他，状態変化にともなう，**融解熱**，**蒸発熱**などがある。

- **熱化学方程式**…化学反応式の左辺と右辺を＝で結び，右辺に反応熱を加えた式。**左辺のエネルギーの総和と右辺のエネルギーの総和が等しい**ことを示す式である。

$$H_2(気) + \frac{1}{2} O_2(気) = H_2O(液) + 286 \text{ kJ}$$

（発熱反応なら「＋」，吸熱反応なら「－」）
（熱化学方程式では，分数を用いてもよい）

H_2，$\frac{1}{2} O_2$，H_2O は，1 mol の H_2，$\frac{1}{2}$ mol の O_2，1 mol の H_2O がもつエネルギーを表す。H_2(気)のように，物質の状態も付記する。

基本問題

75 反応熱の種類
次の熱化学方程式の反応熱は，何とよばれるか。また，その反応は発熱反応，吸熱反応のいずれか。

13 　反応熱と熱化学方程式　　37

- (1) $Al(固) + \dfrac{3}{4} O_2(気) = \dfrac{1}{2} Al_2O_3(固) + 837 kJ$
- (2) $2Al(固) + \dfrac{3}{2} O_2(気) = Al_2O_3(固) + 1674 kJ$
- (3) $KNO_3(固) + aq = KNO_3aq - 35 kJ$
- (4) $NaOHaq + \dfrac{1}{2} H_2SO_4aq = \dfrac{1}{2} Na_2SO_4 + H_2O + 57 kJ$

例題研究 　**9.** プロパン C_3H_8 の燃焼熱は2219 kJ/mol，生成熱は104.7 kJ/mol である。プロパンの燃焼および生成の熱化学方程式を記せ。

着眼　燃焼熱 ➡ 物質 1 mol が燃焼したときに発生する反応熱。
　　　　生成熱 ➡ 1 mol の化合物を，その成分元素の単体からつくるときに出入りする反応熱。

解き方　プロパンの場合，プロパン 1 mol が燃焼すると 2219 kJ の熱が発生する（燃焼熱；2219 kJ/mol）ので，プロパン 1 mol の燃焼の化学反応式を書き，右辺に発生する熱量を書き加えると，熱化学方程式ができる。

　　$C_3H_8(気) + 5O_2(気) = 3CO_2(気) + 4H_2O(液) + 2219 kJ$
　　　↑プロパンの係数を1とする。

　プロパンの生成熱は，その成分元素の単体である C（黒鉛）と H_2（気）からプロパンが 1 mol 生成するときの反応熱であるから，熱化学方程式は，次のようになる。

　　　　　　　　　　　　　　　↑プロパンの係数を1とする。
　　$3C(黒鉛) + 4H_2(気) = C_3H_8(気) + 104.7 kJ$

答　燃焼熱；$C_3H_8(気) + 5O_2(気) = 3CO_2(気) + 4H_2O(液) + 2219 kJ$
　　　　生成熱；$3C(黒鉛) + 4H_2(気) = C_3H_8(気) + 104.7 kJ$

76　熱化学方程式①　◀テスト必出

次の記述を熱化学方程式で表せ。

- (1) エタン C_2H_6 の燃焼熱は，1560 kJ/mol である。
- (2) アンモニアの生成熱は，39 kJ/mol である。
- (3) エチレン C_2H_4 の生成熱は，-52.5 kJ/mol である。

77　熱化学方程式②　◀テスト必出

次の変化を熱化学方程式で表せ。

- (1) 硫黄 S（原子量；32.0）16.0 g が燃焼すると，149 kJ の熱が発生する。
- (2) H_2SO_4（分子量；98）9.8 g を多量の水に溶かすと，9.5 kJ の熱が発生する。
- (3) 塩化アンモニウム 0.10 mol を多量の水に溶かすと，1.5 kJ の熱が吸収される。
- (4) 塩酸と NaOH 水溶液の中和で水 1 mol が生成するとき，56 kJ の熱が発生する。

78 さまざまな反応熱

次の記述のうち，誤っているものをすべて選べ。

Ⓐ 燃焼熱は，1 mol の物質が完全に燃焼するときに発生する熱量で，正の値をもつ。

Ⓑ 生成熱は，1 mol の物質がその成分元素の単体から生成するときに発生する熱量で，正の値をもつ。

Ⓒ 中和熱は，それぞれ 1 mol の酸と塩基が反応したときに出入りする熱量で，正または負の値をもつ。

Ⓓ 溶解熱は，1 mol の物質が多量の溶媒に溶けるときに出入りする熱量で，正または負の値をもつ。

Ⓔ 反応熱には，融解や蒸発のような，物理変化にともない出入りする熱も含まれる。

例題研究 **10.** 発泡ポリスチレン製の断熱容器に 25℃ の水 500 g を入れ，そこに固体の水酸化ナトリウム 0.50 mol を加え，すばやく溶解させた。すると，溶液の温度は右図のような変化を示した。図中の点 A で溶解がはじまり，点 B で溶解が完了した。この結果から，NaOH(固) の溶解熱〔kJ/mol〕を求めよ。ただし，水溶液の比熱は 4.2 J/(g・K) とする。(式量；NaOH = 40)

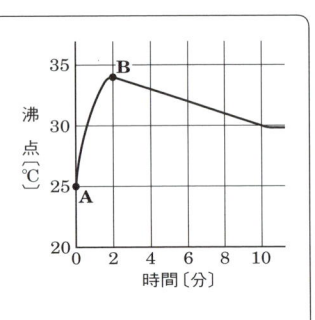

[着眼] 逃げた熱の補正を，放冷を示すグラフの直線部分を時間 0 まで延長して行う。さらに，次の関係から熱量を求める。

(熱量) = (物質の質量) × (比熱) × (温度変化)

[解き方] 放冷を示すグラフの直線部分の延長線と時間 0 との交点を C とすると，C の温度は 35℃ である。つまり，逃げた熱の補正をすると，温度は 35℃ まで上昇していることがわかる。

(熱量)〔J〕= (物質の質量)〔g〕
　　　　× (比熱)〔J/(g・K)〕× (温度変化)〔K〕

以上の関係式から，次ページのように発生した熱量が求まる。

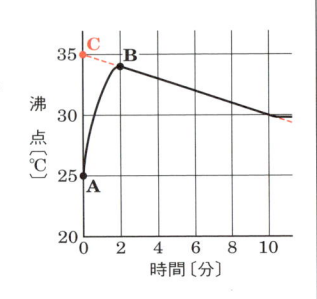

$$Q = (500 + 40 \times 0.50) \times 4.2 \times (35 - 25) = 21840 \text{ J}$$

よって，溶解熱は，

$$21840 \times \frac{1.0}{0.50} = 43680 \text{ J/mol} ≒ 44 \text{ kJ/mol}$$

答 44 kJ/mol

応用問題 　　　　　　　　　　　　　　　　　　解答 ➡ 別冊 p.22

79 H_2O（液）の生成熱は，286 kJ/mol である。次の(1)〜(3)の問いに答えよ。（分子量；H_2O = 18）

(1) 3.0 g の水が生成するときの熱量は何 kJ か。

(2) 水素の燃焼熱は何 kJ/mol か。H_2 は燃焼して H_2O（液）になるものとする。

(3) 標準状態で 1.12 L の水素が燃焼するときの発熱量は何 kJ か。

80 ◀差がつく▶ 体積比で H_2 44.8%，CO 44.8%，N_2 10.4% の混合気体 100 L（標準状態）を完全燃焼したときに発生する熱量は，何 kJ か。ただし，水素と一酸化炭素の燃焼熱は，それぞれ 286 kJ/mol，283 kJ/mol であり，窒素は反応しなかったものとする。

81 ◀差がつく▶ メタンとエタンの燃焼熱は，それぞれ 890 kJ/mol，1560 kJ/mol である。標準状態で 44.8 L を占めるメタンとエタンの混合気体を完全に燃焼したところ，2785 kJ の熱が発生した。この混合気体中には，物質量で何 % のメタンが含まれているか。

82 発泡ポリスチレン容器に 0.50 mol/L の水酸化ナトリウム水溶液 100 mL を入れ，25℃ に保った。そこへ，同じ温度の 0.50 mol/L の塩酸 100 mL を一度に加えかき混ぜた。このとき，水溶液の温度は最大何℃上昇するか。ただし，水酸化ナトリウム水溶液と塩酸による中和熱を 57 kJ/mol，この水溶液 1.0 g の温度を 1.0℃上げるのに必要な熱量は 4.2 J，水溶液の密度は 1.0 g/cm³ とする。

📖 **ガイド** まず中和によって何 mol の水が発生するか考え，さらに発生した熱量を求める。

14 ヘスの法則と結合エネルギー

テストに出る重要ポイント

● **ヘスの法則**…物質の最初の状態と最後の状態が決まれば，途中の反応経路に関係なく，出入りする熱量の総和は一定である。➡ 熱化学方程式を代数式のように加減できる。

経路1　黒鉛が燃えて CO_2 になる。
$$C(黒鉛) + O_2 = CO_2 + Q_1 \text{kJ}$$

経路2　黒鉛がいったん CO になり，さらに燃えて CO_2 になる。
$$\begin{cases} C(黒鉛) + \frac{1}{2}O_2 = CO + Q_2 \text{kJ} \\ CO + \frac{1}{2}O_2 = CO_2 + Q_3 \text{kJ} \end{cases}$$

$$Q_1 = Q_2 + Q_3$$

エネルギー図

● **結合エネルギー**…原子間の共有結合を切るのに必要なエネルギーで，1 mol あたりの熱量で示される。気体状の分子が気体状の原子になるときのエネルギー。

$$\begin{cases} \text{H-H の結合エネルギー；432 kJ/mol（正の値）} \\ \text{熱化学方程式で表すと吸熱反応となる。} \\ H_2(気) = 2H(気) - 432 \text{kJ} \end{cases}$$

基本問題

解答 ➡ 別冊 p.22

83　ヘスの法則とエネルギー図

水酸化ナトリウムの固体 1 mol を水に溶かすと，(a)44.5 kJ の発熱があり，生じた水酸化ナトリウム水溶液を塩酸と反応させると，(b)56.5 kJ の発熱がある。また，水酸化ナトリウムの固体 1 mol を塩酸の中に直接入れて反応させたときの反応熱は，①（　　）の法則より，②（　　）kJ となるはずである。

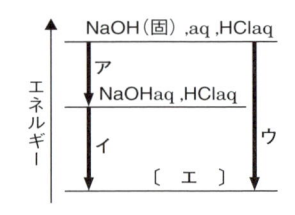

- (1) 文中の①，②に適する語句，数値を答えよ。
- (2) (a), (b)に相当するのは図のア～ウのどれか。
- (3) 図のエにあてはまる化学式を答えよ。

84 結合エネルギー

C−H，C−Cの結合エネルギーは，それぞれ411 kJ/mol，366 kJ/molである。メタンCH_4，エタンC_2H_6が原子状態に分解するときの熱化学方程式を書け。

例題研究 11. 次の熱化学方程式①〜③を用いて，メタンCH_4の生成熱を求めよ。

$$C(黒鉛) + O_2(気) = CO_2(気) + 394 \text{ kJ} \quad \cdots\cdots ①$$
$$H_2(気) + \frac{1}{2}O_2(気) = H_2O(液) + 286 \text{ kJ} \quad \cdots\cdots ②$$
$$CH_4(気) + 2O_2(気) = CO_2(気) + 2H_2O(液) + 890 \text{ kJ} \quad \cdots\cdots ③$$

[着眼] ①求める反応熱に関する熱化学方程式を立てる。
②与えられた熱化学方程式を，求める熱化学方程式中の化学式の係数に一致するように加減乗除する。

[解き方] メタンの生成熱をQ〔kJ/mol〕とすると，熱化学方程式は次のようになる。

$$C(黒鉛) + 2H_2(気) = CH_4(気) + Q \text{ kJ} \quad \cdots\cdots ④$$

④のCの係数が1で，H_2の係数が2なので，①式＋②式×2 とする。さらに，④のCH_4が右辺にあり，係数が1なので，①式＋②式×2−③式とする。

$$C(黒鉛) + O_2(気) + 2H_2(気) + O_2(気) - \{CH_4(気) + 2O_2(気)\}$$
$$= CO_2(気) + 2H_2O(液) - \{CO_2(気) + 2H_2O(液)\}$$
$$+ 394 \text{ kJ} + 286 \text{ kJ} \times 2 - 890 \text{ kJ} \quad \text{整理すると，}$$
$$C(黒鉛) + 2H_2(気) = CH_4(気) + 76 \text{ kJ}$$

答 76 kJ/mol

[別解] エネルギー図を用いる。

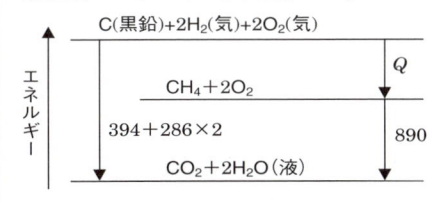

左図より，
$$394 + 286 \times 2 = Q + 890$$
$$\therefore Q = 76 \text{ kJ}$$

答 76 kJ/mol

---

85 ヘスの法則 ◀テスト必出

次の熱化学方程式を用いて，CH_3OHおよびC_2H_5OHの生成熱を求めよ。

$$C(黒鉛) + O_2(気) = CO_2(気) + 394 \text{ kJ} \quad \cdots\cdots ①$$
$$H_2(気) + \frac{1}{2}O_2(気) = H_2O(液) + 286 \text{ kJ} \quad \cdots\cdots ②$$
$$CH_3OH(液) + \frac{3}{2}O_2(気) = CO_2(気) + 2H_2O(液) + 726 \text{ kJ} \quad \cdots\cdots ③$$
$$C_2H_5OH(液) + 3O_2(気) = 2CO_2(気) + 3H_2O(液) + 1370 \text{ kJ} \quad \cdots\cdots ④$$

例題研究

12. H−H，Cl−Cl および H−Cl の結合エネルギーはそれぞれ $432\,\text{kJ/mol}$，$240\,\text{kJ/mol}$ および $428\,\text{kJ/mol}$ である。HCl の生成熱を求めよ。

着眼 ①求める反応熱に関する熱化学方程式を立てる。
②結合エネルギーを熱化学方程式で表し，例題研究11と同様にして，求める熱化学方程式の反応熱の数値を算出する。

解き方 HCl の生成熱を $Q\,[\text{kJ/mol}]$ とすると，熱化学方程式は次のようになる。

$\frac{1}{2}\text{H}_2(\text{気}) + \frac{1}{2}\text{Cl}_2(\text{気}) = \text{HCl}(\text{気}) + Q\,\text{kJ}$ ……①

$\text{H}_2 = 2\text{H} - 432\,\text{kJ}$ ……②

$\text{Cl}_2 = 2\text{Cl} - 240\,\text{kJ}$ ……③

$\text{HCl} = \text{H} + \text{Cl} - 428\,\text{kJ}$ ……④

例題研究11と同様に，

①式 ＝ ②式 $\times \frac{1}{2}$ ＋ ③式 $\times \frac{1}{2}$ − ④式

$Q = (-432) \times \frac{1}{2} + (-240) \times \frac{1}{2} - (-428)$

$= 92\,\text{kJ}$

答 $92\,\text{kJ/mol}$

〔別解〕エネルギー図を用いる。

$432 \times \frac{1}{2} + 240 \times \frac{1}{2} + x = 428 \quad \therefore \quad x = 92\,\text{kJ}$

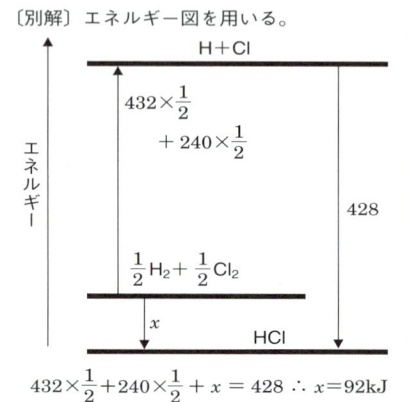

86 結合エネルギー

アンモニアの生成熱は $46.1\,\text{kJ/mol}$ である。また，結合エネルギーは H−H が $432\,\text{kJ/mol}$，N≡N が $942\,\text{kJ/mol}$ である。N−H の結合エネルギーを求めよ。

応用問題　　　　　　　　　　　　　　　　　　解答 ⇒ 別冊 p.23

87 差がつく

黒鉛(グラファイト)$12.0\,\text{g}$ が不完全燃焼して，一酸化炭素 $7.00\,\text{g}$ と二酸化炭素 $33.0\,\text{g}$ を生成した。このとき発生した熱量は何 kJ か。ただし，黒鉛および一酸化炭素の燃焼熱は，それぞれ $394\,\text{kJ/mol}$ および $283\,\text{kJ/mol}$ である。(原子量；C ＝ 12.0，O ＝ 16.0)

88

次の熱化学方程式を用いて，標準状態で $5.6\,\text{L}$ のエタン C_2H_6 が燃焼したときの反応熱を求めよ。(原子量；H ＝ 1.0，C ＝ 12)

$2\text{C}(\text{黒鉛}) + 3\text{H}_2(\text{気}) = \text{C}_2\text{H}_6(\text{気}) + 84\,\text{kJ}$

$\text{C}(\text{黒鉛}) + \text{O}_2(\text{気}) = \text{CO}_2(\text{気}) + 394\,\text{kJ}$

$\text{H}_2(\text{気}) + \frac{1}{2}\text{O}_2(\text{気}) = \text{H}_2\text{O}(\text{液}) + 286\,\text{kJ}$

15 電池

テストに出る重要ポイント

◎ 電池の原理としくみ
① 電池の原理…酸化還元反応によって発生するエネルギーを電気エネルギーとしてとり出す装置が電池である。
② しくみ…2種類の金属を電解質水溶液に入れる。イオン化傾向の，

- 大きいほうの金属 ➡ 負極：金属が電子を失い，陽イオンとなって溶ける。（酸化反応）
- 小さいほうの金属 ➡ 正極：陽イオンが電子を受け取って析出する。（還元反応）

◎ ダニエル電池…(−)Zn | ZnSO₄aq | CuSO₄aq | Cu(+)
（負極）　　　　（電解液）　　　　　（正極）
▲構造を表すこの式を電池式という。

① 負極…$Zn \longrightarrow Zn^{2+} + 2e^-$
② 正極…$Cu^{2+} + 2e^- \longrightarrow Cu$
③ 全体…$Zn + Cu^{2+} \longrightarrow Zn^{2+} + Cu$

〔ダニエル電池〕

◎ ボルタ電池…(−)Zn | H₂SO₄aq | Cu(+)
① 負極…$Zn \longrightarrow Zn^{2+} + 2e^-$
② 正極…$2H^+ + 2e^- \longrightarrow H_2$
③ 全体…$Zn + 2H^+ \longrightarrow Zn^{2+} + H_2$
④ 分極…発生する H_2 が Cu 板を包み，起電力が急激に低下する現象。
　　　　この現象のため実用電池として使用できない。

◎ 鉛蓄電池…(−)Pb | H₂SO₄aq | PbO₂(+)
① 全体…　$\underset{(-)}{Pb} + 2H_2SO_4 + \underset{(+)}{PbO_2} \underset{充電}{\overset{放電}{\rightleftharpoons}} \underset{(-)}{PbSO_4} + 2H_2O + \underset{(+)}{PbSO_4}$
② 放電(充電)…両極の質量が増加(減少)，電解液の密度が減少(増加)。

◎ マンガン乾電池…(−)Zn | ZnCl₂・NH₄Claq | MnO₂・C(+)
① 負極…$Zn \longrightarrow Zn^{2+} + 2e^- \; ➡ \; Zn^{2+} \longrightarrow [Zn(NH_3)_4]^{2+}$ などに変化。
② 正極…$2H^+ + 2e^- + 2MnO_2 \longrightarrow 2MnO(OH)$ などに変化。

◎ 燃料電池

（リン酸型燃料電池）	（アルカリ型燃料電池）
(−)H₂	H₃PO₄aq	O₂(+)	(−)H₂	KOHaq	O₂(+)

① 負極…　$H_2 \longrightarrow 2H^+ + 2e^-$　　　$H_2 + 2OH^- \longrightarrow 2H_2O + 2e^-$
② 正極…　$O_2 + 4H^+ + 4e^- \longrightarrow 2H_2O$　　$O_2 + 2H_2O + 4e^- \longrightarrow 4OH^-$
③ 全体…　$2H_2 + O_2 \longrightarrow 2H_2O$　　　$2H_2 + O_2 \longrightarrow 2H_2O$

基本問題 …………………………… 解答 → 別冊 *p.24*

☐ **89** 電池のしくみ
次のア～ウから，誤っているものを選べ。
ア　2種類の金属 A, B を用いた電池では，イオン化傾向が A > B のとき，正極になるのは A である。
イ　ダニエル電池において，亜鉛板上では酸化反応が起こり，銅板上では還元反応が起こる。
ウ　鉛蓄電池において，しばらく放電すると希硫酸の濃度が減少するが，充電すると希硫酸の濃度が増大し，起電力がもとに戻る。

90 ダニエル電池　◀テスト必出
右図はダニエル電池の概略図である。次の問いに答えよ。
☐ (1) 正極と負極はそれぞれどの金属になるか。
☐ (2) 正極，負極それぞれで起こる反応をイオン反応式で表せ。
☐ (3) 正極では酸化反応，還元反応のどちらが起こるか答えよ。
☐ (4) 放電後，負極の質量は増加するか。それとも減少するか。
☐ (5) 図中の A に，ガラス製の容器筒を使うと電流は流れるか。

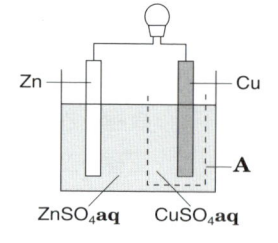

☐ **91** 鉛蓄電池　◀テスト必出
鉛蓄電池についての次の文中のア～オには適する語句を，カ，キには適する化学式を書け。ただし，同じものを入れてもかまわない。
　鉛蓄電池は，（ ア ）極の酸化鉛（Ⅳ）と（ イ ）極の鉛を導線でつなぎ，電解液の（ ウ ）中に浸したものである。この電池で（ ア ）極では（ エ ）が生成し，（ イ ）極では（ オ ）が生成する。この両極の反応を1つにまとめた化学反応式は，次のようになる。

$Pb + 2H_2SO_4 + (カ) \longrightarrow (キ) + 2H_2O$

応用問題

92 次の(1)〜(3)の各問いにそれぞれのア〜エで答えよ。

(1) ダニエル電池の起電力は，溶液の濃度によって変化する。次のア〜エのうち，最も大きな起電力が得られるのはどれか。
　ア　Zn^{2+}，Cu^{2+} の濃度を両方とも大きくする。
　イ　Zn^{2+} の濃度を大きくし，Cu^{2+} の濃度を小さくする。
　ウ　Zn^{2+} の濃度を小さくし，Cu^{2+} の濃度を大きくする。
　エ　Zn^{2+}，Cu^{2+} の濃度を両方とも小さくする。

(2) ボルタ電池について，次のア〜エのうち，誤りを含むものはどれか答えよ。
　ア　電解液にはよく希硫酸が用いられる。
　イ　負極では亜鉛板が溶け出す。
　ウ　正極では水素が発生する。
　エ　一度放電すると，長時間電圧が安定する。

(3) 鉛蓄電池を充電するとき，次のア〜エのうち，正しいものはどれか。
　ア　溶液の密度は変わらない。
　イ　硫酸が減少するから，溶液の密度は小さくなる。
　ウ　硫酸が増加するから，溶液の密度は大きくなる。
　エ　鉛イオンが増加するから，溶液の密度は大きくなる。

　📖ガイド　(1)放電によって，Zn が Zn^{2+} となり，Cu^{2+} が Cu となることに着目する。
　　　　　　(3)両極の $PbSO_4$ が H_2SO_4 に戻る。

93 差がつく　次のア〜オの電池について，あとの(1)〜(8)にあてはまるものをすべて選べ。

　ア　ダニエル電池　　　イ　ボルタ電池　　　ウ　鉛蓄電池
　エ　マンガン乾電池　　オ　燃料電池

(1) 負極が亜鉛である。
(2) 一極が気体である。
(3) 電解液が希硫酸である。
(4) 放電によって，両極とも重くなる。
(5) 放電によって，H_2O のみが生じる。
(6) 放電によって，正極に銅が析出する。
(7) 放電によって，生じる亜鉛イオンが，錯イオンなどに変化する。
(8) 放電すると，すぐ両極間の電圧が大きく低下する。

16 電気分解

テストに出る重要ポイント

- **電気分解**…電解質水溶液などに直流電流を通じて，反応(酸化還元反応)を起こさせること。
  ① **陽極**…陰イオンが電子を失う ➡ 酸化反応 ←電池とは逆
  ② **陰極**…陽イオンが電子を得る ➡ 還元反応 ←電池とは逆

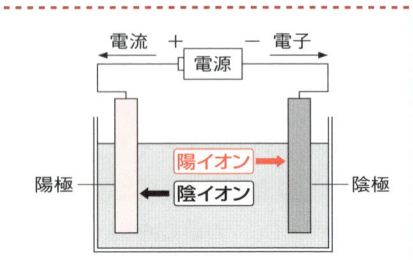

- **水溶液の電気分解生成物**…白金極と銅極で陽極の反応が異なる。

電極		水溶液のイオン	生成物(溶液中)	反 応 例
陽極	白金	Cl^-, I^-	Cl_2, I_2	$2Cl^- \longrightarrow Cl_2 + 2e^-$
		OH^-	O_2	$4OH^- \longrightarrow 2H_2O + O_2 + 4e^-$
		SO_4^{2-}, NO_3^-	$O_2(H^+)$	$2H_2O \longrightarrow O_2 + 4H^+ + 4e^-$
	銅	Cu^{2+}, SO_4^{2-}, NO_3^-	(Cu^{2+})	$Cu \longrightarrow Cu^{2+} + 2e^-$
陰極		K^+, Ca^{2+}, Na^+, Mg^{2+}	$H_2(OH^-)$	$2H_2O + 2e^- \longrightarrow H_2 + 2OH^-$
		Ag^+, Cu^{2+}	Ag, Cu	$Ag^+ + e^- \longrightarrow Ag$

- **融解塩電解**…固体(結晶)を**加熱融解して行う電気分解**である。
  [例] アルミニウムの製法；Al_2O_3 に氷晶石を加えて融解塩電解する。
  $\begin{cases} 陰極；2Al^{3+} + 6e^- \longrightarrow 2Al \\ 陽極(C)；3O^{2-} + 3C \longrightarrow 3CO + 6e^- \end{cases}$

- **電気分解の生成量**…電気分解で変化する物質量は，**流れた電気量に比例し，イオンの価数に反比例する。**(ファラデーの法則)
  ① 電子… 1 mol ➡ $\begin{Bmatrix} 元素の析出量 \\ イオンの変化量 \end{Bmatrix} = \dfrac{1\,mol}{価数} = \dfrac{(原子量)\,g}{価数}$
  ② ファラデー定数…$F = 96500\,C/mol$ ➡ 電子 1 mol の電気量が96500 C
     ▶電流〔A；アンペア〕×時間〔s〕=**電気量〔C：クーロン〕**
  ③ 気体の発生量…電子 1 mol が流れたときの H_2, O_2 について，
     $H^+ \longrightarrow H$ 原子 1 mol ➡ H_2 分子 $\dfrac{1}{2}$ mol = 11.2 L (標準状態)
     $O^{2-} \longrightarrow O$ 原子 $\dfrac{1}{2}$ mol ➡ O_2 分子 $\dfrac{1}{4}$ mol = 5.6 L (標準状態)

基本問題

94 電気分解

右の図は電気分解の図である。e^- の矢印は電子の流れる方向を示している。

(1) A, B はそれぞれ陽極，陰極のどちらか。
(2) C は陽イオン・陰イオンのどちらか。

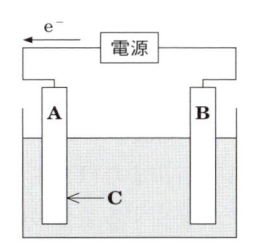

95 水溶液の電気分解生成物 ◀テスト必出

次の水溶液を電気分解したとき，各極で生じる物質は何か。(　)は電極。

(1) $CuCl_2$(Pt)　　(2) $AgNO_3$(Pt)　　(3) Na_2SO_4(Pt)
(4) KOH(Pt)　　(5) $CuSO_4$(Cu)

96 水溶液の電気分解と融解塩電解

次の(1), (2)の各極で起こる反応をイオン反応式で表せ。

(1) 塩化ナトリウム水溶液を白金電極を用いて電気分解した。
(2) 塩化ナトリウムの結晶を加熱融解して電気分解した。

例題研究 13. 硫酸銅(Ⅱ)水溶液を白金電極を用いて 2.5 A で 32 分 10 秒間電気分解した。次の(1)～(3)の問いに答えよ。(原子量; Cu = 63.6, ファラデー定数 = 9.65×10^4 C/mol)

(1) 流れた電気量は何 C か。　　(2) 陰極に析出した銅の質量は何 g か。
(3) 陽極に発生した酸素は標準状態で何 L か。

[着眼] (1) 電流[A]×時間[s]＝電気量[C]
(2)(3) 電子 1 mol 流れると，$\frac{1}{\text{価数}}$ mol の原子が析出する。気体は分子であることに着目する。

[解き方] (1) $2.5 \times (60 \times 32 + 10) = 4825$ C

(2) 流れた電子の物質量は，$\dfrac{4825 \text{ C}}{9.65 \times 10^4 \text{ C/mol}} = 0.0500$ mol

$Cu^{2+} \longrightarrow$ Cu 原子 $\frac{1}{2}$ mol より，$63.6 \text{ g/mol} \times \frac{1}{2} \times 0.0500 \text{ mol} = 1.59$ g

(3) 電子 1 mol ➡ $O^{2-} \longrightarrow$ O 原子 $\frac{1}{2}$ mol $\longrightarrow O_2$ 分子 $\frac{1}{4}$ mol より，

$22.4 \text{ L/mol} \times \frac{1}{4} \times 0.0500 \text{ mol} = 0.280$ L

答 (1) 4825 C　　(2) 1.59 g　　(3) 0.280 L

97 電気分解の生成量

次のア～オの水溶液に，白金電極を入れて直流電源につなぎ，しばらく電流を流したときの変化量について，下の(1)，(2)にあてはまるものを選べ。

　ア　$AgNO_3$　　イ　$NaCl$　　ウ　$CuSO_4$　　エ　H_2SO_4
　オ　$CuCl_2$

☐ (1) 析出または発生する総物質量が最も大きい。

☐ (2) 発生する気体の総体積(同温・同圧)が最も大きい。

応用問題　　　　　　　　　　　　　　　　　　　　　　解答 ⇒ 別冊 p.25

98

硝酸銀水溶液を白金電極を用いて電気分解したところ，陰極に銀が5.4 g析出した。原子量；Ag＝108，ファラデー定数を96500 C/mol として，次の(1)～(3)の問いに答えよ。

☐ (1) 流れた電気量は何Cか。

☐ (2) 陽極に発生した気体は何か。また，その体積は標準状態で何Lか。

☐ (3) 10.0 Aの電流で電気分解したとすると，要した時間はどれだけか。

99 ◀差がつく

右図は塩化ナトリウム水溶液の電気分解の電解槽を模式的に示したものである。次の文章を読み，ファラデー定数を $9.65×10^4$ C/mol として，あとの問いに答えよ。

陽極と陰極は陽イオン交換膜で仕切られており，陽極で生成した(ア)と陰極で生成した(イ)および(ウ)とは，互いに混ざりあうことはない。また，(エ)のみが選択的に陽イオン交換膜を通り抜けるため，電気分解により陰極側の室では(ウ)と(エ)の濃度が高くなる。この電気分解では，石綿などでつくった隔膜を用いた場合と比べて純度の高い(オ)水溶液が得られる。

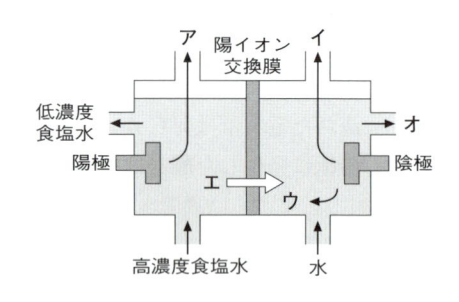

☐ (1) ア～オにあてはまる物質名を答えよ。

☐ (2) 図の陰極室へ毎分10.0 kg ずつ水を供給して，質量モル濃度が5.00 mol/kgである(オ)水溶液を連続的に得るために，何Aの電流で電気分解を行えばよいか。ただし，電流効率は100％とする。

100 ◀差がつく 硫酸銅(Ⅱ)水溶液と塩化ナトリウム水溶液を別々の容器にとり，白金電極を入れて右図のようにつないで電気分解したら，A極に1.59gの物質が析出した。原子量；Na=23，Cu=63.6，ファラデー定数＝$9.65×10^4$ C/mol として次の問いに答えよ。

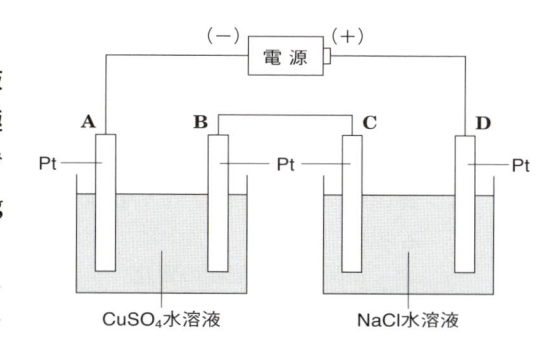

- (1) 流れた電気量は何クーロンか。
- (2) この電気分解に要した時間が30分とすると，流れた電流は平均何Aか。
- (3) B，C，D極それぞれに生成した物質は何か。また，金属の場合はその質量，気体の場合はその体積を標準状態における体積〔L〕で答えよ。なお，気体は水に溶けないとする。

📖ガイド　各極に同じ電気量が流れる。生成する気体の分子(二原子分子)の物質量は原子の物質量の$\frac{1}{2}$となる。

101 右図のような電解槽を並列につないだ装置において，1.00 A で$1.93×10^4$秒間電気分解したところ，電極アで1.27 gの金属が析出した。ファラデー定数＝$9.65×10^4$ C/mol とし，気体定数を$R=8.31×10^3$ Pa・L/(mol・K)，各水溶液の体積は500 mLとして次の問いに答えよ。(原子量；Cu=63.5)

- (1) 電極ア〜電極エでどのような変化が起こっているか。e^-を含むイオン反応式で示せ。
- (2) 電極ア，電極ウに流れた電流の大きさをそれぞれ求めよ。
- (3) 電極ア〜電極エで発生する気体の体積の合計は，27℃，$1.00×10^5$ Paにおいて何Lか。
- (4) 電解後，電解槽Aから水溶液40.0 mLを取り出した。これを中和するのに必要な水酸化ナトリウム水溶液が100 mLだったとき，水酸化ナトリウム水溶液の濃度は何 mol/L か。

📖ガイド　(2)電解槽A，Bは並列につながれているので，AとBに流れる電流の和が1.00 A。

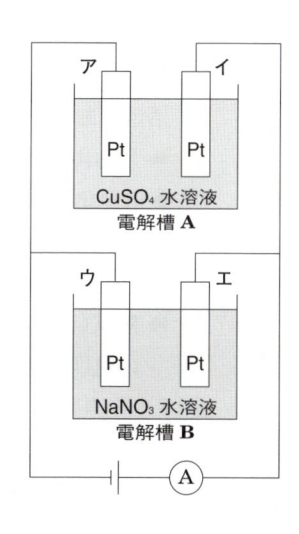

17 反応の速さと反応のしくみ

▶ 反応速度

① **表し方**…単位時間あたりの物質の変化量で表す。反応速度を v とすると，

$$v = \frac{\text{反応物の濃度の変化}}{\text{反応時間}} \quad \text{または} \quad v = \frac{\text{生成物の濃度の変化}}{\text{反応時間}}$$

② **速度式**…反応速度を v，速度定数を k，反応物のモル濃度を $[A]$，$[B]$ とすると，$v = k[A]^\alpha[B]^\beta$

▶ 反応速度と反応のしくみ

① **反応速度を変える条件**…濃度，温度，触媒，光，撹拌 など。

② **反応速度と濃度**…反応速度は，反応物の濃度が大きいほど大きい。
　➡ 反応は，反応物の粒子（分子など）が互いに衝突することによって起こる。濃度が大きいほど衝突する回数が多くなり，反応速度が大きくなる。

③ **反応速度と温度**…反応速度は，温度が高いほど大きい。
　➡ 温度が高いほど活性化エネルギー（下記）以上のエネルギーをもつ粒子が増加する。

④ **活性化エネルギー**…反応が起こるのに必要なエネルギー。
　➡ 反応物は活性化状態を経て生成物になる。
　　└エネルギーが高い状態。
　▶ 活性化エネルギーは，活性化状態になるのに必要なエネルギーである。

⑤ **反応速度と触媒**…反応速度は，触媒によって変化する。
　➡ 触媒（正触媒）は活性化エネルギーを小さくすることによって，反応速度を大きくする。反応熱には影響を与えない。

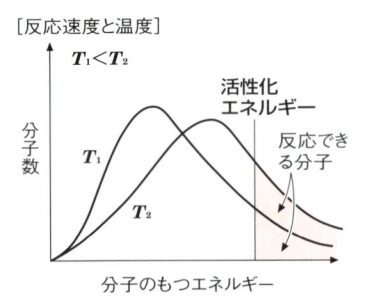

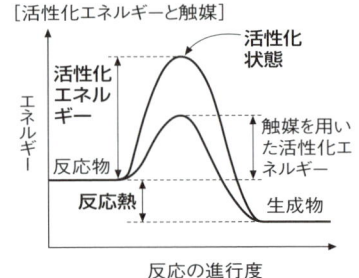

［反応速度と温度］

［活性化エネルギーと触媒］

★ テストに出る重要ポイント

基本問題

解答 → 別冊 p.27

102 反応速度の求め方

$2HI \longrightarrow H_2 + I_2$ の反応において，反応開始後3分間でヨウ化水素の濃度が $0.80\,\text{mol/L}$ から $0.50\,\text{mol/L}$ に変化した。次の各問いに答えよ。

(1) ヨウ化水素の分解速度は何 mol/(L·s) か。

(2) 水素の生成速度は何 mol/(L·s) か。

103 反応の速さ ◁テスト必出

過酸化水素の分解反応 $2H_2O_2 \longrightarrow 2H_2O + O_2$ において，反応時間10秒で過酸化水素のモル濃度が $0.54\,\text{mol/L}$ から $0.23\,\text{mol/L}$ に減少した。次の問いに答えよ。

(1) この反応の速度を過酸化水素のモル濃度の減少量で表せ。

(2) 過酸化水素水 $100\,\text{mL}$ を使って，同じ分解反応を10秒間行ったとき，発生した酸素は何 mol か。

例題研究 14. 右図は，次の反応の進行度とエネルギーの状態を表したものである。

$$SO_2 + \frac{1}{2}O_2 \longrightarrow SO_3$$

以下の各問いに答えよ。

(1) 次の値を求めよ。
  ① 活性化エネルギー〔kJ〕
  ② 反応熱〔kJ〕

(2) この反応で触媒(正触媒)を用いたとき，次の値はどうなるか。
  ① 活性化エネルギー　② 反応熱　③ 反応速度

[着眼] 活性化エネルギーは，反応が起こるのに要するエネルギーである。また，反応熱は反応前の物質と反応後の物質がもつエネルギーの差である。

[解き方] (1)① 活性化エネルギーは，反応の途中で最も高いエネルギーをもつ状態(活性化状態)となるのに要するエネルギーである。
② 反応熱は，反応物と生成物のエネルギーの差であるから94kJ である。
(2) 正触媒は，活性化エネルギーを小さくすることによって反応速度を大きくする。反応熱は，物質間のエネルギー差であるから変化しない。

答 (1)① 125kJ　② 94kJ
(2)① 小さくなる。　② 変化しない。　③ 大きくなる。

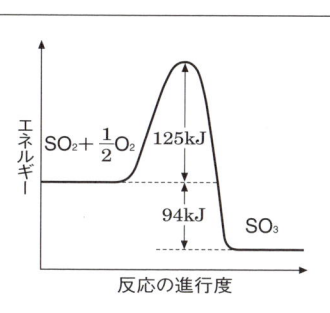

104 反応速度と濃度・温度・触媒 ◀テスト必出

次のア〜オの文のうち，誤りを含むものはどれか。
ア 温度を高くすると反応速度が大きくなるのは，活性化エネルギー以上のエネルギーをもつ粒子の数が増加することがおもな原因である。
イ 反応物の濃度が大きくなると，単位時間あたりの反応物の衝突回数が増加し，反応速度は大きくなる。
ウ 正触媒を加えると活性化エネルギーが小さくなり，反応速度が大きくなる。
エ 触媒は，反応速度と反応熱の両方に変化をおよぼす。
オ 活性化エネルギーとは，反応物のエネルギーと活性化状態のエネルギーの差である。

105 反応速度式

化学反応式 A＋B ⟶ C で表される反応の反応速度 v は，速度定数 k を用いて $v=k[A]^x[B]^y$ と表すことができる。次の(i)，(ii)をもとに x，y の値を求めよ。
(i) B の濃度は変えずに A の濃度を 2 倍にすると，反応速度は 4 倍になった。
(ii) A の濃度は変えずに B の濃度を 2 倍にすると，反応速度は 8 倍になった。

応用問題 ……………………………………… 解答 ➡ 別冊 p.28

106 ◀差がつく

過酸化水素 H_2O_2 を Fe^{3+} を触媒として分解した。反応前の過酸化水素の濃度は 0.542 mol/L，反応開始から 2 分経過したときの過酸化水素の濃度は 0.456 mol/L であった。次の各問いに答えよ。
(1) 反応開始から 2 分間における，過酸化水素の平均の濃度は何 mol/L か。
(2) 反応開始から 2 分間における，過酸化水素の分解反応の平均の速さは何 mol/(L·min) か。
(3) この反応の速度式を $v=k[H_2O_2]$ として，速度定数 k を求めよ。
📖ガイド (3)過酸化水素の濃度は，(1)で求めた平均の濃度を用いる。

107
次の(1)〜(4)の文と最も関係がある反応の条件を，あとのア〜エから選べ。
(1) 過酸化水素水に酸化マンガン(Ⅳ)を加えると，容易に酸素が発生する。
(2) 硝酸は褐色のびんに保存する。
(3) 線香は空気中より，酸素中のほうが激しく燃える。

(4) 希硝酸に銅を入れた試験管を湯に入れると，気体の発生が激しくなる。
　　ア　濃度　　　イ　温度　　　ウ　触媒　　　エ　光

108 ◀差がつく　次の気体反応を考える。
$2A_2B \longrightarrow 2A_2 + B_2$
右図は反応の進行にそったエネルギーの変化を示す。また，この反応では，温度を10℃上げるごとに反応速度が2倍になることがわかっている。次の各問いに答えよ。

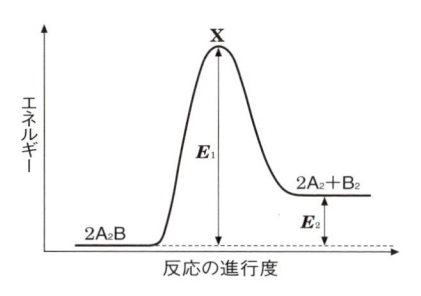

(1) 図において，E_1，E_2は何を表すか。また，Xの状態を何というか。
(2) A_2B分子の解離反応は，発熱反応と吸熱反応のどちらか。
(3) 20℃において20分で反応が終了するとすれば，50℃では何分で反応が終了するか。
(4) 触媒を加えると，反応速度が大きくなった。このとき，E_1，E_2はそれぞれどのように変化したか。次のア〜ウからそれぞれ選べ。
　　ア　大きくなった。　　イ　小さくなった。　　ウ　変化しなかった。

📖 **ガイド**　(2)反応式の右辺の状態のほうがエネルギーが高い。
　　　　　　(3)30℃では反応速度が2倍なので，10分で反応が終了する。

109　化学反応について説明した次のア〜オの文のうち，下線部が誤っているものをすべて選べ。
　ア　触媒を加えて反応が速くなるのは，活性化エネルギーがより小さい経路を通って反応が進むからである。
　イ　温度を上げて反応が速くなるのは，活性化エネルギーがより小さくなるからである。
　ウ　濃度を小さくして反応が遅くなるのは，反応する分子どうしの単位時間あたりの衝突回数が減るからである。
　エ　活性化エネルギーがきわめて大きい場合は，発熱反応であっても常温では反応が進行しない。
　オ　反応 $H_2 + I_2 \longrightarrow 2HI$ において，活性化エネルギーはH_2とI_2の結合エネルギーの和より大きい。

📖 **ガイド**　活性化エネルギーは，反応が起こるために必要なエネルギーであり，活性化状態と反応物とのエネルギー差である。

18 化学平衡と平衡定数

● 可逆反応と化学平衡

① **可逆反応**…正・逆どちらの方向にも進む反応。➡ 化学反応式では「⇌」を用いて表す。　例 $H_2 + I_2 \rightleftarrows 2HI$
　▶**正反応**；化学反応式の右向きに進む反応。
　▶**逆反応**；化学反応式の左向きに進む反応。

② **不可逆反応**…一方向だけに進む反応。
　　　　　　　　　└気体や沈殿が生じる反応など。

③ **化学平衡**……可逆反応において，正反応と逆反応の反応速度が等しくなった状態。➡ 見かけ上，反応が停止した状態。
　▶気液平衡では「蒸発する速さ＝凝縮する速さ」，溶解平衡では「溶解する速さ＝析出する速さ」となっている。

● 化学平衡の法則（質量作用の法則）

① **平衡定数（濃度平衡定数）**　物質 A，B，C，D 間の可逆反応
　$aA + bB \rightleftarrows cC + dD$（$a, b, c, d$ は係数）が平衡状態にあるとき，
$$\frac{[C]^c[D]^d}{[A]^a[B]^b} = K \quad (K；平衡定数)$$
　▶平衡定数 K は，**温度が一定のとき，濃度に関係なく一定**。
　▶平衡定数 K は，温度を高くすると発熱反応では小さくなり，吸熱反応では大きくなる。

② **圧平衡定数**　気体 A，B，C，D 間の可逆反応 $aA + bB \rightleftarrows cC + dD$（$a, b, c, d$ は係数）が平衡状態にあるとき，A～D の分圧を P_A，P_B，P_C，P_D とすると，
$$\frac{P_C{}^c P_D{}^d}{P_A{}^a P_B{}^b} = K_p \quad (K_p；圧平衡定数)$$
　　　　　　　　　　　　　　　└温度が一定のとき一定の値をとる。

③ **平衡定数と圧平衡定数との関係**
　気体 A について，気体の状態方程式より，$P_A V = n_A RT$
　よって，$P_A = \dfrac{n_A}{V} RT = [A]RT$
　同様に P_B，P_C，P_D を求め，圧平衡定数の式に代入すると，平衡定数 K と圧平衡定数 K_p の関係を求めることができる。

➡ $\begin{cases} a+b = c+d\text{ のとき，} K = K_p \\ a+b \neq c+d\text{ のとき，} K = K_p(RT)^x \end{cases}$
　　　　　　　　　　　　　　　　　　└ $x = (c+d) - (a+b)$

基本問題

110 化学平衡の状態

$N_2 + 3H_2 \rightleftarrows 2NH_3$ で表される気体反応の平衡状態について正しく説明している文を，次のア〜エから選べ。

ア　窒素と水素とアンモニアの分子数の比が1：3：2になった状態。
イ　反応が停止した状態。
ウ　窒素と水素とからアンモニアが生じる速さと，アンモニアが分解して窒素と水素が生じる速さが等しくなった状態。
エ　窒素と水素の分子数の和とアンモニアの分子数が等しくなった状態。

111 平衡定数を表す式

次の気体反応が平衡状態にあるとき，平衡定数 K を表す式を書け。

(1)　$H_2 + I_2 \rightleftarrows 2HI$
(2)　$N_2 + 3H_2 \rightleftarrows 2NH_3$

例題研究　15. 水素 2.00 mol とヨウ素 2.00 mol を体積 4.0 L の容器に入れ，800℃に保ったところ，次の反応が平衡状態となり，ヨウ化水素が 3.20 mol 生じた。

$$H_2 + I_2 \rightleftarrows 2HI$$

この反応の800℃における平衡定数を求めよ。

着眼　平衡時における各物質の物質量を求め，さらにモル濃度に換算してから平衡定数の式に代入する。

解き方

	H_2	+	I_2	$\rightleftarrows$	$2HI$
平衡前	2.00 mol		2.00 mol		
変化量	−1.60 mol		−1.60 mol		+3.20 mol
平衡時	0.40 mol		0.40 mol		3.20 mol

平衡時の各成分の濃度を求めると，

$[H_2] = [I_2] = \dfrac{0.40}{4.0} = 0.10$ mol/L,　$[HI] = \dfrac{3.20}{4.0} = 0.80$ mol/L より，

平衡定数 K は，

$$K = \frac{[HI]^2}{[H_2][I_2]} = \frac{(0.80)^2}{0.10 \times 0.10} = 64$$

←平衡定数の単位は各反応で異なる。

答 64

112 平衡定数の計算 ◀テスト必出

20℃で酢酸3.0 molとエタノール3.0 molを混ぜると，次の反応式にしたがって平衡状態となり，2.0 molの酢酸エチルが生成する。

$$CH_3COOH + C_2H_5OH \rightleftarrows CH_3COOC_2H_5 + H_2O$$

あとの各問いに答えよ。

- (1) この反応の20℃における平衡定数を求めよ。
- (2) 20℃で酢酸1.0 molとエタノール1.0 molを混ぜると，平衡状態で何molの酢酸エチルが生成するか。

📖 ガイド　溶液全体の体積をV〔L〕として，それぞれの物質の濃度を求める。

113 圧平衡定数の計算 ◀テスト必出

N_2O_4は$N_2O_4 \rightleftarrows 2NO_2$のように解離する。$N_2O_4$を容器に入れ，圧力を$1.4 \times 10^5$ Paに保つと，その40%が解離して平衡に達した。次の各問いに答えよ。

- (1) N_2O_4とNO_2の分圧を求めよ。
- (2) この温度での圧平衡定数を求めよ。

応用問題　　　　　　　　　　　　　　　　　解答 ➡ 別冊 p.30

114 次の文を読み，あとの各問いに答えよ。

容積一定の密閉容器の中に水素1.00 molとヨウ素1.00 molを入れて温度を600 Kに保ち，各物質の物質量および反応の速さの時間変化を調べたところ，図1，図2の結果が得られた。

図1

物質量〔mol〕: 1.62, 1.00, 0.19
A 水素またはヨウ素
時　間

図2

反応の速さ
B 反応の速さ
C 反応の速さ
時　間

- (1) 図1のAにあてはまる物質名を書け。
- (2) この反応の600Kにおける平衡定数を求めよ。
- (3) 図2のB，Cにあてはまる語をそれぞれ漢字1字で書け。
- (4) この反応の見かけの速さと時間の関係を表すグラフを，図2中に実線で示せ。

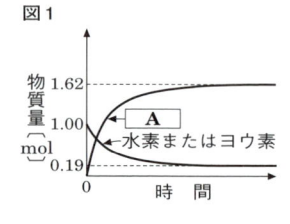

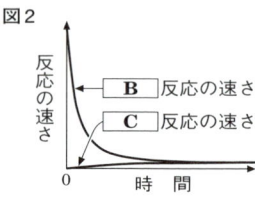

📖 ガイド　(3)時間とともに，B反応の速さは小さく，C反応の速さは大きくなっている。

115 次の文章を読み，以下の(1)，(2)の問いに答えよ。

ある気体(分子式をABとする)は，気体A(分子式をA_2とする)と気体B(分子式をB_2とする)に分解して，次ページの化学平衡に達する。

$2AB(気体) \rightleftarrows A_2(気体) + B_2(気体)$

体積 $V[L]$ の密閉容器に AB を $1.0\,\text{mol}$ 入れ，一定温度で放置すると，$x[\text{mol}]$ だけ分解され平衡に達した。

☐ (1) $V = 10\,\text{L}$，平衡定数 $K = 0.25$ であったとき，容器内に存在する AB，A_2 および B_2 はそれぞれ何 mol か計算せよ。

☐ (2) (1)の容器に，さらに A_2 を $0.25\,\text{mol}$ 加えて，同じ温度で再び平衡に達したとき，加えた A_2 は減少していた。容器内に存在する AB，A_2 および B_2 は，それぞれ何 mol か計算せよ。

116 <差がつく> 次の文を読み，あとの各問いに答えよ。

気体 A（分子量；28.0），B（分子量；2.00）および C（分子量；32.0）の間に，次のような平衡が成り立っている。

$A(気) + 2B(気) \rightleftarrows C(気)$

$1.0\,\text{L}$ の容器に気体 A $21.84\,\text{g}$ と気体 B $2.72\,\text{g}$ を封入し，160℃に保つと，気体 C が生成されて平衡に達し，$0.24\,\text{g}$ の気体 B が残っていることが確認された。

☐ (1) この平衡状態における気体 C の物質量は何 mol か。

☐ (2) この温度における，この反応の平衡定数を求めよ。

117 一酸化炭素を生成する反応は可逆反応であり，次のように示される。

$CO_2(気) + C(黒鉛) \rightleftarrows 2CO(気)$

CO_2 $0.10\,\text{mol}$ を容積 $5.0\,\text{L}$ の容器にとり，黒鉛を加えて $973\,\text{K}$ で反応させたところ，全圧が $2.1 \times 10^5\,\text{Pa}$ となったところで平衡に達した。あとの各問いに答えよ。
（気体定数；$R = 8.31 \times 10^3\,\text{Pa·L/(K·mol)}$）

☐ (1) 平衡状態における CO の物質量は何 mol か。

☐ (2) この反応の 973 K における圧平衡定数を求めよ。

> 📖 ガイド　(1)気体の状態方程式を用いて，平衡時の気体の全物質量を求める。
> 　　　　　(2)炭素は固体なので，平衡定数には関係しない。

118 <差がつく> NO_2 は，常温・常圧では次のような平衡状態にある。

$2NO_2 \rightleftarrows N_2O_4$

☐ (1) 20℃で，NO_2 の分圧が $40\,\text{kPa}$，N_2O_4 の分圧が $50\,\text{kPa}$ のとき，圧平衡定数がいくらか求めよ。

☐ (2) 20℃で，全圧が $200\,\text{kPa}$ のときの NO_2 と N_2O_4 の物質量比を求めよ。

> 📖 ガイド　(2)物質量比と分圧比が等しいことを利用。圧平衡定数と全圧から各気体の分圧を求める。

19 化学平衡の移動

> **テストに出る重要ポイント**
>
> ● **ルシャトリエの原理**…平衡状態において，濃度・温度・圧力などの条件を変化させると，<u>その変化を打ち消す方向に平衡が移動する</u>。
> 　└平衡移動の原理ともいう。
>
> ① 濃度の変化と平衡の移動
> 　▶濃度を大きくしたとき…濃度が小さくなる方向に平衡が移動。
> 　　　　　　　　　　　　➡ その物質が**反応する**。
> 　▶濃度を小さくしたとき…濃度が大きくなる方向に平衡が移動。
> 　　　　　　　　　　　　➡ その物質が**生成する**。
>
> ② 温度の変化と平衡の移動
> 　▶温度を高くしたとき…温度が低くなる方向に平衡が移動。
> 　　　　　　　　　　　➡ **吸熱反応**が進む。
> 　▶温度を低くしたとき…温度が高くなる方向に平衡が移動。
> 　　　　　　　　　　　➡ **発熱反応**が進む。
>
> ③ 圧力の変化と平衡の移動
> 　▶圧力を高くしたとき…圧力が低くなる方向に平衡が移動。
> 　　　　　　　　　　　➡ 気体分子の数が**減少する反応が進む**。
> 　▶圧力を低くしたとき…圧力が高くなる方向に平衡が移動。
> 　　　　　　　　　　　➡ 気体分子の数が**増加する反応が進む**。
>
> ④ 触媒と平衡の移動…**触媒は平衡の移動とは無関係**である。

基本問題　　　　　　　　　　　　　　　　　　解答 ➡ 別冊 *p.31*

119　化学平衡の移動　◀テスト必出

次の熱化学方程式で表される可逆反応が平衡状態にある。

　　$H_2(気) + I_2(気) = 2HI(気) + 9.0 kJ$

次の(1)～(5)の操作を行うと，平衡はどのようになるか。あとのア～ウから選べ。

☐ (1)　I_2 を加える。　　　　　　☐ (2)　HI を液化する。
☐ (3)　温度を高くする。　　　　☐ (4)　触媒を加える。
☐ (5)　圧力を小さくする。
　　ア　右に移動する。　　　イ　左に移動する。　　　ウ　移動しない。

120 平衡移動とグラフ

気体 A, B, C の間の可逆反応は, 次の熱化学方程式で表される。

$a\text{A} + b\text{B} = c\text{C} + Q\,[\text{kJ}]$

右図は, この可逆反応が平衡状態に達したときの, 圧力・温度と, 気体全体に対する気体 C の体積の割合 [%] の関係を示している。次の(1), (2)の( )に等号または不等号を入れよ。

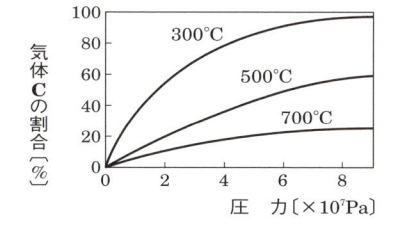

- (1) $a + b\;(\quad)\;c$
- (2) $Q\;(\quad)\;0$

応用問題 ……………………………… 解答 ➡ 別冊 p.32

121
次の(1)〜(7)の熱化学方程式や化学反応式で表される可逆反応が平衡状態にあるとき, [ ] 内のような変化を与えると, 平衡はどのように移動するか。

- (1) $N_2 + O_2 = 2NO - 180\,\text{kJ}$ 〔加圧する〕
- (2) $C(固) + H_2O(気) = CO + H_2 - 132\,\text{kJ}$ 〔減圧する〕
- (3) $CO + 2H_2 = CH_3OH(気) + 105\,\text{kJ}$ 〔温度を下げる〕
- (4) $2SO_2(気) + O_2 = 2SO_3(気) + 192\,\text{kJ}$ 〔触媒を加える〕
- (5) $N_2O_4 = 2NO_2 - 57\,\text{kJ}$ 〔温度を上げる〕
- (6) $N_2 + 3H_2 \rightleftarrows 2NH_3$ 〔全圧を一定に保ち, Ar を加える〕
- (7) $N_2 + 3H_2 \rightleftarrows 2NH_3$ 〔体積を一定に保ち, Ar を加える〕

122 ◀差がつく
次の(1)〜(3)の熱化学方程式に示す生成物について, 平衡状態における体積の割合 [%] と圧力・温度の関係を表すグラフを, あとのア〜カから選べ。ただし, グラフ中の T は温度を表し, $T_1 < T_2$ とする。

- (1) $2SO_2(気) + O_2(気) = 2SO_3(気) + 192\,\text{kJ}$
- (2) $N_2 + O_2 = 2NO - 180\,\text{kJ}$
- (3) $C(固) + CO_2(気) = 2CO(気) - 172\,\text{kJ}$

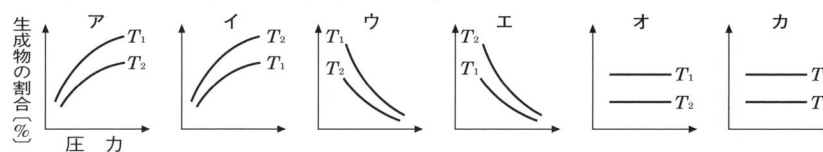

20 電離平衡と電離定数

⭐ テストに出る重要ポイント

◉ **弱酸の電離と電離定数**…酢酸がよく出題される。

c〔mol/L〕の弱酸 HX の水溶液の電離度を α とすると，

$$HX \rightleftarrows H^+ + X^-$$

電離平衡時の濃度〔mol/L〕： $c(1-\alpha)$ 　 $c\alpha$ 　 $c\alpha$

➡ 弱酸では $1 \gg \alpha$ なので，$1-\alpha \fallingdotseq 1$ として計算する。弱酸 HX の電離定数を K_a とすると，

$$K_a = \frac{[H^+][X^-]}{[HX]} = \frac{c\alpha \times c\alpha}{c(1-\alpha)} = \frac{c\alpha^2}{1-\alpha} \fallingdotseq c\alpha^2$$

◉ **弱塩基の電離と電離定数**…アンモニアの出題がほとんど。

c〔mol/L〕のアンモニア水の電離度を α とすると，

$$NH_3 + H_2O \rightleftarrows NH_4^+ + OH^-$$

電離平衡時の濃度〔mol/L〕： $c(1-\alpha)$ 　　　　 $c\alpha$ 　 $c\alpha$

➡ 弱塩基では $1 \gg \alpha$ なので，$1-\alpha \fallingdotseq 1$ として計算する。アンモニアの電離定数を K_b とすると，
（[H_2O] も K_b に含めて考える。）

$$K_b = \frac{[NH_4^+][OH^-]}{[NH_3]} = \frac{c\alpha \times c\alpha}{c(1-\alpha)} = \frac{c\alpha^2}{1-\alpha} \fallingdotseq c\alpha^2$$

◉ **電離平衡の移動**…ルシャトリエの原理にしたがう。

$$CH_3COOH \rightleftarrows CH_3COO^- + H^+$$

の電離平衡において，

▶ 酸を加える。H^+ が増加するので，平衡は左に移動。
　└ HCl，H_2SO_4 など
▶ 塩基を加える。H^+ が反応し減少するので，平衡は右に移動。
　└ NaOH，KOH など
▶ 酢酸の塩を加える。CH_3COO^- が増加するので，平衡は左に移動。
　└ CH_3COONa，CH_3COOK など

基本問題　　　　　　　　　　　　　　　　　　解答 ➡ 別冊 *p.33*

123 電離定数の表し方

次の弱酸・弱塩基の水溶液中での電離定数を表す式を書け。
- (1) ギ酸 HCOOH
- (2) フェノール C_6H_5OH
- (3) アニリン $C_6H_5NH_2$

例題研究 **16.** $0.10\,\mathrm{mol/L}$ の酢酸水溶液において，次の(1)〜(3)の値を求めよ。(酢酸の電離定数；$K_a = 2.0 \times 10^{-5}\,\mathrm{mol/L}$, $\sqrt{2} = 1.4$, $\log 2 = 0.30$)

(1) 水素イオン濃度 　(2) 電離度 　(3) pH

着眼 (1) 弱酸では，$\alpha \ll 1$ である。さらに，$[\mathrm{CH_3COO^-}] = [\mathrm{H^+}]$ に着目して，電離定数の式から求める。
(2) $[\mathrm{H^+}] = c\alpha$ を利用して求める。電離定数 K_a と濃度 $c\,[\mathrm{mol/L}]$ の関係から求めてもよい。
(3) $\mathrm{pH} = -\log[\mathrm{H^+}]$ である。

解き方 (1) $\mathrm{CH_3COOH} \rightleftarrows \mathrm{CH_3COO^-} + \mathrm{H^+}$ において，
電離度 $\alpha \ll 1$ より，$[\mathrm{CH_3COOH}] = 0.10(1-\alpha) \fallingdotseq 0.10\,\mathrm{mol/L}$
また，$[\mathrm{CH_3COO^-}] = [\mathrm{H^+}]$ なので，
$$K_a = \frac{[\mathrm{CH_3COO^-}][\mathrm{H^+}]}{[\mathrm{CH_3COOH}]} = \frac{[\mathrm{H^+}]^2}{0.10} = 2.0 \times 10^{-5}$$
$\therefore\ [\mathrm{H^+}] = \sqrt{2} \times 10^{-3} = 1.4 \times 10^{-3}\,\mathrm{mol/L}$

(2) $[\mathrm{H^+}] = c\alpha$ より，$1.4 \times 10^{-3} = 0.10\alpha$ 　$\therefore\ \alpha = 1.4 \times 10^{-2}$

〔別解〕 $K_a = \dfrac{c\alpha^2}{1-\alpha} \fallingdotseq c\alpha^2$ 　$\therefore\ \alpha = \sqrt{\dfrac{K_a}{c}} = \sqrt{\dfrac{2.0 \times 10^{-5}}{0.10}} = 1.4 \times 10^{-2}$

(3) $\mathrm{pH} = -\log[\mathrm{H^+}] = -\log(\sqrt{2} \times 10^{-3}) = 3 - \dfrac{0.30}{2} = 2.85$

答 (1) $1.4 \times 10^{-3}\,\mathrm{mol/L}$ 　(2) 1.4×10^{-2} 　(3) 2.9

---

124 弱塩基の電離 ◁テスト必出

$1.0 \times 10^{-2}\,\mathrm{mol/L}$ のアンモニア水において，次の(1)〜(3)の値を求めよ。(アンモニアの電離定数；$K_b = 1.8 \times 10^{-5}\,\mathrm{mol/L}$, $\sqrt{2} = 1.4$, $\log 2 = 0.30$, $\log 3 = 0.48$)

☐ (1) $[\mathrm{OH^-}]$ 　☐ (2) 電離度 　☐ (3) pH

125 電離平衡の移動 ◁テスト必出

酢酸は，水溶液中では次のように電離し，平衡状態にある。

$\mathrm{CH_3COOH} \rightleftarrows \mathrm{CH_3COO^-} + \mathrm{H^+}$

この状態で(1)〜(4)の操作を行うと，平衡はどのように移動するか。あとのア〜ウから選べ。

☐ (1) HCl を吹きこむ。　☐ (2) NaOH を加える。
☐ (3) $\mathrm{CH_3COONa}$ を加える。　☐ (4) 水を加える。

　ア　右に移動する。　　イ　左に移動する。　　ウ　移動しない。

応用問題 …………………………………………………… 解答 ➡ 別冊 p.33

126 ◀差がつく　ある温度の$0.025\,\text{mol/L}$のギ酸水溶液の電離度は0.020である。次の各問いに答えよ。（$\log 2 = 0.30$）

(1) この温度でのギ酸の電離定数を求めよ。
(2) この水溶液のpHを求めよ。
(3) この水溶液を，水で50倍にうすめた水溶液のpHを求めよ。
📖 **ガイド**　(3) 水で50倍にうすめたときの電離度は0.020より大きくなる。

127　次の文章を読んで，A，Bには式，a〜cには数値，ア〜ウには語句を入れよ。（$\log 1.6 = 0.2$）

酢酸の電離平衡は次のように表される。

$$CH_3COOH \rightleftharpoons CH_3COO^- + H^+$$

酢酸の濃度を$c\,[\text{mol/L}]$，電離度をαとすると，電離定数K_aは，c，αを用いて，$K_a = (\;\text{A}\;)\,[\text{mol/L}]$と表される。$\alpha$は（ a ）に比較して非常に小さいので，近似的に$K_a = (\;\text{B}\;)\,[\text{mol/L}]$と表すことができる。

電離定数は，（ ア ）によって変化するが，アが同じであれば，（ イ ）に関係なく一定である。

いま，$0.10\,\text{mol/L}$の酢酸水溶液における電離度を0.016とすると，K_aは（ b ）mol/Lとなり，pHは（ c ）となる。また，フェノールの電離定数K_aの値は$1.0 \times 10^{-10}\,\text{mol/L}$であるので，酢酸とフェノールを比較すると（ ウ ）のほうが強い酸である。

📖 **ガイド**　$K_a = \dfrac{[X^-][H^+]}{[HX]}$なので，$K_a$が大きいほど$[H^+]$も大きくなる。

128 ◀差がつく　次の各問いに答えよ。（$\log 2 = 0.30$）

(1) $0.10\,\text{mol/L}$の酢酸水溶液のpHは3.0であった。これをもとに，酢酸の電離定数を求めよ。
(2) $0.10\,\text{mol/L}$のアンモニア水のpHは11.7であった。これをもとに，アンモニアの電離定数を求めよ。

📖 **ガイド**　$[H^+] = 10^{-pH}$である。　(1) $[CH_3COO^-] = [H^+]$を利用。
(2) $[NH_4^+] = [OH^-]$を利用。また，水のイオン積にも着目。

21 電解質水溶液の平衡

★ テストに出る重要ポイント

- **緩衝液とpH**
  ① 緩衝液…少量の酸や塩基を加えてもpHがほとんど変化しない溶液。
  ➡「弱酸＋弱酸の塩」および「弱塩基＋弱塩基の塩」の溶液。
  ② **pHの求め方**…弱酸または弱塩基の電離定数の式に代入する。
  　[例] 酢酸水溶液に CH_3COONa を加えた溶液
  　　　$CH_3COOH \rightleftarrows CH_3COO^- + H^+$ （ごく一部が電離）
  　　　$CH_3COONa \longrightarrow CH_3COO^- + Na^+$ （ほぼ完全に電離）
  　　　$\begin{cases} [CH_3COOH]\cdots CH_3COOH\text{がまったく電離していないとする。} \\ [CH_3COO^-]\cdots\text{すべて}CH_3COONa\text{の電離により生じたとする。} \end{cases}$

- **塩の加水分解とpH**
  ① 塩の加水分解…弱酸または弱塩基からなる塩の水溶液で，**弱酸・弱塩基の成分イオンが水と反応して，もとの弱酸・弱塩基を生じる**反応。➡ OH^-, H^+ が生成し，塩基性や酸性を示す。
  　（たとえば CH_3COONa や NH_4Cl）
  ▶弱酸と強塩基からなる塩 ➡ 加水分解して**塩基性**を示す。
  ▶強酸と弱塩基からなる塩 ➡ 加水分解して**酸性**を示す。
  ▶強酸と強塩基からなる塩 ➡ 加水分解せず，**ほぼ中性**を示す。
  ② **pHの求め方**…加水分解反応の平衡定数 K_h を用いて求める。
  ▶塩を構成する弱酸または弱塩基の電離定数を K_a，水のイオン積を K_w とすると，$K_h = \dfrac{K_w}{K_a}$

- **2価の弱酸の電離とpH**
  ① $[H^+]$，**pHの求め方**…第1段階の電離定数を K_1，第2段階の電離定数を K_2 とすると，$K_1 \gg K_2$ なので，K_1 の式のみで求める。
  ② 第2段階のイオンの濃度…$K_1 \times K_2$ を利用して求める。
  　　　　　　　　　　　　└─全体の電離定数

- **溶解度積と沈殿**
  ① 溶解度積…難溶性の塩の溶解平衡 $AB(固) \rightleftarrows A^+ + B^-$ において，**溶解度積 $K_{sp} = [A^+][B^-]$**
  ② 溶解度積と沈殿…A^+ を含む溶液と B^- を含む溶液を混合したとき，混合液中の A^+ と B^- の濃度の積を I_p とすると，***$I_p > K_{sp}$ のときは沈殿を生じる***が，$I_p < K_{sp}$ のときは沈殿を生じない。

できたらチェック。

基本問題

解答 → 別冊 p.34

□ **129** 緩衝液

次のア～カの混合水溶液のうち，緩衝液として不適当なものをすべて選べ。

ア　ギ酸とギ酸カリウムの混合水溶液

イ　塩酸と塩化ナトリウムの混合水溶液

ウ　酢酸と酢酸ナトリウムの混合水溶液

エ　アンモニアと塩化アンモニウムの混合水溶液

オ　硝酸と硝酸ナトリウムの混合水溶液

カ　ホウ酸とホウ酸カリウムの混合水溶液

例題研究》 **17．0.10 mol/L の酢酸水溶液300 mL に0.10 mol/L の酢酸ナトリウム水溶液200 mL を混合した水溶液の pH を求めよ。**（酢酸の電離定数；$K_a=2.0\times10^{-5}$ mol/L，log3＝0.48）

着眼　酢酸水溶液中の CH_3COOH ➡ ほとんど電離しない。
酢酸ナトリウム水溶液中の CH_3COONa ➡ 完全に電離する。

解き方　混合水溶液中の CH_3COOH は，すべて酢酸水溶液中に含まれていたと考えてよいから，

$$[CH_3COOH]=0.10\times\frac{300}{300+200}=0.060\ \text{mol/L}$$

また，混合水溶液中の CH_3COO^- は，すべて酢酸ナトリウムの電離により生じたものと考えてよいから，

$$[CH_3COO^-]=0.10\times\frac{200}{300+200}=0.040\ \text{mol/L}$$

ここで，

$$K_a=\frac{[CH_3COO^-][H^+]}{[CH_3COOH]}=\frac{0.040\times[H^+]}{0.060}=2.0\times10^{-5}$$

$$\therefore\quad [H^+]=3.0\times10^{-5}\ \text{mol/L}$$

$$\text{pH}=-\log(3.0\times10^{-5})=5-0.48=4.52$$

答　4.5

□ **130** 緩衝液の pH 《テスト必出

0.20 mol/L の酢酸水溶液500 mL に0.10 mol の酢酸ナトリウムの結晶を加えた水溶液の pH を求めよ。 ただし，酢酸の電離定数 K_a を 2.0×10^{-5} mol/L とし，水溶液の体積は変化しなかったものとする。（log2＝0.30）

21 電解質水溶液の平衡

131 塩の加水分解とイオンの濃度 ◀テスト必出

酢酸ナトリウム水溶液について、次の各問いに答えよ。
- (1) この水溶液は、酸性、塩基性、ほぼ中性のどれか。
- (2) 次のア〜エのイオンを、水溶液中での濃度が小さい順に並べよ。
    ア CH_3COO^-　　　イ Na^+　　　ウ H^+　　　エ OH^-

132 塩の加水分解と pH ◀テスト必出

次の文章を読んで、あとの各問いに答えよ。

酢酸ナトリウムを水に溶かすと、完全に CH_3COO^- と Na^+ に電離し、生じた CH_3COO^- の一部は水と反応して、次の平衡が成り立つ。

$$CH_3COO^- + H_2O \rightleftarrows (①) + (②)$$

この平衡の電離定数は、$K_h = \dfrac{(③) \times (④)}{[CH_3COO^-]}$ であり、

酢酸の電離定数は、$K_a = \dfrac{[CH_3COO^-] \times (⑤)}{(⑥)}$ であるから、

K_h は、K_a と水のイオン積 K_w を用いて次のように表される。

$$K_h = (⑦)$$

- (1) 文章中の（　）内に適する化学式、記号などを入れよ。
- (2) $0.10\,mol/L$ の酢酸ナトリウム水溶液の pH を求めよ。（酢酸の電離定数；$K_a = 2.0 \times 10^{-5}\,mol/L$、水のイオン積；$K_w = 1.0 \times 10^{-14}\,(mol/L)^2$、$\log 2 = 0.30$）

133 2価の酸の電離

$0.10\,mol/L$ の硫化水素水について、次の(1)、(2)の値を求めよ。ただし、H_2S の第1段階、第2段階の電離定数を、それぞれ $K_1 = 1.0 \times 10^{-7}\,mol/L$、$K_2 = 1.0 \times 10^{-14}\,mol/L$ とする。
- (1) pH
- (2) $[S^{2-}]$

134 溶解度積 ◀テスト必出

塩化銀の25℃の水への溶解度は $1.3 \times 10^{-5}\,mol/L$ である。次の各問いに答えよ。
- (1) 塩化銀の溶解度積を求めよ。
- (2) $1.0 \times 10^{-3}\,mol/L$ の塩化ナトリウム水溶液に $1.0 \times 10^{-3}\,mol/L$ の硝酸銀水溶液を同じ体積だけ加えたとき、塩化銀の沈殿が生じるか。

応用問題

135 ◀差がつく 次の文章の( )内に適する数値を入れよ。(酢酸の電離定数；$K_a = 1.8 \times 10^{-5}$ mol/L, $\sqrt{3.6} = 1.9$, $\log 2 = 0.30$, $\log 3 = 0.48$)

0.20 mol/L の酢酸水溶液中における CH_3COO^- と H^+ の濃度は等しく，(①) mol/L である。

酢酸ナトリウムのように完全に電離して CH_3COO^- を生成する塩が①mol/L より十分高い濃度で共存する場合，H^+ の濃度は酢酸と酢酸ナトリウムの濃度比で決まる。たとえば，酢酸と酢酸ナトリウムとの濃度がいずれも0.20 mol/L となるように調製した混合水溶液では，H^+ の濃度が(②)mol/L で，pHは(③)である。また，pHを5.0に調製したければ，酢酸と酢酸ナトリウムの濃度比を 1 : (④)にすればよい。

📖 **ガイド** いずれも酢酸の電離定数の式に代入する。①では$[CH_3COO^-] = [H^+]$，②では$[CH_3COO^-] = 0.20$ mol/L として考える。

136 ◀差がつく 0.10 mol/L の酢酸水溶液が25 mL ある。次の各問いに答えよ。(酢酸の電離定数；$K_a = 2.0 \times 10^{-5}$ mol/L, $\log 2 = 0.30$, $\log 3 = 0.48$)

(1) この酢酸水溶液に，0.10 mol/L の水酸化ナトリウム水溶液を徐々に加えていったとき，次の水溶液のpHを求めよ。
   ① 水酸化ナトリウム水溶液を加えていない水溶液。
   ② 水酸化ナトリウム水溶液を15 mL 加えた混合水溶液。
   ③ 水酸化ナトリウム水溶液を25 mL 加えた混合水溶液。

(2) (1)の①～③の水溶液のうち，緩衝液であるのはどれか。

📖 **ガイド** ②は酢酸と酢酸ナトリウムの混合水溶液。③は酢酸ナトリウムの水溶液。

137 アンモニアの電離定数を1.74×10^{-5} mol/L として，次の各問いに答えよ。($\log 1.74 = 0.24$, $\log 17.4 = 1.24$, $\log 2 = 0.30$)

(1) 0.10 mol/L のアンモニア水を10倍にうすめた水溶液のpHを求めよ。
(2) 0.10 mol/L のアンモニア水と，同じ濃度の塩化アンモニウム水溶液を同体積ずつ混合した混合水溶液のpHを求めよ。
(3) 0.10 mol/L の塩化アンモニウム水溶液のpHを求めよ。

📖 **ガイド** (2)この混合水溶液は緩衝液である。 (3)塩化アンモニウムは加水分解する。

例題研究 18.

硫化水素の第1段階，第2段階の電離定数を，それぞれ $K_1=1.0\times10^{-7}$ mol/L, $K_2=1.0\times10^{-14}$ mol/L として，次の各問いに答えよ。

(1) ある温度の水に硫化水素を飽和させると，0.10 mol/L の硫化水素水となり，pH は3.0であった。この水溶液中の $[S^{2-}]$ を求めよ。

(2) 0.010 mol/L の硫酸銅(Ⅱ)水溶液，0.010 mol/L の塩化マンガン(Ⅱ)の水溶液に，それぞれ硫化水素を吹きこんだ。$[S^{2-}]$ を(1)と同じにしたとき，金属の硫化物は沈殿するか。ただし，CuS, MnS の溶解度積 K_{sp} を，それぞれ 6.0×10^{-34} (mol/L)^2, 1.0×10^{-16} (mol/L)^2 とする。

着眼 (1) $H_2S \rightleftarrows 2H^+ + S^{2-}$ の電離定数を K とすると，$K = K_1 \times K_2$ となる。
(2) 混合した陽イオンと陰イオンの積が K_{sp} より大きいとき沈殿する。

解き方 (1) $H_2S \rightleftarrows H^+ + HS^-$, $HS^- \rightleftarrows H^+ + S^{2-}$ において，

$$K_1 = \frac{[H^+][HS^-]}{[H_2S]}, \quad K_2 = \frac{[H^+][S^{2-}]}{[HS^-]} \text{ より,}$$

$H_2S \rightleftarrows 2H^+ + S^{2-}$ の電離定数 K は，

$$K = K_1 \times K_2 = (1.0\times10^{-7}) \times (1.0\times10^{-14})$$
$$= 1.0\times10^{-21} \text{ (mol/L)}^2$$

pH = 3.0 より $[H^+] = 1.0\times10^{-3}$ mol/L, $\alpha \ll 1$ より $[H_2S] \fallingdotseq 0.10$ mol/L

よって，$K = \dfrac{[H^+]^2[S^{2-}]}{[H_2S]} = \dfrac{(1.0\times10^{-3})^2 \times [S^{2-}]}{0.10} = 1.0\times10^{-21}$

∴ $[S^{2-}] = 1.0\times10^{-16}$ mol/L

(2) 水溶液中の陽イオン（金属イオン）と陰イオンの積 I_p は，ともに，
$0.010 \times 1.0\times10^{-16} = 1.0\times10^{-18}$ (mol/L)^2
CuS; $K_{sp} < I_p$ より，沈殿する。
MnS; $K_{sp} > I_p$ より，沈殿しない。

答 (1) 1.0×10^{-16} mol/L (2) CuS；沈殿する，MnS；沈殿しない

---

138 炭酸カルシウム $CaCO_3$ は，水100gに0.020g溶ける。溶解による体積の変化はないものとして，次の各問いに答えよ。（原子量；C = 12, O = 16, Na = 23, Ca = 40）

☐ (1) 炭酸カルシウムの溶解度積 K_{sp} を求めよ。

☐ (2) 1.0×10^{-3} mol/L の石灰水500mLに炭酸ナトリウム Na_2CO_3 を何g以上加えると沈殿を生じるか。

ガイド $[Ca^{2+}]$ と $[CO_3^{2-}]$ の積が K_{sp} より大きくなると沈殿を生じる。

22 元素の分類と性質

テストに出る重要ポイント

- **元素の周期律**…元素を**原子番号の順**に並べると，**周期的に類似の元素が表れる**こと。➡ 価電子の数の周期性による。
  ↑メンデレーエフは原子量の順に並べた。

  〔周期律が見られる例〕
  　イオン化エネルギー，電子親和力，融点・沸点，原子の半径

- **元素の周期表**…元素の**周期律**に基づいた元素の分類表。
  ① **族**…縦の列。同族元素は互いに性質が類似。1族～18族
  　[例] 1族；アルカリ金属，17族；ハロゲン，18族；希ガス(貴ガス)
  　　　　↑Li, Na, K 　　　　↑F, Cl, Br, I 　　　↑He, Ne, Ar, Kr
  ② **周期**…横の列。第1～第7周期がある。
  　※各周期の元素数・最外殻の電子殻
  　　第1周期；2・K殻，第2周期；8・L殻，第3周期；8・M殻，第4周期；18・N殻

- **典型元素**…**1・2族，12～18族**。同周期では原子番号が増すと価電子の数が増加。※族番号の下1桁が価電子の数。
  遷移元素…**3～11族**。同周期では原子番号が増すと**内側の電子殻の電子の数が増加**。左右の元素も性質が類似。すべて金属元素。

- **金属元素**…陽性で**陽イオンになりやすい**。周期表の左下側の元素ほど**陽性が強い**。
  非金属元素…すべて典型元素。周期表の右上側(18族は除く)の元素ほど陰性が強く，**陰イオンになりやすい**。
  〔例外〕水素は非金属元素であるが，陽イオンになりやすい。

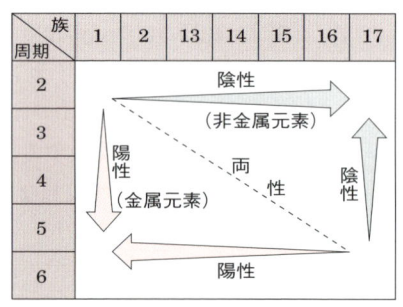

基本問題　　　　　　　　　　　　　　　　　　　　解答 ➡ 別冊 *p.38*

139 元素の周期律と周期表

次の文の(　)内に適する語句を入れよ。
　メンデレーエフは，元素を(ア)の順に並べると，周期的によく似た性質の元素が表れるという元素の(イ)を発見し，1869年，これに基づいて元素の周期表を発表した。現在の周期表は元素の(ウ)の順に並べたもので，原子の(エ)

の数が元素の性質と密接な関係があり，（ ウ ）とともに（ エ ）の数が周期的に変化することが（ イ ）の原因と考えられている。

140 元素の周期表の族と周期
元素の周期表に関する次の記述①～⑤のうち誤っているものを選べ。
① 縦の列は族といい，1族から18族まである。
② 横の列（行）は周期といい，第1周期から第7周期まである。
③ 第1周期・第2周期・第3周期の元素数は，順に2，8，18である。
④ 第1周期～第3周期の最外殻電子は，順にK殻，L殻，M殻に存在する。
⑤ 水素を除く1族元素をアルカリ金属，18族元素を希ガスという。

141 典型元素と遷移元素 ◁テスト必出
次の(1)～(6)について，典型元素にはA，遷移元素にはBを記せ。
- (1) 非金属元素
- (2) 5族元素
- (3) すべて金属元素
- (4) 第1～第3周期
- (5) ハロゲン
- (6) 左右の元素の性質が類似

応用問題 ························· 解答 → 別冊 p.38

142 次の(1)～(5)にあてはまるものを（ ）内で答えよ。
- (1) 非金属元素で陽イオンになりやすい元素（元素記号）。
- (2) 最外殻電子が2個の希ガス（元素記号）。
- (3) 原子番号の最も小さいアルカリ金属元素（原子番号と元素記号）。
- (4) 原子番号の最も小さい遷移元素（原子番号と元素記号）。
- (5) 第2周期の2族元素（原子番号と元素記号）。

📖 ガイド　アルカリ金属は1族（ただし，水素は除く）。遷移元素は第4周期の3族から。

143 ◁差がつく 次の表は元素の周期表の一部を示し，a～hは仮の元素記号である。(1)～(7)にあてはまる元素をa～hで示せ。

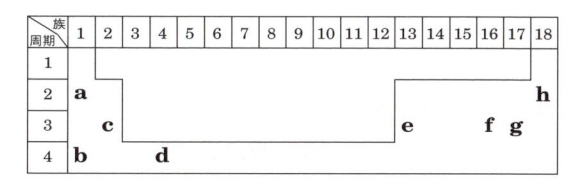

族／周期	1	2	3	4	5	6	7	8	9	10	11	12	13	14	15	16	17	18
1																		
2	a																	h
3	c												e		f	g		
4	b		d															

- (1) イオン化エネルギーが最も小さい。
- (2) 単原子分子
- (3) ハロゲン分子
- (4) 原子番号12
- (5) 遷移元素
- (6) 第2周期のアルカリ金属元素
- (7) 3価の陽イオンになりやすい。

23 水素と希ガス(貴ガス)

テストに出る重要ポイント

- **水素** H_2…単体は空気中にごく微量含まれる。➡ 水や有機物のおもな構成成分。
  ① 製法…〔実験的〕 a **水の電気分解**。 $2H_2O \longrightarrow 2H_2 + O_2$
     b 亜鉛や鉄に希硫酸を加える。 $Zn + H_2SO_4 \longrightarrow ZnSO_4 + H_2$
     〔工業的〕石油に高温で水蒸気を作用。
  ② 性質
     a **無色・無臭**で水に溶けにくい。また、**最も密度の小さい**気体。
     b 空気中で燃えて水となる。 $2H_2 + O_2 \longrightarrow 2H_2O$
     c 還元剤 ➡ $CuO + H_2 \longrightarrow Cu + H_2O$
- **水素化合物**…多くの元素と化合物をつくる。

例

	14族	15族	16族	17族
第2周期	CH_4 メタン	NH_3 アンモニア	H_2O 水	HF フッ化水素
第3周期	SiH_4 シラン	PH_3 ホスフィン	H_2S 硫化水素	HCl 塩化水素

- **希ガス(貴ガス)**…18族；He, Ne, Ar, Kr, Xe
  ① 存在…空気中に微量含まれる。➡ Arが最も多く0.93%
  ② 性質…単原子分子。ほとんど化合しない。安定な電子配置、**価電子数0**。沸点・融点が低い。➡ 常温ですべて気体。無色・無臭、水に溶けにくい。Heは**沸点(−269℃)・融点(−272℃)**が最も低い。
  ③ 用途…He；気球の充塡ガス　Ne；ネオンランプ　Ar；電球封入ガス

基本問題

解答 ➡ 別冊 p.38

144 水素の製法と反応 〈テスト必出〉

次の(1)〜(5)の反応を化学反応式で表せ。
- (1) 亜鉛に希硫酸を加えた。
- (2) 水に希硫酸を入れて電気分解した。
- (3) 空気中で水素を燃焼した。
- (4) 加熱した酸化銅(Ⅱ)CuOに水素を通じた。
- (5) 水素と窒素からアンモニア NH_3 を合成した。

145 水素の性質
次の水素 H_2 の性質①〜⑤のうち，誤っているものはどれか。
① 無色・無臭の気体である。
② 密度が最も小さい気体である。
③ 空気中で燃えて水となる。
④ 還元作用を示す。
⑤ 水によく溶け，酸性を示す。

146 希ガス（貴ガス）
次の文中の（　）内に適する語句を入れよ。
　希ガスは周期表の（ ア ）族の元素で，その原子の（ イ ）が安定しているため，その単体は（ ウ ）原子分子であり，また，他の元素とほとんど（ エ ）しない。すべての物質のなかで最も沸点・融点が低い（ オ ）は，密度が小さく，反応しないことから気球用の気体に用いられる。また，希ガスのうち，空気中に最も多く含まれる（ カ ）は電球封入用に用いられる。

応用問題

147
次の①〜④の反応のうち，水素が発生しないものはどれか。
① 鉄に希塩酸を加えた。
② ナトリウムの固体を水に加えた。
③ 銅に希硫酸を加えた。
④ 水に水酸化ナトリウム水溶液を加えて電気分解した。

　ガイド　金属単体と酸や水との反応は，金属のイオン化傾向から考える。

148
差がつく　次の記述①〜⑩のうち，水素に関するものは **A**，ヘリウムに関するものは **B**，両方に共通のものは **C** と答えよ。
① 無色・無臭の気体である。
② 空気中で燃える。
③ ほとんど化合しない。
④ 単原子分子である。
⑤ 空気より密度が小さい。
⑥ 還元性がある。
⑦ 非金属元素である。
⑧ 沸点が最も低い。
⑨ その原子は陽イオンになりやすい。
⑩ イオン化エネルギーが最も大きい。

24 ハロゲン

テストに出る重要ポイント

- ハロゲン…17族元素；F, Cl, Br, I
  ▶原子…価電子7個 ➡ **1価の陰イオン**になりやすい。
  └1個電子を受け取る。
- ハロゲン単体…原子番号の順に性質が変化している。

	フッ素 F_2	塩素 Cl_2	臭素 Br_2	ヨウ素 I_2
常温の状態	淡黄色の気体	黄緑色の気体	赤褐色の液体	黒紫色の固体
化合力(酸化力)	強 ←――――――――――――――→ 弱			
水	激しく反応①	少し溶ける②	わずかに溶ける	溶けない
H_2との反応	冷暗所で爆発的に化合	光で爆発的に化合	高温で反応	高温でゆるやかに反応

※① $2F_2 + 2H_2O \longrightarrow 4HF + O_2$　　② 一部反応；$Cl_2 + H_2O \rightleftarrows HCl + HClO$

- **塩素** Cl_2…〔製法〕**a** 酸化マンガン(Ⅳ)と濃塩酸を加熱。
  $$MnO_2 + 4HCl \longrightarrow MnCl_2 + 2H_2O + Cl_2$$
  ※ Cl_2 に混じっている塩化水素を水で除いた後、濃硫酸で乾燥させて捕集する。
  b さらし粉に塩酸。$CaCl(ClO)·H_2O + 2HCl \longrightarrow CaCl_2 + 2H_2O + Cl_2$
  └高度さらし粉 $Ca(ClO)_2·2H_2O$ の場合もある。
  〔性質〕**刺激臭**のある**有毒**な重い気体。強い酸化作用をもつ。➡ 水素や金属と激しく反応する。漂白・殺菌作用あり。
  〔検出〕ヨウ化カリウムデンプン紙を青変。
- **ヨウ素** I_2…**昇華性**。デンプン水溶液を青変。➡ ヨウ素デンプン反応
- **ハロゲン化水素**…無色・刺激臭の気体。いずれも**水によく溶ける**。
  ① フッ化水素 HF…〔製法〕$CaF_2 + H_2SO_4 \longrightarrow CaSO_4 + 2HF$
  　　　　　　　　　　　　　　　　　　　　└ホタル石
  〔性質〕他のハロゲン化水素に比べて沸点が異常に高い。弱酸。
  ガラスを溶かす。➡ $SiO_2 + 6HF \longrightarrow H_2SiF_6 + 2H_2O$
  　　　　　　　　　　　　　　　　　　他のハロゲン化水素は強酸。┘
  ② 塩化水素 HCl…〔製法〕$NaCl + H_2SO_4 \longrightarrow NaHSO_4 + HCl$
  〔性質〕水溶液は塩酸。NH_3 に触れると白煙 $NH_3 + HCl \longrightarrow NH_4Cl$
  　　　　　　　　　　　　　　　　　　　　　　　これが白煙の正体。┘

基本問題　　　　　　　　　　　　　　　　　解答 ➡ 別冊 *p.39*

149 ハロゲン

ハロゲンについて、次の(1)～(4)の数値を示せ。
- □ (1) 周期表の族
- □ (2) 原子の価電子の数
- □ (3) 安定なイオンの価数
- □ (4) 単体分子の構成原子数

150 ハロゲン単体 ◀テスト必出

次の(1)～(4)のそれぞれの(　)に，F_2，Cl_2，Br_2，I_2のいずれかを入れよ。

(1) 沸点・融点の高さの順；(ア)>(イ)>(ウ)>(エ)
(2) 常温・常圧における状態
　　黄緑色の気体；(オ)　赤褐色の液体；(カ)　黒紫色の固体；(キ)
(3) 酸化力(化合力)の強さ；(ク)>(ケ)>(コ)>(サ)
(4) 常温の水と激しく反応する；(シ)

　ガイド　ハロゲンの性質は，原子番号の順に変化する。

151 塩素の性質

次の記述①～⑤のうち，塩素の性質には○，塩素の性質ではないものには×を記せ。

① 黄緑色で刺激臭があり，また，有毒で空気より重い気体。
② 冷水と激しく反応して酸素を発生する。
③ 水素や金属と激しく反応して塩化物となる。
④ 強い還元性があり，漂白・殺菌作用を示す。
⑤ 湿ったヨウ化カリウムデンプン紙を青色にする。

152 ハロゲン化水素 ◀テスト必出

次の記述①～⑦のうち，HFの性質には**A**，HClの性質には**B**，どちらも示す性質には**C**を記せ。ただし，常温における状態とする。

① 無色の刺激臭のある気体。　　　② 水溶液は強い酸性を示す。
③ 水溶液は弱い酸性を示す。　　　④ ガラスを溶かす。
⑤ 水によく溶ける。　　　　　　　⑥ 冷却すると，容易に液体になる。
⑦ アンモニアに触れると白煙が生じる。

　ガイド　HFは他のハロゲン化水素と異なる性質をもつ。

153 ハロゲンの種々の反応

次の(1)～(4)の変化を化学反応式で表せ。

(1) さらし粉に塩酸を加えた。　　(2) 加熱した銅を塩素ガス中に入れた。
(3) 塩化ナトリウムと濃硫酸を加熱した。
(4) 塩化水素とアンモニアを触れさせると白煙が生じた。

応用問題

154 次の①〜④の反応のうち，起こりにくいものはどれか。
① $2KBr + Cl_2 \longrightarrow 2KCl + Br_2$
② $2KI + Cl_2 \longrightarrow 2KCl + I_2$
③ $2KI + Br_2 \longrightarrow 2KBr + I_2$
④ $2KF + Cl_2 \longrightarrow 2KCl + F_2$

📖 **ガイド** 酸化力(化合力)の強さは，$F_2 > Cl_2 > Br_2 > I_2$

155 〈差がつく〉 右図のような装置で塩素を発生させ，捕集したい。これについて，次の(1)〜(4)の問いに答えよ。

(1) 器具 A，B，C，D にそれぞれ入れる物質を次の物質群より選べ。
〔物質群〕水，塩化ナトリウム，濃硫酸，濃塩酸，さらし粉，水酸化ナトリウム，酸化マンガン(Ⅳ)

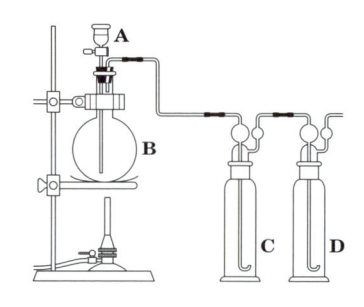

(2) 器具 B 内における反応を，化学反応式で表せ。

(3) 器具 C および D 内の物質はそれぞれどのようなはたらきをするか。

(4) 発生した塩素は次のどの方法で捕集するか。
ア 水上置換　　イ 上方置換　　ウ 下方置換

📖 **ガイド** 水に，塩化水素はよく溶け，塩素は少し溶ける。塩素は空気より重い気体である。

156 次の①〜④の操作について，下の(1)〜(3)にあてはまるものをそれぞれ選び，番号で答えよ。
① さらし粉に濃塩酸を加えた。
② 塩化ナトリウムに濃硫酸を加えて加熱した。
③ フッ化カルシウムに濃硫酸を加えて加熱した。
④ 食塩水を電気分解した。

(1) 塩素が発生するのはどの操作か。

(2) 水に溶かしたとき，強い酸性を示す気体を発生するのはどの操作か。

(3) ガラスの容器で捕集できないのはどの操作か。

24 ハロゲン

157 次の(1)〜(6)にあてはまる物質を下の物質群よりそれぞれ選び，化学式で答えよ。
- (1) 常温で赤褐色の液体である。
- (2) ガラスを溶かすので，ポリエチレン容器に保存する。
- (3) 水溶液は強い酸性を示し，また，アンモニアに触れると白煙を生じる。
- (4) 水と激しく反応して酸素を発生する。
- (5) 常温で黄緑色の重い気体である。
- (6) デンプン水溶液と反応して青紫色を呈する。

〔物質群〕 フッ素, 塩素, 臭素, ヨウ素, フッ化水素, 塩化水素

158 <差がつく> ハロゲンは，原子番号の順にフッ素，塩素，臭素，ヨウ素さらにアスタチンがある。アスタチンに関する次の(1)〜(5)の問いに答えよ。ただし，アスタチンの元素記号は At である。
- (1) アスタチンの単体は，常温・常圧で，固体，液体，気体のいずれか。
- (2) アスタチンの単体の分子式を記せ。
- (3) アスタチンと水素の化合物の化学式を記せ。
- (4) アスタチンと水素との化合物は，常温・常圧で，固体，液体，気体のいずれか答えよ。
- (5) アスタチンと水素との化合物は，強酸性，弱酸性，中性のいずれか答えよ。

📖 ガイド　ハロゲンの性質は，原子番号の順に変化することに着目してアスタチンについて推定する。

159 次の①〜⑧の記述のうち，正しいものを2つ選べ。
- ① ハロゲンは，いずれも天然に単体として産出する。
- ② ハロゲンの単体は，常温・常圧で気体か液体のどちらかである。
- ③ ハロゲンの単体は，いずれも二原子分子からなる。
- ④ ハロゲン化水素の水溶液は，いずれも褐色のガラス容器に保管される。
- ⑤ 塩素の漂白作用は，その強い還元力による。
- ⑥ 塩素を水に溶かすと塩化水素と次亜塩素酸が生じる。
- ⑦ 塩化カリウムに臭素を作用させると，臭化カリウムと塩素が生じる。
- ⑧ フッ化水素酸は，塩酸と同様に強酸である。

25 酸素と硫黄

テストに出る重要ポイント

- 酸素と硫黄…16族元素。価電子の数は 6 ➡ **2価の陰イオン**になりやすい。
  〈2個電子を受け取った状態。〉
- 酸素 O_2…〔存在・製法〕空気中に約20% ➡ 液体空気の分留で得る。
  実験室；過酸化水素水に酸化マンガン(Ⅳ) ➡ $2H_2O_2 \longrightarrow 2H_2O + O_2$
  〈触媒〉
  〔性質〕**無色・無臭**の気体。多くの元素と化合して**酸化物**となる。
- オゾン O_3…〔所在・製法〕オゾン層。酸素中で**無声放電** ➡ $3O_2 \longrightarrow 2O_3$
  〈火花を飛ばさないで行う放電〉
  〔性質〕**淡青色・特異臭**。酸化作用➡ヨウ化カリウムデンプン紙を青変。
- 硫黄の同素体…**斜方硫黄・単斜硫黄**；CS_2 に可溶。**ゴム状硫黄**；CS_2 に不溶。いずれも空気中で燃えて二酸化硫黄となる。➡ $S + O_2 \longrightarrow SO_2$
- 二酸化硫黄 SO_2…〔製法〕$Cu + 2H_2SO_4 \longrightarrow CuSO_4 + 2H_2O + SO_2$（加熱）
  〈銅に熱濃硫酸を作用させる。〉
  $2NaHSO_3 + H_2SO_4 \longrightarrow Na_2SO_4 + 2H_2O + 2SO_2$
  〈亜硫酸ナトリウムに希硫酸を加える。〉
  〔性質〕**無色・刺激臭の有毒な気体**。還元性あり，水に溶けて弱い酸性。
- 硫化水素 H_2S…〔製法〕$FeS + H_2SO_4 \longrightarrow FeSO_4 + H_2S$
  〈弱酸の塩＋強酸→弱酸が生成。〉
  〔性質〕**無色・腐卵臭の有毒な気体**。還元性あり，水に溶けて弱い酸性。
  種々の金属イオンを沈殿させる。➡ $Cu^{2+} + S^{2-} \longrightarrow CuS \downarrow$
- 硫酸 H_2SO_4…〔製法〕$2SO_2 + O_2 \longrightarrow 2SO_3$（触媒 V_2O_5） ⎫
  $SO_3 + H_2O \longrightarrow H_2SO_4$ ⎬ 接触法

  〔性質〕濃硫酸は**不揮発性**の液体。**吸湿性**（乾燥剤）・**脱水性**。加熱すると強い酸化作用。➡ Cu，Ag と反応。
  〈熱濃硫酸〉
  希硫酸；強い酸性 $H_2SO_4 \longrightarrow 2H^+ + SO_4^{2-}$

基本問題

解答 ➡ 別冊 *p.41*

160 酸素と硫黄

次の(1)〜(3)の〔　〕内の物質について，共通のものをア〜エから選べ。

☐ (1)〔酸素と硫黄〕　ア　色　　　イ　常温の状態（固体・液体など）
　　　　　　　　　ウ　空気中で燃える　　エ　2価の陰イオンになりやすい

☐ (2)〔酸素とオゾン〕　ア　色　　イ　におい　　ウ　酸化物をつくる
　　　　　　　　　エ　ヨウ化カリウムデンプン紙を青変する

☐ (3)〔斜方硫黄とゴム状硫黄〕　ア　色　　イ　二硫化炭素に溶ける
　　　　　　　　　　　　ウ　分子式　　エ　空気中で燃える

161 硫黄の化合物 ◀テスト必出

次の文中の（　）内に適する語句を入れよ。

硫黄を空気中で燃やすと生成する気体は（ ア ）といい，（ イ ）作用をもつので紙などの漂白に用いられる。この気体を酸化バナジウム(V)を（ ウ ）として酸化すると（ エ ）を生成し，水と反応して（ オ ）を生じる。これらの硫酸の工業的製法を（ カ ）法という。

硫黄の水素化合物である（ キ ）は，無色・腐卵臭の気体で，水に溶けると一部電離して水素イオンを生じるため，弱い（ ク ）性を示す。同時に生じる（ ケ ）イオンは，銅(Ⅱ)イオンと反応して黒色の（ コ ）の沈殿を生じる。

162 酸素と硫黄化合物の生成反応

次の(1)〜(4)を化学反応式で表せ。
- (1) 過酸化水素水に酸化マンガン(Ⅳ)を加えた。
- (2) 亜硫酸水素ナトリウムに希硫酸を加えた。
- (3) 硫化鉄(Ⅱ)に塩酸を加えた。
- (4) 銅に濃硫酸を加えて加熱した。

応用問題 ················· 解答 ➡ 別冊 p.41

163 ◀差がつく

次の①〜⑨について，SO_2 にあてはまるものには A，H_2S にあてはまるものには B，どちらにもあてはまるものには C を記せ。
- ① 無色の気体
- ② 有毒な気体
- ③ 腐卵臭の気体
- ④ 刺激臭の気体
- ⑤ 水に溶けて弱い酸性を示す。
- ⑥ 還元性を示す。
- ⑦ 硫黄が燃えると生じる。
- ⑧ 空気中で燃える。
- ⑨ $CuSO_4$ 水溶液に通じると黒色沈殿を生じる。

164

次の①〜④において，硫酸の反応は，おもに次のどの性質によるか。

　ア　強い酸性（希硫酸）　　イ　不揮発性　　ウ　脱水性　　エ　酸化作用
- ① 銅に硫酸を加えて加熱して二酸化硫黄を発生させた。
- ② 亜鉛に硫酸を加えて水素を発生させた。
- ③ 塩化ナトリウムに硫酸を加えて加熱して塩化水素を発生させた。
- ④ スクロース（ショ糖）に硫酸を滴下すると，黒色（炭素）となった。

📖ガイド　強い酸性（希硫酸）は H^+ の反応である。

26 窒素とリン

テストに出る重要ポイント

- 窒素とリン…15族元素の非金属元素。価電子の数は5。
- 窒素 N_2…〔存在・製法〕空気中に約80% ➡ 液体空気の分留で得る。
  　　実験室；亜硝酸アンモニウムを加熱する。 ➡ $NH_4NO_2 \longrightarrow N_2 + 2H_2O$
  〔性質〕**無色・無臭**。常温で安定。**高温では反応する。**
  　　　　（←自動車のエンジン内など）
  　　➡ $N_2 + O_2 \longrightarrow 2NO$
- 一酸化窒素 NO…無色の気体。水に溶けにくい。空気中で NO_2 に変化。
  〔製法〕銅に希硝酸 ➡ $3Cu + 8HNO_3 \longrightarrow 3Cu(NO_3)_2 + 4H_2O + 2NO$
- 二酸化窒素 NO_2…**赤褐色・刺激臭・有毒な気体**。水に溶けて硝酸を生成。
  〔製法〕銅に濃硝酸 ➡ $Cu + 4HNO_3 \longrightarrow Cu(NO_3)_2 + 2H_2O + 2NO_2$
- アンモニア NH_3
  〔製法〕工業的；$N_2 + 3H_2 \longrightarrow 2NH_3$（触媒；鉄酸化物） ⬅ **ハーバー法**
  　　　　実験室；$2NH_4Cl + Ca(OH)_2 \xrightarrow{加熱} CaCl_2 + 2NH_3 + 2H_2O$
  　　　　（↑乾燥剤；ソーダ石灰）
  〔性質〕**無色・刺激臭の気体**。液化しやすい。水によく溶け，弱塩基性。
  　　　　塩化水素に触れると白煙。 ➡ $NH_3 + HCl \longrightarrow NH_4Cl$
- 硝酸 HNO_3…〔製法〕 $4NH_3 + 5O_2 \longrightarrow 4NO + 6H_2O$（Pt触媒） ⎫
  　　　　　　　　　$2NO + O_2 \longrightarrow 2NO_2$ 　　　　　　　　　　⎬ **オストワルト法**
  　　　　　　　　　$3NO_2 + H_2O \longrightarrow 2HNO_3 + NO$ 　　　　　　⎭
  〔性質〕**揮発性の液体**。強酸。強い酸化作用。 ➡ Fe, Al と**不動態**。
- ｛ **黄リン**…淡黄色ろう状固体。猛毒。 ➡ 水中に保存，CS_2 に可溶。
  　　　　　　　　　　　　　　　　　　（↑自然発火のおそれあり。）
  　 赤リン…暗赤色粉末。毒性少ない。自然発火しない。CS_2 に不溶。
- 十酸化四リン P_4O_{10}…白色粉末，**吸湿性**あり ➡ 乾燥剤
- リン酸 H_3PO_4…無色の結晶。**潮解性**。 $P_4O_{10} + 6H_2O \xrightarrow{加熱} 4H_3PO_4$

基本問題　　　　　　　　　　　　　　　　　　　　　　解答 ➡ 別冊 *p.42*

165 N_2・NO・NO_2　〈できたらチェック〉

次の記述①〜⑥は，N_2，NO，NO_2 のどれにあてはまるか。
- ① 赤褐色の気体。
- ② 空気に触れると赤褐色に変化する。
- ③ 空気中に約80%存在。
- ④ 銅に希硝酸を加えると発生。
- ⑤ 水に溶けて酸性を示す。
- ⑥ 亜硝酸アンモニウムを加熱して生成。

26 窒素とリン

166 アンモニアと硝酸 ◀テスト必出

(1) 次の①～④のうち，アンモニアの性質でないものはどれか。
　① 無色・刺激臭のある気体。　② 容易に液体になる。
　③ 水に溶け，弱い酸性を示す。　④ 濃塩酸を近づけると白煙が生成。

(2) 次の①～④のうち，**濃硝酸**の性質でないものはどれか。
　① やや揮発性の液体。　② 鉄を溶かす。
　③ 銅を溶かす。　④ 金は溶かさない。

167 リンとその化合物

次の文中の(　)内に適する語句を入れよ。
　リンの単体には黄リンや(　ア　)などの(　イ　)がある。黄リンは(　ウ　)色の固体であり，自然発火するから(　エ　)中に保存する。黄リンも(　ア　)も空気中で燃やすと(　オ　)になる。これは吸湿性が強く，(　カ　)として用いられ，また，(　オ　)を水に加えて加熱すると(　キ　)となる。

応用問題　　　　　　　　　　　解答 ➡ 別冊 p.42

168 右図は，塩化アンモニウムと水酸化カルシウムからアンモニアを発生させる装置である。次の問いに答えよ。

(1) このときの反応を化学反応式で表せ。

(2) 図のAに入れる試薬を次から選べ。
　ア　十酸化四リン　　イ　塩化カルシウム　　ウ　ソーダ石灰

(3) アンモニアがフラスコに満ちたことを調べる試薬を，次から1つ選べ。
　ア　濃硫酸　　イ　濃塩酸　　ウ　濃硝酸　　エ　水酸化カルシウム

169 ◀差がつく　次の文を読み，問いに答えよ。原子量；H=1.0, N=14.0, O=16.0
　硝酸を工業的につくるには，(a)アンモニアと空気の混合物を加熱した白金網に触れさせて一酸化窒素をつくり，(b)この一酸化窒素を空気に触れさせて二酸化窒素とする。(c)二酸化窒素を水に溶かすと硝酸が得られる。

(1) 下線部(a)～(c)を化学反応式で表せ。　(2) この製法を何というか。

(3) 63.0%の硝酸200gつくるには，アンモニアは何g必要か。
　📖**ガイド**　(3) NH_3 1 mol から HNO_3 1 mol が得られる。

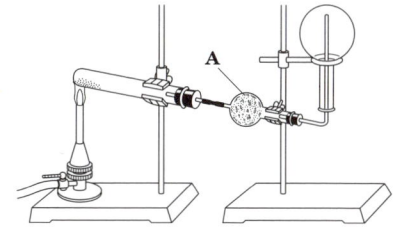

27 炭素とケイ素

テストに出る重要ポイント

- **炭素とケイ素**…14族元素の非金属元素。価電子の数は 4 。
- **炭素 C**…有機化合物を構成するおもな元素。
  単体；ダイヤモンド，黒鉛，フラーレン（C_{60}）などの同素体。
  ① ダイヤモンド…無色・透明。硬い。電気を通さない。 ←連続した共有結合の結晶
      ※4つの価電子すべて共有結合。
  ② 黒鉛…黒色・不透明。軟らかい。電気を通す。
      ※4つの価電子のうち，3つが共有結合，1つは自由に動ける。
- **炭素の酸化物**…CO_2 は酸性酸化物，CO は酸性酸化物ではない。
  ① 二酸化炭素 CO_2…無色・無臭の気体。水に少し溶けて弱酸性。石灰水を白濁する。 ➡ $Ca(OH)_2 + CO_2 \longrightarrow CaCO_3\downarrow + H_2O$
     〔製法〕石灰石に塩酸。 ➡ $CaCO_3 + 2HCl \longrightarrow CaCl_2 + CO_2\uparrow + H_2O$
  ② 一酸化炭素 CO…無色・無臭の気体。有毒。水に溶けにくく，塩基性溶液と反応しない。空気中で燃焼。 ➡ $2CO + O_2 \longrightarrow 2CO_2$ ←石灰水など
     〔製法〕ギ酸を濃硫酸で脱水。 ➡ $HCOOH \longrightarrow H_2O + CO$
- **ケイ素 Si**…元素；地殻の構成元素として酸素に次いで多い。
  単体；天然には存在しない。ダイヤモンドと同じ構造。半導体。
- **二酸化ケイ素** SiO_2…水晶・石英・ケイ砂の成分。
  ※二酸化ケイ素は連続した共有結合の結晶。
  NaOH や Na_2CO_3 と加熱するとケイ酸ナトリウム Na_2SiO_3 が生成。
  ① 水ガラス…ケイ酸ナトリウムを水と加熱してできる粘性のある溶液。
  ② ケイ酸…水ガラスの水溶液に塩酸を加えると，白色ゲル状のケイ酸 H_2SiO_3 が得られる。
  ③ シリカゲル…ケイ酸を加熱すると得られる多孔質の固体。 ←吸着剤・乾燥剤
  ④ ソーダガラス…ケイ砂・石灰石・Na_2CO_3 を高温で融解してつくる。 ←ふつうのガラス

基本問題

解答 ➡ 別冊 *p.43*

170 ダイヤモンドと黒鉛
次の記述(1)～(6)について，ダイヤモンドにあてはまるものは **A**，黒鉛にあてはまるものは **B**，どちらにもあてはまるものは **C** を記せ。

- □ (1) 非常に硬い。
- □ (2) 炭素からなる。
- □ (3) 電気を通す。
- □ (4) 無色・透明。
- □ (5) 共有結合が連続。
- □ (6) 軟らかい。

171 炭素の酸化物 ◀テスト必出

次の記述①〜⑤についてそれぞれ，CO_2 の性質，CO の性質，両方の性質のどれを述べたものか答えよ。

- □ ① 水に溶けて弱い酸性を示す。
- □ ② 空気中で燃える。
- □ ③ 無色・無臭の気体である。
- □ ④ 石灰水に吸収される。
- □ ⑤ 有毒な気体である。

□ 172 ケイ素とその化合物

次の文中の（　）内に適する語句を入れよ。

ケイ素は天然に（ ア ）としては存在しないが，地殻の成分元素として（ イ ）に次いで多く含まれる。ケイ素の単体は（ ウ ）として電子機器に用いられる。二酸化ケイ素は，天然に（ エ ）や水晶・ケイ砂などとして産出する。二酸化ケイ素を水酸化ナトリウムとともに融解すると（ オ ）が得られる。これに水を加えて熱すると，粘性のある水溶液となり，この水溶液は（ カ ）とよばれる。

応用問題　　　　　　　　　　　　　　解答 ➡ 別冊 *p.43*

173 次の文を読んで，下の(1)・(2)の問いに答えよ。

(a)ギ酸に濃硫酸を加えると（ ア ）が得られ，(b)石灰石に塩酸を加えると（ イ ）が発生する。(c)（ ア ）は空気中で燃えて（ イ ）となる。(d)（ イ ）を石灰水に通じると（ ウ ）を生じて白濁する。(e)さらに（ イ ）を通じると（ ウ ）の白濁が消える。

- □ (1) ア〜ウに物質名を入れよ。
- □ (2) 下線部(a)〜(e)を化学反応式で表せ。

174 ◀差がつく 次の記述(1)〜(5)で，正しいものには○，誤っているものには×を記せ。

- □ (1) 炭素・ケイ素は同族元素で，CO_2 と SiO_2 は沸点などの性質が似ている。
- □ (2) CO と CO_2 の混合気体から CO_2 を除くには，$NaOH$ 水溶液を通すとよい。
- □ (3) ケイ素の単体もダイヤモンド同様，共有結合が連続した結晶である。
- □ (4) 石英も水晶も SiO_2 からなり，互いに同素体である。
- □ (5) 水ガラス，ふつうのガラス，シリカゲルは，成分元素にケイ素を含む。

　　📖 ガイド　C, Si, SiO_2 は，共有結合が連続した結晶である。同素体は単体の場合である。

28 気体の製法と性質

テストに出る重要ポイント

○ **気体の製法と捕集**…実験室での製法。有機化合物を除く。

気体	化学反応式	捕集
H_2	$Zn + H_2SO_4(希硫酸) \longrightarrow ZnSO_4 + H_2\uparrow$	水上
N_2	$NH_4NO_2 \xrightarrow{加熱} 2H_2O + N_2\uparrow$	水上
O_2	$2H_2O_2 \longrightarrow 2H_2O + O_2\uparrow$ 〔触媒；酸化マンガン(Ⅳ)〕	水上
O_3	$3O_2 \longrightarrow 2O_3$(オゾン発生器)	水上
Cl_2	$MnO_2 + 4HCl \xrightarrow{加熱} MnCl_2 + 2H_2O + Cl_2\uparrow$ $CaCl(ClO)\cdot H_2O + 2HCl \longrightarrow CaCl_2 + 2H_2O + Cl_2\uparrow$ 高度さらし粉 $CaCl(ClO_2)\cdot 2H_2O$ の場合もある。	下方
NH_3	$2NH_4Cl + Ca(OH)_2 \xrightarrow{加熱} CaCl_2 + 2H_2O + 2NH_3\uparrow$	上方
H_2S	$FeS + H_2SO_4(希硫酸) \longrightarrow FeSO_4 + H_2S\uparrow$	下方
HCl	$NaCl + H_2SO_4(濃硫酸) \xrightarrow{加熱} NaHSO_4 + HCl\uparrow$	下方
CO_2	$CaCO_3 + 2HCl \longrightarrow CaCl_2 + H_2O + CO_2\uparrow$	下方
CO	$HCOOH(ギ酸) \longrightarrow H_2O + CO\uparrow$	水上
NO_2	$Cu + 4HNO_3(濃硝酸) \longrightarrow Cu(NO_3)_2 + 2H_2O + 2NO_2\uparrow$	下方
NO	$3Cu + 8HNO_3(希硝酸) \longrightarrow 3Cu(NO_3)_2 + 4H_2O + 2NO\uparrow$	水上
SO_2	$Cu + 2H_2SO_4(濃硫酸) \xrightarrow{加熱} CuSO_4 + 2H_2O + SO_2\uparrow$ $NaHSO_3 + H_2SO_4(希硫酸) \longrightarrow NaHSO_4 + H_2O + SO_2\uparrow$	下方

○ **気体の性質**…有機化合物を除く。

	H_2	O_2	O_3	N_2	Cl_2	CO	CO_2	NO	NO_2	SO_2	NH_3	HCl	H_2S
水に可溶					○		○		○	○	○	○	○
有 色			○		○				○				
有 毒			○		○	○		○	○	○	○	○	○
におい あり			○		○				○	○	○	○	○
可 燃 性	○					○							○
水溶液が酸性							○			○		○	○
水溶液が塩基性											○		
酸化剤の性質		○	○		○				○				
還元剤の性質	○					○				○			○

▶ 色 ➡ O_3；淡青色，Cl_2；黄緑色，NO_2；赤褐色

▶ におい ➡ O_3；特異臭，H_2S；腐卵臭，他は刺激臭

▶ ヨウ化カリウムデンプン紙を青変 ➡ Cl_2, O_3

▶ 白煙 ➡ $NH_3 + HCl \longrightarrow NH_4Cl$

基本問題

解答 → 別冊 p.44

175 気体の発生

次の気体(1)～(6)を発生させるのに適する試薬を，下の物質群より選べ。それぞれの気体について，必要な試薬は2種類である。

- (1) 酸素
- (2) 二酸化硫黄
- (3) アンモニア
- (4) 塩化水素
- (5) 二酸化窒素
- (6) 塩素

〔物質群〕
ア 銅　　　　　　　イ 塩化アンモニウム　　　ウ 濃硝酸
エ 酸化マンガン(Ⅳ)　オ 塩化ナトリウム　　　　カ 濃硫酸
キ 濃塩酸　　　　　ク 過酸化水素水　　　　　ケ 水酸化カルシウム

176 気体の発生と捕集

次の(1)～(5)の反応を化学反応式で表せ。また，このとき発生する気体の捕集法を下から選べ。

- (1) さらし粉に濃塩酸を加えた。
- (2) 銅に希硝酸を加えた。
- (3) 塩化アンモニウムに水酸化カルシウムを加えて加熱した。
- (4) 炭酸カルシウムに塩酸を加えた。
- (5) 硫化鉄(Ⅱ)に希硫酸を加えた。

〔捕集法〕　ア 水上置換　　イ 上方置換　　ウ 下方置換

177 気体の性質 ◀テスト必出

次の(1)～(9)にあてはまる気体を下のア～コより選べ。

- (1) 黄緑色の重い気体。
- (2) 無色・腐卵臭の気体。
- (3) 無色の気体で，空気に触れると赤褐色になる。
- (4) 無色・無臭の有毒な気体で，空気中で燃える。
- (5) 無色・刺激臭の気体で，湿った赤色リトマス紙を青色にする。
- (6) 無色・刺激臭の気体で，還元性を示す。
- (7) 無色・刺激臭の気体で，水溶液は強い酸性を示す。
- (8) 赤褐色・刺激臭の気体で，水溶液は強い酸性を示す。
- (9) 淡青色・特有のにおいの気体で，ヨウ化カリウムデンプン紙を青変する。

ア SO_2　　イ CO_2　　ウ HCl　　エ NO_2　　オ Cl_2
カ NH_3　　キ H_2S　　ク O_3　　ケ CO　　コ NO

応用問題

178 次のa〜eは気体を発生させる操作である。(1), (2)の問いに答えよ。
a. 炭酸ナトリウムに希塩酸を加える。
b. 塩化アンモニウムと水酸化カルシウムの混合物を加熱する。
c. 濃硝酸に銅片を加える。　　d. 硫化鉄（Ⅱ）に希硫酸を加える。
e. 塩化ナトリウムに濃硫酸を加えて加熱する。

(1) a〜eの操作で起こる反応の化学反応式を記せ。
(2) 次の①〜⑤の気体を発生させる操作を，上のa〜eから選べ。
① 刺激臭があり，水によく溶けて弱塩基性を示す気体。
② 悪臭があり，水に少し溶けて弱酸性を示し，還元作用をもつ気体。
③ 無色・無臭で，水に少し溶けて弱酸性を示す気体。
④ 刺激臭があり，水溶液は強酸性を示す気体。
⑤ 赤褐色・有毒で，水溶液は強酸性を示す気体。

179 ≪差がつく≫ 次の図のA〜Eは，記述した気体を発生させる装置を示したものである。下の(1)〜(3)の問いに答えよ。

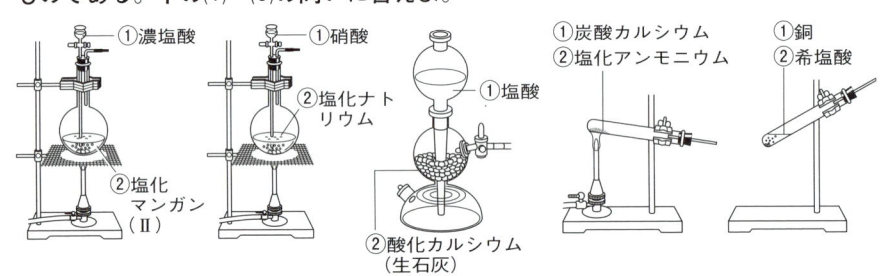

A 塩素の発生　　B 塩化水素の発生　　C 二酸化炭素の発生　　D アンモニアの発生　　E 一酸化窒素の発生

A: ①濃塩酸　②塩化マンガン（Ⅱ）
B: ①硝酸　②塩化ナトリウム
C: ①塩酸　②酸化カルシウム（生石灰）
D: ①炭酸カルシウム　②塩化アンモニウム
E: ①銅　②希塩酸

(1) 図A〜Eのいずれにおいても，用いた2つの試薬①，②のうち1つは不適当である。不適当な試薬を①，②から1つ選び，正しい試薬名を書け。
(2) 図A〜Eそれぞれの捕集方法として適当なものを次から選べ。
　ア 水上置換　　イ 上方置換　　ウ 下方置換
(3) 図A〜Eそれぞれの気体の検出方法として適当なものを，次から選べ。
　ア 空気にふれさせる。　イ 塩酸を近づける。　ウ 硫酸にふれさせる。
　エ 石灰水に通す。　　　オ アンモニア水を近づける。
　カ 湿ったヨウ化カリウムデンプン紙を近づける。

29 典型元素の金属とその化合物

テストに出る重要ポイント

- **アルカリ金属**…1族元素；Li, Na, K, Rb, Cs, Fr
  ① 原子…価電子が1個 ➡ **1価の陽イオン**になりやすい。
    （電子を1個放出した状態。）
  ② 単体(Li, Na, K)…**密度が小さく，軟らかい**金属。空気中で速やかに酸化し，**冷水と激しく反応**する。➡ Li, Na, Kは**石油中に保存**。
  ③ 炎色反応…Li；赤色　Na；黄色　K；赤紫色

- **炭酸ナトリウム** Na_2CO_3…白色粉末。水に溶けて**塩基性**。酸で CO_2 **発生**。
  ▶ $Na_2CO_3 \cdot 10H_2O$ は空気中で水和水を失い $Na_2CO_3 \cdot H_2O$ となる。➡ **風解**
  〔製法〕 $NaCl + CO_2 + NH_3 + H_2O \longrightarrow NaHCO_3 + NH_4Cl$ ｝**アンモニアソーダ法**
  　　　　$2NaHCO_3 \longrightarrow Na_2CO_3 + H_2O + CO_2$

- **炭酸水素ナトリウム** $NaHCO_3$…白色の粉末。水に少し溶けて**弱塩基性**。
  ▶ 加熱すると CO_2 **発生**（上記の反応）。酸でも CO_2 発生。

- **水酸化ナトリウム** $NaOH$…白色で**潮解性**（ちょうかい）のある固体。水によく溶け，強い**塩基性**。CO_2 を吸収する。➡ $2NaOH + CO_2 \longrightarrow Na_2CO_3 + H_2O$

- **水酸化カリウム** KOH…潮解性，強塩基性など $NaOH$ と同じ性質。

- **2族元素**…Be, Mg, Ca, Sr, Ba, Ra。このうち，Ca, Sr, Ba, Ra を**アルカリ土類金属**といい，Be, Mg と性質がやや異なる。
  ① 価電子が2個 ➡ **2価の陽イオン**になりやすい。
    （電子を2個放出した状態。）
  ② 単体と水…Be；水と反応しない。　Mg；沸騰水と反応し，水素を発生。　Ca, Sr, Ba；冷水と反応し，水素を発生。
  ③ 水酸化物の水溶性…$Be(OH)_2$, $Mg(OH)_2$；水に不溶 ⬅ 弱塩基
    　　$Ca(OH)_2$；水に少し溶ける。　$Ba(OH)_2$；水に溶ける。⬅ 強塩基
  ④ 炎色反応…Be, Mg；示さない。Ca；橙赤色，Sr；紅色，Ba；黄緑色

- **炭酸カルシウム** $CaCO_3$…**大理石・石灰石**の成分。水に不溶。
  ▶ 強熱すると CaO と CO_2 になる。➡ $CaCO_3 \longrightarrow CaO + CO_2$
    （生石灰）
  ▶ CaO に水を加えると $Ca(OH)_2$ となる。➡ $CaO + H_2O \longrightarrow Ca(OH)_2$
    （消石灰）
  $Ca(OH)_2$ 水溶液に CO_2 を通じると白色沈殿 $CaCO_3$ を生じる。
    （石灰水）
    ➡ $Ca(OH)_2 + CO_2 \longrightarrow CaCO_3 \downarrow + H_2O$
  ▶ 過剰に CO_2 を通じると沈殿は溶ける。
    ➡ $CaCO_3 + CO_2 + H_2O \longrightarrow Ca(HCO_3)_2$　※加熱すると逆の反応が起こる。

テストに出る重要ポイント

- **硫酸カルシウム** $CaSO_4$…天然にセッコウ $CaSO_4 \cdot 2H_2O$ として産出。

$$CaSO_4 \cdot 2H_2O \underset{水}{\overset{加熱}{\rightleftharpoons}} CaSO_4 \cdot \frac{1}{2}H_2O + \frac{3}{2}H_2O$$
　　　セッコウ　　　　　　焼きセッコウ

- **12族元素**…Zn, Cd, Hg；価電子が2個。
  ① 亜鉛(単体)Zn…電池の極・トタンに利用。**酸・強塩基溶液と反応**。

  ➡ **両性元素** $\begin{cases} Zn + 2HCl \longrightarrow ZnCl_2 + H_2\uparrow \\ Zn + 2NaOH + 2H_2O \longrightarrow Na_2[Zn(OH)_4] + H_2\uparrow \end{cases}$

  ② Zn^{2+} $\begin{cases} 強塩基水溶液…Zn^{2+} \longrightarrow Zn(OH)_2\downarrow \longrightarrow [Zn(OH)_4]^{2-} \\ アンモニア水…Zn^{2+} \longrightarrow Zn(OH)_2\downarrow \longrightarrow [Zn(NH_3)_4]^{2+} \end{cases}$

  ③ 水銀(単体)Hg…常温で液体。種々の金属を溶かしアマルガムとする。

- **アルミニウム** Al ←13族元素
  ① 単体…軽くて軟らかく,電気や熱の伝導性が大きい。濃硝酸により**不動態**。酸素中で燃える。➡ $4Al + 3O_2 \longrightarrow 2Al_2O_3$

  ▶ **酸・強塩基溶液と反応**。➡ **両性元素**

  ➡ $\begin{cases} 2Al + 6HCl \longrightarrow 2AlCl_3 + 3H_2\uparrow \\ 2Al + 2NaOH + 6H_2O \longrightarrow 2Na[Al(OH)_4] + 3H_2\uparrow \end{cases}$

  〔製法〕ボーキサイト $Al_2O_3 \cdot nH_2O \longrightarrow Al_2O_3 -$〔融解塩電解〕$\longrightarrow Al$

  ② Al^{3+} + 強塩基水溶液；$Al^{3+} \longrightarrow Al(OH)_3\downarrow \longrightarrow [Al(OH)_4]^-$

  ③ ミョウバン $AlK(SO_4)_2 \cdot 12H_2O$…**複塩** ➡ $Al_2(SO_4)_3$ と K_2SO_4

- **14族の金属元素**…Ge, Sn, Pb；いずれも**両性元素**。
  ① 塩化スズ(Ⅱ)$SnCl_2$…水によく溶ける。還元剤 ➡ $Sn^{2+} \longrightarrow Sn^{4+} + 2e^-$
  ② Pb^{2+} の反応…$Pb^{2+} + 2Cl^- \longrightarrow PbCl_2\downarrow$(白色),
  $Pb^{2+} + S^{2-} \longrightarrow PbS\downarrow$(黒色), $Pb^{2+} + SO_4^{2-} \longrightarrow PbSO_4\downarrow$(白色),
  $Pb^{2+} + CrO_4^{2-} \longrightarrow PbCrO_4\downarrow$(黄色)⬅ 検出

基本問題

解答 ➡ 別冊 p.45

180 ナトリウムとカリウム

次の文中の( )内に適する語句・数値を入れよ。

　ナトリウムとカリウムは,周期表の(ア)族の元素で(イ)金属元素とよばれる。これらの原子は(ウ)が1個で,1価の(エ)イオンになりやすい。これらの単体は,密度が(オ)く,(カ)い。また,空気中で直ちに(キ)され,水と激しく反応して(ク)を発生する。よってこれらの単体は(ケ)中に保存する。

181 アルカリ金属の化合物 ◀テスト必出

次の(1)～(5)にあてはまるものを，下の物質ア～カから選べ。
- (1) 空気中に放置すると，べとべとになり，また，炎色反応は黄色である。
- (2) 空気中に放置すると，無色の結晶から白色の粉末に変わる。
- (3) 水に少し溶け，また，試験管で加熱すると，気体を発生して分解する。
- (4) 白色の粉末で，水によく溶け，また，酸を加えると気体を発生する。
- (5) 水溶液は強い塩基性を示し，また，炎色反応は赤紫色を示す。

　ア　Na_2CO_3　　　イ　$Na_2CO_3 \cdot 10H_2O$　　　ウ　KCl
　エ　KOH　　　　オ　$NaOH$　　　　　　　　カ　$NaHCO_3$

📖ガイド　炎色反応が黄色は Na の化合物，赤紫色は K の化合物。水に Na_2CO_3 はよく溶け，$NaHCO_3$ は少し溶ける。

182 2族元素 ◀テスト必出

次の(1)～(5)について，Mg にあてはまるものには M，Ca にあてはまるものには C，どちらにもあてはまるものには MC を記せ。
- (1) 2価の陽イオンになりやすい。
- (2) 単体は，常温の水と反応する。
- (3) 水酸化物は，水に溶けにくい。
- (4) 硫酸塩は水に溶けにくい。
- (5) 炎色反応を示さない。

📖ガイド　Be・Mg とアルカリ土類金属との性質の違いに着目する。

183 Ca 化合物の反応

次の(1)～(5)の変化を化学反応式で表せ。
- (1) 石灰石を強熱したら，生石灰が得られた。
- (2) 生石灰に水を加えたら，発熱して消石灰となった。
- (3) 石灰水に二酸化炭素を吹き込むと白濁した。
- (4) (3)にさらに二酸化炭素を吹き込むと白濁は消えた。
- (5) 石灰石に塩酸を加えると，気体が発生して溶けた。

184 Al と Zn ◀テスト必出

次の①～④のうち，Al と Zn に共通する性質ではないものはどれか。
- ①　単体は塩酸に溶ける。
- ②　単体は濃硝酸に溶ける。
- ③　単体は水酸化ナトリウム水溶液に溶ける。
- ④　水溶液中のイオンにアンモニア水を加えると沈殿を生じるが，過剰に加えると沈殿が溶ける。

185 Pb^{2+} の反応 ◀テスト必出

Pb^{2+} を含む水溶液に，次の水溶液を加えたとき，沈殿が生じないのはどれか。
ア 塩酸　　　イ 硫酸　　　ウ 硝酸　　　エ 塩化ナトリウム
オ 硫化水素　　カ クロム酸カリウム

応用問題　　　　　　　　　　　　　　　　　　　　　　　　解答 → 別冊 *p.46*

186 ◀差がつく　次の文を読んで，下の(1)〜(3)に答えよ。

炭酸ナトリウムは次のようにしてつくられる。(a)塩化ナトリウムの飽和水溶液に二酸化炭素とアンモニアを吹き込むと炭酸水素ナトリウムが沈殿する。この(b)炭酸水素ナトリウムを加熱して炭酸ナトリウムを得る。この方法で副生する(c)塩化アンモニウムを，水酸化カルシウムと反応させてアンモニアを回収する。

(1) この製法を何法というか。
(2) 下線部(a)〜(c)の反応を化学反応式で表せ。
(3) 塩化ナトリウム10.0 kg から炭酸ナトリウム(無水)を何 kg 得られるか。
　（原子量；C = 12.0, O = 16.0, Na = 23.0, Cl = 35.5）

187 次の記述(1)〜(5)について，Na，K，Mg，Ca のうち，あてはまるものをすべて答えよ。

(1) 単体は石油中に保存する。　　　(2) 単体は，冷水と反応しない。
(3) 硫酸塩は水に溶けにくい。　　　(4) 炭酸塩は，水によく溶ける。
(5) 炎色反応を示さない。

188 金属 A 〜 F は次の金属のいずれかである。あとの①〜⑥を読み，それぞれどれに該当するか答えよ。

Mg　Zn　Hg　Al　Sn　Pb

① A は塩酸にも水酸化ナトリウム水溶液にも溶けない。
② B は塩酸に溶けるが，水酸化ナトリウム水溶液に溶けない。
③ C は塩酸にも水酸化ナトリウム水溶液にも溶けるが，濃硝酸に溶けない。
④ D は水酸化ナトリウム水溶液に溶けるが，塩酸には溶けにくい。
⑤ E は塩酸に溶け，また，2価と4価の陽イオンになる。
⑥ F は塩酸に溶け，その水溶液にアンモニア水を加えると，沈殿を生じ，過剰に加えると，その沈殿は溶けた。

189
下の文中のA～Cは，次のイオンのいずれかである。どれにあてはまるか。

Na^+　Mg^{2+}　Ba^{2+}　Zn^{2+}　Al^{3+}　Pb^{2+}

① Aを含む水溶液に，塩酸を加えても硫酸を加えても白色沈殿が生じた。

② Bを含む水溶液に，硫酸を加えると白色沈殿が生じたが，塩酸を加えても沈殿を生じなかった。

③ Cを含む水溶液に，水酸化ナトリウム水溶液，アンモニア水のどちらを加えても，はじめ白色沈殿が生じ，過剰に加えると，その沈殿が溶けた。

📖ガイド　塩酸はCl^-，硫酸はSO_4^{2-}の反応である。

190 〈差がつく〉
次の文中のA～Gは，下の塩のいずれかである。どれにあてはまるか。

① 水に溶かすと，AとG以外は溶けた。

② AとGに塩酸を加えると，Aは気体を発生したが，Gは変化しなかった。

③ 各水溶液に塩酸を加えると，AとBの水溶液から気体が発生した。

④ 各水溶液に水酸化ナトリウム水溶液を加えていくと，C，D，E，Fは沈殿を生じたが，過剰に加えると，C以外から生じた沈殿は溶けた。

⑤ ④で生じた沈殿に，アンモニア水を過剰に加えると，Dから生じた沈殿だけが溶けた。

⑥ Fの水溶液にクロム酸カリウム水溶液を加えると，黄色の沈殿が生じた。

〔塩〕ア　炭酸ナトリウム　　イ　硫酸バリウム　　ウ　硝酸鉛(Ⅱ)
　　　エ　塩化亜鉛　　　　　オ　ミョウバン　　　カ　炭酸カルシウム
　　　キ　塩化マグネシウム

📖ガイド　塩酸を加えて気体が発生するのは炭酸塩である。④のように過剰の水酸化ナトリウム水溶液で沈殿が溶けるのは両性金属イオンの反応である。

191
次の文中の(　)内に化学式を入れよ。

アルミニウムの製錬では，まず，ボーキサイト$Al_2O_3 \cdot nH_2O$を濃い水酸化ナトリウム水溶液に溶かし，不純物を除く。このときの反応式は次のようになる。

$Al_2O_3 + 2NaOH + 3H_2O \longrightarrow 2(　ア　)$

さらに多量の水を加えて(　イ　)とし，これを加熱して次のようにAl_2O_3とする。

$2(　イ　) \longrightarrow Al_2O_3 + 3H_2O$

このAl_2O_3に氷晶石を入れて融解塩電解すると，次のようにAlが得られる。

陰極；　　$2(　ウ　) + 6e^- \longrightarrow 2Al$

陽極(炭素)；$3(　エ　) + 3C \longrightarrow 3(　オ　) + 6e^-$

30 遷移元素とその化合物

★テストに出る重要ポイント

- **遷移元素の特徴**…遷移元素；周期表の 3～11 族の元素。
  ① **元素**…価電子の数が **1～2個** ➡ 周期表の左右の元素の性質が類似。**すべて金属元素**。
  ② **単体**…融点が高く，硬い。密度が大きく，ほとんどが**重金属**。(密度が4～5g/cm³より大きい金属。)
  ③ **化合物**…**種々の酸化数をもつ**元素が多い。水溶液や結晶に色をもつものが多い。➡ 典型元素の水溶液・結晶はすべて無色(結晶は白色もある)。

- **鉄の製錬**…溶鉱炉に鉄鉱石(Fe_2O_3, Fe_3O_4)・コークス(C)・石灰石を入れ熱風を送る。
  ➡ コークスより生じた CO の還元反応により銑鉄(せんてつ)を得る。
  ① **銑鉄**…炭素が約 4 %(その他の不純物)が含まれる。硬くてもろい。
  ② **鋼(こう)**…転炉で銑鉄を処理して，炭素が0.02～2 %。強靱(きょうじん)・弾力性あり。

- **鉄の単体**…湿った空気中で酸化され**さびる**。硫酸と反応し，水素を発生して溶ける。➡ $Fe + H_2SO_4 \longrightarrow FeSO_4 + H_2\uparrow$ 濃硝酸により**不動態**。

- **鉄の化合物**…酸化数 +2(Fe^{2+}) と +3(Fe^{3+}) がある。
  ① **酸化物**…FeO(黒色)，Fe_2O_3(赤褐色)，Fe_3O_4(黒色)
  ② **塩**…$FeSO_4\cdot7H_2O$；**淡緑色**，還元性。(Feの酸化数=+2) $FeCl_3\cdot6H_2O$，**黄褐色**，潮解性。(Feの酸化数=+3)

- **鉄イオンの反応**…水溶液中の Fe^{2+}, Fe^{3+} の反応 ➡ Fe^{2+}, Fe^{3+} の検出反応

試薬(イオン)	Fe^{2+}(淡緑色)	Fe^{3+}(黄～黄褐色)
NaOH(OH^-)	緑白色沈殿 $Fe(OH)_2$	赤褐色沈殿 $Fe(OH)_3$
$K_4[Fe(CN)_6]$($[Fe(CN)_6]^{4-}$)	———	濃青色沈殿(紺青)
$K_3[Fe(CN)_6]$($[Fe(CN)_6]^{3-}$)	濃青色沈殿(ターンブル青)	———
KSCN(SCN^-)	———	血赤色溶液

- **銅の単体**…特有の赤色。電気・熱の良導体。湿った空気中で**緑青(ろくしょう)**となる。塩酸や希硫酸に溶けないが，**硝酸や熱濃硫酸に溶ける**(⇨ *p.76,78*)。

- **銅の化合物**…銅と濃硫酸を加熱 ➡ Cu $\longrightarrow$ $CuSO_4$

  $CuSO_4$ 水溶液から結晶を析出 ➡ $CuSO_4\cdot5H_2O$

  $CuSO_4\cdot5H_2O$ (青色の結晶) $\xrightarrow{加熱}$ $CuSO_4$ (白色の粉末) $\xrightarrow{水}$ Cu^{2+} (青色の水溶液) $\xrightarrow{OH^-}$ $Cu(OH)_2$ (青白色沈殿) $\xrightarrow{NH_3}$ $[Cu(NH_3)_4]^{2+}$ (深青色の水溶液)

  $Cu^{2+} \xrightarrow{S^{2-}}$ CuS↓ (黒色沈殿)

  $Cu(OH)_2 \xrightarrow{加熱}$ CuO↓ (黒色沈殿)

- ● 銀の単体…銀白色。電気・熱の良導体。空気中で安定 ➡ 装飾品・食器
  塩酸や希硫酸に溶けないが，硝酸や熱濃硫酸に溶ける。
- ● 銀の化合物…銀に硝酸 ➡ Ag ⟶ $AgNO_3$ ⟶ Ag^+（水溶液）

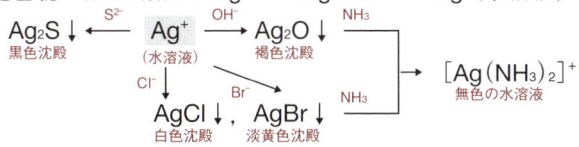

$Ag_2S↓$ ←$^{S^{2-}}$ Ag^+（水溶液）→$^{OH^-}$ $Ag_2O↓$
黒色沈殿　　　　　　　　　　　　　　　褐色沈殿
　　　　　　　↓Cl^-　↓Br^-　　　　　NH_3
　　　　　　AgCl↓　AgBr↓　　　→ $[Ag(NH_3)_2]^+$
　　　　　　白色沈殿　淡黄色沈殿　　　　無色の水溶液

基本問題　　　　　　　　　　　　　　　解答 ➡ 別冊 p.47

192 遷移元素

次の記述①〜⑥のうち，遷移元素にあてはまらないものを 2 つ選べ。

① ほとんどが重金属である。　　② 金属元素と非金属元素がある。
③ 一般に融点が高い。　　　　　④ 種々の酸化数をもつ元素が多い。
⑤ 周期表の 3 族元素。　　　　　⑥ 価電子の数が 4 個の原子もある。

193 鉄の製錬

次の文中の（　）内に適する語句を入れよ。

溶鉱炉に鉄鉱石，コークス，（ ア ）を入れ，下から熱風を送る。このときコークスより生じる（ イ ）により，鉄鉱石中の酸化鉄が（ ウ ）されて（ エ ）が得られる。（ エ ）は約 4 %の（ オ ）を含み，硬くてもろい。（ エ ）を転炉に入れて処理し，（ オ ）を 2 %以下にしたのが（ カ ）であり，強靭で弾力性がある。

194 鉄とその化合物　テスト必出

次の文①，②について下の(1)〜(4)の問いに答えよ。

① 塩酸に鉄くぎを入れると，気体が発生して淡緑色の溶液となった。
② ①の溶液に塩素を吹き込むと，黄色の溶液に変わった。

(1) ①の反応を化学反応式で表せ。
(2) ②で黄色の溶液に変わったのはなぜか。簡潔に説明せよ。
(3) ②の溶液に水酸化ナトリウム水溶液を加えたとき，生じる沈殿の化学式と色を記せ。
(4) $K_4[Fe(CN)_6]$水溶液を加えたとき，濃青色沈殿を生じるのは①，②のどちらの溶液か。

　ガイド　Fe^{2+}，Fe^{3+}を含む水溶液の色は，それぞれ淡緑色，黄〜黄褐色である。

195 銅とその化合物 ◀テスト必出

次の文を読み，下の(1)~(3)の問いに答えよ。

(a)銅に濃硫酸を加えて加熱したところ気体を発生して溶け，青色の水溶液 A となった。この水溶液 A の一部を取り，濃縮したところ(b)青色の結晶が生じた。この青色の結晶を試験管中で加熱したところ(c)白色の粉末となった。また，水溶液 A の一部を取り，これに水酸化ナトリウム水溶液を加えると(d)青白色の沈殿を生じた。(e)この沈殿を加熱すると黒色の沈殿を生じた。さらに，残った水溶液 A の一部を取り，アンモニア水を過剰に加えると，溶液は（ ア ）色になった。これは溶液中に〔 イ 〕のようなイオンが生じたことによる。

- (1) 下線部(a)と(e)の変化を化学反応式で表せ。
- (2) 下線部(b)，(c)，(d)の物質の化学式を記せ。
- (3) 文中のアには色を，イにはイオンの化学式を記せ。

📖ガイド　水溶液 A は $CuSO_4$ の水溶液であり，後半の反応は Cu^{2+} の反応である。

196 銀イオンの反応

硝酸銀水溶液を 2 本の試験管 A，B に分け，次の①~③の操作をした。それぞれの反応をイオン反応式で表せ。

- ① 試験管 A に塩酸を加えると，白色沈殿が生じた。
- ② 試験管 B にアンモニア水を滴下していくと，褐色の沈殿が生じた。
- ③ ②の溶液にさらにアンモニア水を滴下していくと，褐色の沈殿が消えた。

応用問題 ……………………………………………………… 解答 ➡ 別冊 p.48

197

次の文を読み，下の(1)~(3)の問いに答えよ。

(a)希硫酸に鉄片を入れると（ ア ）を発生して溶ける。(b)この水溶液に水酸化ナトリウム水溶液を加えると，緑白色の沈殿を生じる。これに(c)過酸化水素水を加えると，（ イ ）の沈殿に変化する。(d)これに塩酸を加えると，沈殿は溶けた。

- (1) 文中のア，イの物質名を記せ。
- (2) 下線部(a)，(b)，(c)，(d)の変化を化学反応式で表せ。
- (3) 下線部(a)および(d)の変化で生じた水溶液を濃縮して生じる結晶の化学式とその色を記せ。

📖ガイド　過酸化水素は酸化剤であり，Fe^{2+} は酸化されると Fe^{3+} となる。

198 次の(1)～(6)にあてはまるものを，下のア～カより選べ。

- (1) 水にも塩酸にも溶けないが，硝酸に溶けて無色の溶液となる。
- (2) 淡黄色の結晶で，水に溶けないが，アンモニア水に溶ける。
- (3) 黒色の粉末で，水に溶けないが，塩酸や希硫酸に溶ける。
- (4) 赤褐色の粉末で，塩酸に溶けて黄～黄褐色の溶液となる。
- (5) 水に溶けないが，希硫酸には水素を発生して溶ける。
- (6) 水や希硫酸に溶けないが，硝酸に溶けて青色の水溶液が生じる。

ア Fe　　イ Cu　　ウ Ag　　エ Fe_2O_3　　オ CuO
カ AgBr

199 ①～③の文中の試験管 A～D の水溶液には，それぞれ次のイオンのいずれか1つを含む。下の(1)～(3)の問いに答えよ。

Fe^{3+}　　Cu^{2+}　　Al^{3+}　　Ag^+

① 試験管 A～D に塩酸を加えると，A に白色沈殿が生じた。
② 試験管 A～D に水酸化ナトリウム水溶液を加えると，いずれも沈殿ができたが，過剰に加えると B の沈殿は溶けた。
③ 試験管 A～D にアンモニア水を加えると，いずれも沈殿ができたが，過剰に加えると A と C の沈殿は溶けた。

- (1) 試験管 A～D には，それぞれどのイオンが含まれているか。
- (2) ①で，試験管 A に生じた白色沈殿の化学式を記せ。
- (3) ②で，試験管 D に生じた沈殿の色と化学式を記せ。

200 **＜差がつく** 次のア～カの6種類の水溶液について，下の(1)～(4)の性質を示す水溶液はどれか。

ア 硝酸銀　　イ 塩化亜鉛　　ウ 硫酸鉄(Ⅱ)　　エ 塩化鉄(Ⅲ)
オ 硫酸アルミニウム　　カ 硫酸銅(Ⅱ)

- (1) アンモニア水を加えると，はじめ青白色の沈殿を生じるが，過剰に加えると沈殿が溶けて深青色の溶液となる。
- (2) 塩化バリウム水溶液を加えると白色沈殿を生じる。一方，水酸化ナトリウム水溶液を加えると，はじめ沈殿を生じるが，過剰に加えると沈殿が溶ける。
- (3) 水酸化ナトリウム水溶液を加えると，赤褐色の沈殿を生じる。
- (4) アンモニア水を加えると，はじめ褐色の沈殿を生じるが，過剰に加えると沈殿が溶けて無色の溶液となる。

31 金属イオンの分離と確認

テストに出る重要ポイント

● **金属イオンの分離**…次の分離が基本パターンである。

混合溶液中のイオン；Ag^+, Pb^{2+}, Cu^{2+}, Fe^{3+}, Al^{3+}, Zn^{2+}, Ca^{2+}, Na^+

混合溶液 ─HCl→ 沈殿 AgCl(白色), $PbCl_2$(白色) ①
└ ろ液 ─H_2S→ 沈殿 CuS(黒)
  └ ろ液 ─NH_3水(煮沸し,HNO_3を加えた後)→ 沈殿 $Fe(OH)_3$(赤褐色), $Al(OH)_3$(白色) ②
    └ ろ液 ─H_2S→ 沈殿 ZnS(白色)
      └ ろ液 ─$(NH_4)_2CO_3$→ 沈殿 $CaCO_3$
        └ ろ液 Na

① AgCl, $PbCl_2$ の**分離**
  a 熱湯を加えると,$PbCl_2$ が溶ける。
  b アンモニア水を加えると,AgCl が溶ける。($[Ag(NH_3)_2]^+$)
② $Fe(OH)_3$, $Al(OH)_3$ の**分離**…NaOH 水溶液を加えると,$Al(OH)_3$ が溶ける($[Al(OH)_4]^-$)。

● **金属イオンの確認**…おもなイオンの確認法は次のとおり。
① Pb^{2+}…CrO_4^{2-} ➡ 黄色沈殿 $PbCrO_4$,
  Cl^-, SO_4^{2-} ➡ 白色沈殿 $PbCl_2$, $PbSO_4$
② Ag^+…Cl^- ➡ 白色沈殿 AgCl, NH_3水 ➡ 褐色沈殿 Ag_2O —過剰→ 無色溶液
③ Cu^{2+}…NH_3水 ➡ 青白色沈殿 $Cu(OH)_2$ —過剰→ 深青色溶液 $[Cu(NH_3)_4]^{2+}$
④ Fe^{3+}…$[Fe(CN)_6]^{4-}$ ➡ 濃青色沈殿, OH^- ➡ 赤褐色沈殿 $Fe(OH)_3$
⑤ Fe^{2+}…$[Fe(CN)_6]^{3-}$ ➡ 濃青色沈殿, OH^- ➡ 緑白色沈殿 $Fe(OH)_2$
⑥ Al^{3+}…NaOH 水溶液 ➡ 白色沈殿 $Al(OH)_3$ —過剰→ 無色溶液, NH_3水 ➡ 白色沈殿 $Al(OH)_3$
⑦ Zn^{2+}…NaOH 水溶液・NH_3水 ➡ 白色沈殿 $Zn(OH)_2$ —過剰→ 無色溶液,
  S^{2-} ➡ 白色沈殿 ZnS
⑧ Na^+, K^+, Ca^{2+}, Ba^{2+} ➡ 炎色反応 Ba^{2+}；SO_4^{2-} ➡ 白色沈殿 $BaSO_4$

基本問題 ………………………………………………… 解答 ➡ 別冊 p.49

201 金属イオンの分離(水溶液) 〔テスト必出〕

水溶液中にあるイオンの組み合わせ(1)〜(3)のうち,下線上のイオンだけを沈殿させるには,下のどの試薬を用いればよいか。

□(1) <u>Ag^+</u>, Cu^{2+} □(2) <u>Cu^{2+}</u>, Zn^{2+}(酸性水溶液)   □(3) <u>Fe^{3+}</u>, Zn^{2+}

ア アンモニア水   イ 塩酸   ウ 硫化水素

202 金属イオンの分離（沈殿）

次の沈殿の組み合わせ(1)～(3)のうち，下線上の沈殿だけを溶かすには，下のア～エのどれを用いればよいか。

- (1) $\underline{Al(OH)_3}$, $Fe(OH)_3$
- (2) $\underline{Zn(OH)_2}$, $Al(OH)_3$
- (3) $\underline{PbCl_2}$, $AgCl$

ア 熱湯　　イ 水酸化ナトリウム水溶液　　ウ 塩酸　　エ アンモニア水

203 金属イオンの確認　◀テスト必出

次の(1)～(5)は，それぞれ下のどのイオン（水溶液中）にあてはまるか。

- (1) アンモニア水を加えると，はじめ褐色沈殿が生じ，過剰で無色の溶液となる。
- (2) 過剰のアンモニア水を加えると，深青色の溶液となる。
- (3) 水酸化ナトリウム水溶液を加えると，赤褐色の沈殿が生じる。
- (4) 硫化水素を通じると，白色の沈殿が生じる。
- (5) 白金線につけてバーナーの炎に入れると，橙赤色の炎となる。

ア Fe^{3+}　　イ Ca^{2+}　　ウ Ag^+　　エ Zn^{2+}　　オ Cu^{2+}

応用問題　　　　　　　　　　　　　　　　　　　　　　　　解答 ➡ 別冊 p.50

204 ◀差がつく

Fe^{3+}, Na^+, Cu^{2+}, Pb^{2+} を含む混合水溶液を，右図のようにしてそれぞれのイオンを分離した。次の(1)～(3)の問いに答えよ。

- (1) ろ液 B を，「煮沸し」「硝酸を加えた」理由を簡潔に説明せよ。
- (2) 沈殿 A～C を，化学式で示せ。
- (3) 次の①～④の文中の（　）内に適する語句を入れよ。
    - ① 沈殿 A に熱湯を加え，その溶液に（ ア ）を加えると黄色沈殿を生じた。
    - ② 沈殿 B に硝酸を加え，その溶液に（ イ ）を過剰に加えると深青色の溶液となった。
    - ③ 沈殿 C に塩酸を加え，その溶液に（ ウ ）を加えると濃青色沈殿を生じた。
    - ④ ろ液 C を白金線につけてバーナーの炎に入れると，（ エ ）色となった。

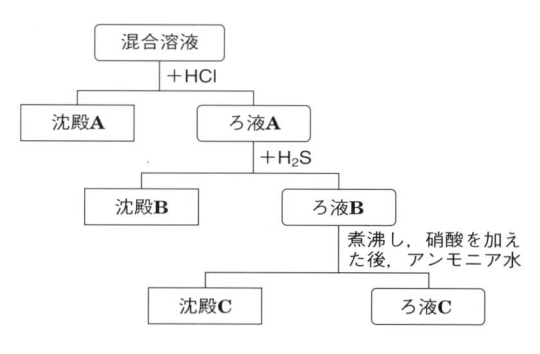

32 金属

テストに出る重要ポイント

- **金属の特徴**…金属光沢。電気や熱をよく通す。**展性・延性**に富む。
- **身のまわりの金属**
  - ▶ Fe；資源が豊富で安価。機械的強度が大。さびやすい。磁性。
  - ▶ Cu；電気伝導性が大きい。古くから利用。長く放置すると緑青(ろくしょう)。
    　　　　　　　　　　　　　　　　　　　　　　　　$CuCO_3 \cdot Cu(OH)_2$
  - ▶ Al；軽くて加工しやすい。鉄に次ぐ生産量。表面に酸化被膜。
    　　　　　　　　　　　　　　←内部を保護するので，さびにくい。
  - ▶ Au, Pt；イオン化傾向が小さく，空気中で安定。装飾品。
- **金属の製錬**…イオン化傾向の大きさによって方法が異なる。
  ① K, Ca, Na, Mg, Al；融解塩電解で製錬。
  　　←イオン化傾向が大きいので，製錬しにくい。
  　【例】Al；ボーキサイトを処理してアルミナ Al_2O_3 とし，氷晶石を加え
  　　　　　　　　　　　　　　　　　　　　　　　　融点を下げるはたらき→
  　　　て融解塩電解する。
  ② Zn, Fe, Ni, Sn, Pb；酸化物を炭素(コークス)で還元。
  　　←水素よりはイオン化傾向が大きい。
  　【例】Fe；溶鉱炉に鉄鉱石(Fe_2O_3 など)，コークス，石灰石を入れ，熱
  　　　風を送り，C または CO の還元作用によって鉄を得る。
  ③ Cu, Hg；硫化物をコークスなどを用いて強熱する。
  　　←イオン化傾向が小さいので，製錬しやすい。
  　【例】Cu；溶鉱炉，さらに転炉で粗銅とし，電解精錬で純銅とする。
- **合金**
  ① 黄銅(Cu に Zn)；装飾品，5円硬貨
  　　←しんちゅう
  ② 青銅(Cu に Sn)；銅像，10円硬貨
  　　←ブロンズ
  ③ ジュラルミン(Al に Cu, Mg, Mn)；航空機
  ④ ステンレス鋼(Fe に Cr, Ni)；器具類
  ⑤ はんだ(Sn, Pb)；金属接合剤
  　　←最近では無鉛はんだ(Sn に Ag, Cu)がおもに使われている。

基本問題　　　　　　　　　　　　　　　　　　　　解答 → 別冊 *p.50*

205 金属の酸化 ◀テスト必出

次の①～④にあてはまる金属を，あとのア～エから選べ。
- □ ① 空気中で酸化されにくく，安定している。
- □ ② 湿った空気中に長く放置すると，淡緑色のさびが生じる。
- □ ③ 表面だけ酸化される。　　□ ④ 内部までさびていく。

　ア　Al　　　　　イ　Fe　　　　　ウ　Au　　　　　エ　Cu

32 金属

206 銅とアルミニウムの製錬
次の(1)〜(4)の操作によって生成する物質名を書け。
- (1) ボーキサイトを水酸化ナトリウム水溶液に加え，生成した水酸化アルミニウムを加熱した。
- (2) 溶鉱炉に黄銅鉱，コークス，石灰石を入れて熱風を送った。
- (3) (2)で生成したものを転炉に入れて熱風を送った。
- (4) (3)で生成したものを電解精錬した。

207 合金　◀テスト必出
次の①〜④にあてはまる合金を，あとのア〜エから選べ。
- ① 軽くて機械的にも強いので，航空機の機体などに用いられる。
- ② 融点が低く，金属の接合に用いられる。
- ③ さびにくく，台所用品などに用いられる。
- ④ 黄色の光沢をもち，装飾品や美術品に用いられる。

　ア　ステンレス鋼　　イ　はんだ　　ウ　黄銅　　エ　ジュラルミン

応用問題　　　　　　　　　　　　　　　解答 ➡ 別冊 p.51

208 次の①，②にあてはまる金属の組み合わせを，あとのア〜カから選べ。
- ① 融解塩電解によって製錬する金属の組み合わせ。
- ② CまたはCOの還元作用によって製錬する金属の組み合わせ。

　ア　Cu, Al　　　　イ　Zn, Fe　　　　ウ　Mg, Zn
　エ　Al, Na　　　　オ　Ag, Cu　　　　カ　Fe, Ag

　📖ガイド　イオン化傾向が最も大きいグループは融解塩電解，次に大きいグループは炭素などによる還元で製錬する。

209 ◀差がつく　次の(1)〜(5)の(　)内に適する元素や物質を化学式で書け。
- (1) ステンレス鋼は(　　)にCrやNiなどを加えてつくる。
- (2) ジュラルミンは(　　)にCuやMgなどを加えた合金である。
- (3) しんちゅうやブロンズは(　　)を主体とする合金である。
- (4) 溶鉱炉内で鉄の酸化物である鉱石から，コークスまたは(　　)の還元作用によって鉄をとり出す。
- (5) 銑鉄は(　　)やその他の不純物が多く含まれているため，硬くてもろい。

　📖ガイド　合金にすることによって，もとの金属の欠点をなくしている。

33 セラミックス

テストに出る重要ポイント

- **セラミックス**……陶磁器，セメント，ガラスなどのように，無機物を高温に熱してつくられた材料(窯業製品)。➡ ケイ酸塩工業
- **陶磁器**
  ① **土器**…原料；粘土　　例 レンガ，瓦(かわら)，植木鉢
  　└700〜900℃で焼成。
  ② **陶器**…原料；粘土＋石英　　例 食器，タイル，茶器
  　└1100〜1300℃で焼成。
  ③ **磁器**…原料；粘土＋石英＋長石　　例 高級食器，装飾品
  　└1300〜1500℃で焼成。
- **セメント(ポルトランドセメント)**
  ① **製法**…石灰石や粘土などを混合して回転炉で焼き，生じたかたまり(クリンカー)を粉末にして少量のセッコウを加える。
  ② **コンクリート**…セメント，砂，砂利の混合物を水で練って固化。
- **ガラス**
  ① **ソーダ石灰ガラス**…ケイ砂，炭酸ナトリウム，石灰石を原料とする。
  　└窓ガラスや食器などに利用される。
  ② **ホウケイ酸ガラス**…ケイ砂，ホウ砂を原料とする。
  　└耐熱ガラス，硬質ガラスなどに利用される。
  ③ **鉛ガラス**…ケイ砂，炭酸ナトリウム，酸化鉛(Ⅱ)を原料とする。
  　└光学ガラスなどに利用される。
  ④ **ガラスの性質・構造**…SiO_2 は Si－O－Si の結合が三次元的にくり返した構造。Na_2CO_3 などとの加熱により，$(SiO_3^{2-})_n$ と Na^+ からできた物質になる。➡ ガラスは非晶質(アモルファス)で一定の融点をもたない。
- **ファインセラミックス**…Al_2O_3 や BN，Si_3N_4，SiC など人工的に合成された無機物質を原料として，焼き固めたもの。
  　　　　　　　　　　　　　　　　　　　　└カーボランダム
  ➡ 電子材料や耐熱強度材，人工骨などに利用される。

基本問題　　　　　　　　　　　　　　　　　　解答 ➡ 別冊 *p.51*

210 陶磁器 ◀テスト必出

次の①〜③の文は，土器，陶器，磁器のどれにあてはまるか。
- ① 粘土と石英を原料とし，釉薬を塗布しているが，吸湿性はある。
- ② レンガや瓦として用いられ，焼く温度が最も低い。
- ③ たたくと澄んだ音がし，装飾品などにも用いられる。

33 セラミックス

211 ガラス ◀テスト必出

次の①～③にあてはまるガラスを，あとのア～ウから選べ。
① 屈折率が大きいため，光学機器のレンズに用いる。
② 窓ガラスやガラス容器などに使われる。
③ 膨張率が小さいため，耐熱ガラスとして用いられる。
　ア　ソーダ石灰ガラス　　イ　ホウケイ酸ガラス　　ウ　鉛ガラス

212 ファインセラミックス

次のア～オの化合物のうち，ファインセラミックスの材料ではないものはどれか。
　ア　酸化アルミニウム　　イ　窒化ホウ素　　ウ　二酸化ケイ素
　エ　炭化ケイ素　　　　　オ　窒化ケイ素

応用問題 ……………………………………… 解答 ➡ 別冊 *p.52*

213 ◀差がつく　次のア～サの物質のうち，成分元素にケイ素 Si を含むものをすべて選べ。
　ア　タイル　　　　　イ　アルミナ　　　　ウ　石英
　エ　ドライアイス　　オ　カーボランダム　カ　グラファイト
　キ　鉛ガラス　　　　ク　石灰石　　　　　ケ　カーバイド
　コ　レンガ　　　　　サ　ポルトランドセメント

📖 **ガイド**　粘土を原料とするものには，ケイ素が含まれている。

214 次の①～⑥の文が正しければ○，誤っていれば×と答えよ。
① レンガや瓦は，粘土を水でこね，乾燥した後，高温で加熱してつくる。
② セメントやソーダ石灰ガラスなども原料に粘土を用いる。
③ ガラスはアモルファスで，一定の融点をもっていない。
④ ファインセラミックスも原料に粘土やケイ砂を用いる。
⑤ ファインセラミックスは，人工骨や電子材料など幅広い用途がある。
⑥ ファインセラミックスには，成分元素としてケイ素を含むものはない。

📖 **ガイド**　ファインセラミックスの原料は，Al_2O_3，BN，Si_3N_4，SiC などである。

34 有機化合物の化学式の決定

テストに出る重要ポイント

● 化学式の決定の手順

試料(有機化合物) → 元素分析 → 組成式(実験式) →[分子量]→ 分子式 →[性質]→ 構造式 示性式

① **元素分析**

試料 x〔mg〕 燃焼
- → CO_2 y〔mg〕 …→ C の質量 = $y \times \dfrac{12.0}{44.0} = p$〔mg〕
  （ソーダ石灰管で吸収）（C の原子量／CO_2 の分子量）
- → H_2O z〔mg〕 …→ H の質量 = $z \times \dfrac{2 \times 1.0}{18.0} = q$〔mg〕
  （塩化カルシウム管で吸収）（H の原子量／H_2O の分子量）

〔吸収管の順〕**はじめ塩化カルシウム管**で水を吸収し、**次にソーダ石灰管**で CO_2 を吸収する。
（はじめにソーダ石灰管だと、水と二酸化炭素両方を吸収してしまう）

② **組成式(実験式)の決定**…試料中のC, H, Oの質量が p〔mg〕, q〔mg〕, r〔mg〕, または質量%をそれぞれ p'〔%〕, q'〔%〕, r'〔%〕とすると,

原子数の比 C : H : O = $\dfrac{p}{12.0} : \dfrac{q}{1.0} : \dfrac{r}{16.0} = \dfrac{p'}{12.0} : \dfrac{q'}{1.0} : \dfrac{r'}{16.0}$

③ **分子式の決定**…組成式 $C_aH_bO_c$ の式量を m, 分子量を M とすると, $m \times n = M$（n は整数）より, 分子式は, $(C_aH_bO_c)_n = C_{an}H_{bn}O_{cn}$

④ **構造式の決定**…求められた分子式から2種以上の構造式が書ける場合は, 化学的性質を調べて官能基(原子団)を決め, 構造式を決定する。

基本問題

例題研究 **19.** 炭素・水素・酸素からなる有機化合物92 mgを完全燃焼させたところ, 二酸化炭素176 mg, 水108 mgが得られた。また, 分子量測定の結果, 分子量は46であった。一方, この有機化合物に金属ナトリウムを加えると, 水素が発生した。この有機化合物の組成式, 分子式および構造式を書け。（原子量；H=1.0, C=12, O=16）

[着眼] ①吸収された CO_2, H_2O の質量からC, Hの質量を求め, さらにOの質量を求める。原子数比 = $\dfrac{元素の質量}{原子量}$ の比から, 組成式の原子数比を導く。

②（組成式の式量）× n = 分子量, （組成式）$_n$ = 分子式（ただし, n は整数）。

[解き方] 分子量；$CO_2 = 44$，$H_2O = 18$ より，
C の質量；$176 \times \dfrac{12}{44} = 48$ mg　　H の質量；$108 \times \dfrac{2.0}{18} = 12$ mg
O の質量；$92 - (48 + 12) = 32$ mg
原子数比　C：H：O $= \dfrac{48}{12} : \dfrac{12}{1.0} : \dfrac{32}{16} = 2 : 6 : 1$ より，組成式は C_2H_6O
式量；$C_2H_6O = 46$ より，　　$46 \times n = 46$　∴　$n = 1$　分子式は C_2H_6O
また，分子式が C_2H_6O の構造式としては，次の A，B の 2 つが考えられる。

```
A    H  H                  B    H     H
     |  |                        |     |
  H-C-C-O-H                   H-C-O-C-H
     |  |                        |     |
     H  H                        H     H
```

このうち，Na を加えて H_2 が発生するのは，$-OH$ 基をもつ A である。
　　　　　　　　　　　　　　　　　　　　　　─くわしくは p.105
[答]　組成式；C_2H_6O　　分子式；C_2H_6O　　構造式；上記の A

215 組成式と分子式の決定①　◀テスト必出

元素組成が，$C = 40.0\%$，$H = 6.6\%$，$O = 53.4\%$ である有機化合物の組成式と，分子量を 60 としたときの分子式を求めよ。（原子量；$H = 1.0$，$C = 12$，$O = 16$）

216 組成式と分子式の決定②

ある気体の有機化合物を元素分析したところ，$C = 81.82\%$，$H = 18.18\%$ であった。この有機化合物の標準状態での密度を 1.96 g/L として，この有機化合物の組成式，分子量，分子式を求めよ。（原子量；$H = 1.0$，$C = 12.0$）

応用問題　　　　　　　　　　　　　　　　　　　　　　　解答 ➡ 別冊 p.53

217　炭素と水素からなる，ある有機化合物を完全に燃焼して，生じた気体を塩化カルシウム管，ソーダ石灰管に通したら，それぞれの質量が 0.540 g, 1.760 g 増加した。この化合物の分子量が 54.0 であるなら，分子式はどのように表されるか。（原子量；$H = 1.0$，$C = 12.0$）

218　◀差がつく　標準状態で，気体の炭化水素 1.12 L を取り，7.84 L の酸素中で完全燃焼させた。燃焼後の混合物から水を取り除くと，その体積は標準状態で 6.72 L になり，さらに二酸化炭素を取り除くと，4.48 L になった。この炭化水素の分子式を求めよ。

35 脂肪族炭化水素

★テストに出る重要ポイント

● 脂肪族炭化水素の分類・構造

種類	アルカン	アルケン	アルキン
一般式	C_nH_{2n+2}	C_nH_{2n}	C_nH_{2n-2}
構造	鎖状・飽和 単結合のみ	鎖状・不飽和 二重結合1つ	鎖状・不飽和 三重結合1つ

＊シクロアルカン……一般式C_nH_{2n}の環状・飽和の炭化水素

共通の一般式で表される性質の似た一連の化合物を**同族体**という。
（CH_4やC_2H_6など）

● 炭化水素の反応

① エチレンの製法…$C_2H_5OH \xrightarrow[170℃]{濃硫酸} C_2H_4 + H_2O$
（エチレン）

② アセチレンの製法…$CaC_2 + 2H_2O \longrightarrow C_2H_2 + Ca(OH)_2$
（カーバイド）　　　　（アセチレン）

③ メタン，エチレン，アセチレンの反応…メタンと塩素の混合気体に光を照射すると**置換反応**を起こす。エチレンとアセチレンは，**不飽和結合**をもち，**付加反応**を起こす。

④ エチレン・アセチレンの反応系統図

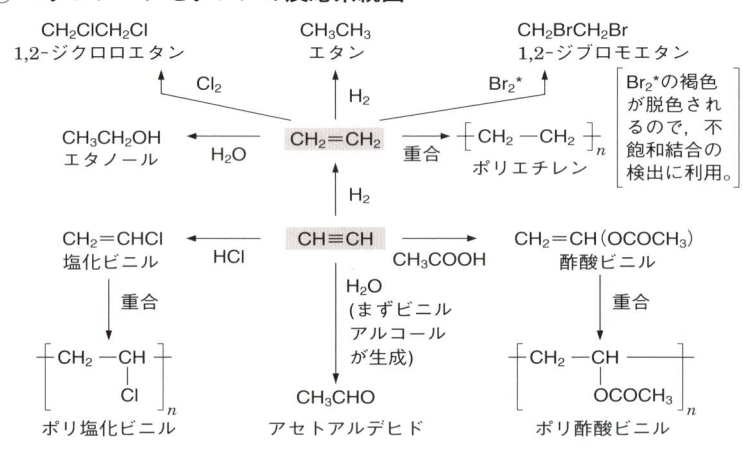

```
CH₂ClCH₂Cl         CH₃CH₃          CH₂BrCH₂Br
1,2-ジクロロエタン    エタン          1,2-ジブロモエタン
    ↑ Cl₂           ↑ H₂              ↑ Br₂*          ┌ Br₂*の褐色
                                                       │ が脱色さ
CH₃CH₂OH ←H₂O─ CH₂=CH₂ ─重合→ ─CH₂─CH₂─ₙ    │ れるので, 不
エタノール                        ポリエチレン         │ 飽和結合の
                    ↑ H₂                              └ 検出に利用。

CH₂=CHCl  ←HCl─ CH≡CH ─CH₃COOH→ CH₂=CH(OCOCH₃)
塩化ビニル                                  酢酸ビニル
    ↓ 重合          ↓ H₂O                     ↓ 重合
                  (まずビニル
 ─CH₂─CH─ₙ      アルコール       ─CH₂─CH─ₙ
     │           が生成)              │
     Cl                                OCOCH₃
ポリ塩化ビニル    CH₃CHO           ポリ酢酸ビニル
                アセトアルデヒド
```

● 異性体

① **構造異性体**…分子式が同じで，構造式が異なる異性体。

② **シス-トランス異性体**…二重結合が回転できないために生じる立体異性体。
（幾何異性体ともいう。）

シス-2-ブテン：CH_3とCH_3が同じ側、HとHが同じ側

トランス-2-ブテン：CH_3とHが対角配置

35 脂肪族炭化水素

基本問題 ……… 解答 → 別冊 p.53

219 炭化水素の分類と臭素の付加
次の①〜⑥の炭化水素はアルカン，アルケン，シクロアルカン，アルキンのうちどれか。また，臭素水の赤褐色を脱色するものをすべて選べ。
① エタン　② アセチレン　③ エチレン　④ ブタン
⑤ シクロヘキサン　⑥ プロペン(プロピレン)

220 炭化水素の反応　◀テスト必出
次の変化を化学反応式で表せ。
① メタンに塩素を作用させてジクロロメタンを得る。
② プロペン(プロピレン)を臭素水中に通す。
③ エタノールに濃硫酸を加えて160〜170℃で加熱する。
④ アセチレンと塩化水素を反応させる。
⑤ 炭化カルシウムに水を加える。
⑥ アセチレンに，水銀塩を触媒として水を付加させる。

221 炭化水素の一般式
二重結合2個をもつ炭素数 n 個の鎖式炭化水素の一般式を例にならって書け。
〔例〕アルカン；C_nH_{2n+2}

例題研究〉 20. 次の①・②の分子式をもつ化合物のすべての構造式を書け。
　① C_4H_{10}　② C_3H_6

着眼 ①一般式 C_nH_{2n+2} であり，アルカンである。
②一般式 C_nH_{2n} であり，シクロアルカンかアルケンである。

解き方 ① C_4H_{10} は C_nH_{2n+2} で表され，アルカンで，鎖状の飽和の炭化水素。
　異性体をすべて書き出すときの原則は，主鎖(一番長い炭素鎖)の炭素数の多い炭素骨格から少ないものへと順に書く。C_4H_{10} では，炭素数4の主鎖と炭素数3の主鎖の2種類の炭素骨格が書ける。

$CH_3-CH_2-CH_2-CH_3$

$CH_3-CH-CH_3$
　　　｜
　　　CH_3

② C_3H_6 は C_nH_{2n} で表され，環状で飽和のシクロアルカンか二重結合を1つもつアルケンで，右の2つの異性体がある。

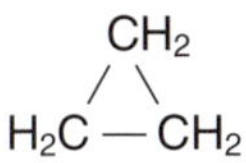

$\begin{array}{c} CH_2 \\ / \ \backslash \\ H_2C — CH_2 \end{array}$　　$CH_3-CH=CH_2$

答 解き方を参照

222 異性体 〈テスト必出〉

次の分子式で表される化合物の構造式をすべて書け。
① C_5H_{12}（3）　② $C_3H_6Cl_2$（4）　〔注〕（　）内の数値は異性体の数。

223 構造異性体とシス-トランス異性体

分子式 C_4H_8 で表される化合物について，次の問いに答えよ。
① シクロアルカンに分類される化合物の構造式をすべて書け。
② シス-トランス異性体も区別して，すべてのアルケンの構造式を書け。

応用問題　　　解答 → 別冊 p.54

224 5.60 g のアルケン C_nH_{2n} に臭素を完全に反応させ，37.6 g の化合物を得た。このアルケンの炭素数 n はいくらか。（原子量；H = 1.0，C = 12，Br = 80）

225 〈差がつく〉ニンジンの赤い色素は分子式 $C_{40}H_{56}$ で表され，長い炭素鎖の両端にそれぞれ 1 つの環状構造をもち，三重結合をもたない不飽和炭化水素である。この炭化水素の二重結合の数は，いくつか。

226 分子式 C_5H_{10} で表され，臭素水を脱色する化合物の構造式をすべて書け。ただし，シス-トランス異性体も区別せよ。

227 次の文を読み，(1)と(2)に答えよ。

有機化合物である（ア）は，触媒の存在下に同じ物質量の水素分子と反応して（イ）を生じるが，さらに水素と反応すると（ウ）を生成する。（イ）はエタノールに濃硫酸を加え160℃以上に加熱しても得ることができる。水銀塩の存在下で（ア）が水と反応すると，不安定な化合物（エ）を経て，より安定な異性体（オ）を生じる。また，（ア）に塩化水素および酢酸が付加すると，それぞれ（カ）および（キ）を生じる。（カ）および（キ）は，適当な触媒下で付加重合して，それぞれ（ク）および（ケ）を生成する。さらに，高温で鉄触媒下で，3分子の（ア）から1分子の（コ）が生成する。

(1) ア〜コにあてはまる化合物の名称と構造式を書け。ただし，高分子化合物は，$\pm CH_2-CH_2 \mp_n$ のように書け。
(2) 化合物アの生成法の1つを，化学反応式を用いて書け。

36 アルコールとアルデヒド・ケトン

★テストに出る重要ポイント

● アルコール R−OH

① 構造…炭化水素の−Hを−OHで置換した化合物。

② 性質・分類…a 中性物質で，低級なものは水に溶ける。 ←分子量が小さい。

　b **Naと反応**してH_2を発生。 $2ROH + 2Na \longrightarrow 2RONa + H_2\uparrow$

　c −OHの数による分類。−OHがn個 ➡ n価アルコール

1価アルコール	2価アルコール	3価アルコール
C_2H_5OH　エタノール	$\begin{array}{c}CH_2OH\\|\\CH_2OH\end{array}$　エチレングリコール	$\begin{array}{c}CH_2OH\\|\\CHOH\\|\\CH_2OH\end{array}$　グリセリン

〔−OHが結合した炭素に結合する炭化水素基の数による分類と酸化〕

分類	第一級アルコール	第二級アルコール	第三級アルコール
構造	炭化水素基が1個 R^1-CH_2-OH	炭化水素基が2個 $\begin{array}{c}R^1\\ \end{array}\!\!\!\searrow\!\!CH-OH$ $R^2\!\nearrow$	炭化水素基が3個 $R^1\!\searrow$ $R^2\!-\!C-OH$ $R^3\!\nearrow$
酸化	酸化されてアルデヒドになる。 R^1-CHO	酸化されてケトンになる。 R^1-CO-R^2	酸化されにくい。

③ エタノール C_2H_5OH

　a 製法　エチレンに水を付加。糖類の**アルコール発酵**。 *p.132*

　b 濃硫酸と加熱 $\begin{cases} 2C_2H_5OH \longrightarrow C_2H_5-O-C_2H_5 + H_2O\ (120\sim130℃) \\ \quad\text{←分子間で脱水(縮合反応)} \\ C_2H_5OH \longrightarrow CH_2=CH_2 + H_2O\ (160\sim170℃) \\ \quad\text{←分子内で脱水(脱離反応)} \end{cases}$
　　　←脱水反応

● エーテル R^1-O-R^2

① 構造…**エーテル結合**をもつ。　[例] $C_2H_5-O-C_2H_5$

② 製法…アルコール2分子の脱水縮合で生成。

③ 性質…同じ分子式のアルコールより**融点・沸点が低い**。
　　←エーテルとアルコールは異性体の関係にある。

● アルデヒド R−CHO

① 構造…ホルミル基−CHOをもつ化合物。　[例] HCHO, CH_3CHO
　　←アルデヒド基ともいう

② 製法…第一級アルコールの酸化。 $R-CH_2-OH \xrightarrow{(O)} R-CHO$

③ 性質…低級なものは水に溶ける。還元性 ➡ **銀鏡反応**，**フェーリング液の還元**。酸化されてカルボン酸になる。 $R-CHO \xrightarrow{(O)} R-COOH$
　　←赤色の沈殿[酸化銅(I) Cu_2O]を生じる。

④ アセトアルデヒド CH_3-CHO…エタノールの酸化，アセチレンへの水の付加などで生成。

● **ケトン** R^1-CO-R^2
① **構造**…カルボニル基に 2 個の炭化水素基が結合した化合物。
② **製法と性質**…第二級アルコールの酸化で生成。還元性は示さない。
③ アセトン $CH_3-CO-CH_3$…2-プロパノールの酸化，酢酸カルシウムの乾留で生成。芳香のある液体。水によく溶ける。有機溶媒。
　　　　　└─空気を遮断して固体を加熱すること。
④ **ヨードホルム反応**…CH_3CO-，$CH_3CH(OH)-$ の検出反応。
　　　　　　　　　　└─アセチル基(アルデヒドとケトン)
➡ NaOH と I_2 とともに加熱すると，ヨードホルム CHI_3 を生成。
　　　　　　　　　　　　　　　　　　　　　　└黄色・特異臭┘

基本問題

解答 ➡ 別冊 *p.55*

228 アルコールとアルデヒドとケトン
次の文中の(　)内に適する語句を記入せよ。
　脂肪族炭化水素の水素原子を(ア)基で置き換えられた構造の化合物を，一般にアルコールといい，(イ)，(ウ)，(エ)アルコールに分類される。(イ)アルコールは酸化されてアルデヒドに，(ウ)アルコールは酸化されてケトンになるが，(エ)アルコールは酸化されにくい。アルデヒドは，アンモニア性硝酸銀水溶液を(オ)して，(カ)を析出させる。この反応を(キ)反応という。また，フェーリング液を(オ)して，赤色の(ク)を析出させる。

229 アルコールの分類　◀テスト必出
次のⓐ〜ⓖのアルコールを第一級，第二級，第三級アルコールに分類せよ。
- ⓐ　1-プロパノール　　ⓑ　2-プロパノール　　ⓒ　メタノール
- ⓓ　エタノール　　ⓔ　2-メチル-1-プロパノール
- ⓕ　2-メチル-2-プロパノール　　ⓖ　2-メチル-2-ブタノール

230 アルコールの分類と性質
次の文に該当する化合物を下のⓐ〜ⓕから選べ。
- □(1)　3 価アルコールである。　　□(2)　酸化するとアセトアルデヒドを生じる。
- □(3)　2 価アルコールである。　　□(4)　酸化するとアセトンを生じる。
  - ⓐ　エチレングリコール　　ⓑ　メタノール　　ⓒ　グリセリン
  - ⓓ　2-プロパノール　　ⓔ　1-プロパノール　　ⓕ　エタノール

231 銀鏡反応

次の化合物のうち，銀鏡反応を示すものはどれか。
ⓐ HCHO　ⓑ CH_3OH　ⓒ CH_3CHO　ⓓ CH_3OCH_3
ⓔ CH_3CH_2OH　ⓕ CH_3COCH_3　ⓖ CH_3CH_2CHO

232 ヨードホルム反応 ◀テスト必出

次の化合物のうち，ヨードホルム反応を呈するものはどれか。
ⓐ CH_3OH　ⓑ CH_3CH_2OH　ⓒ CH_3CHO
ⓓ CH_3CH_2CHO　ⓔ $CH_3CH(OH)CH_3$　ⓕ CH_3COCH_3

233 アルコール，ケトンの化学反応式 ◀テスト必出

次の変化を化学反応式で表せ。
(1) 赤熱した銅線をメタノールの蒸気中に入れ，メタノールを酸化。
(2) エタノールと濃硫酸の混合物を約130℃に加熱。
(3) エタノールと濃硫酸の混合物を約170℃に加熱。
(4) 酢酸カルシウムの乾留。　(5) エタノールと金属ナトリウムの反応。

例題研究 21. 分子式 C_3H_8O で表される化合物には，A，B，C の3つの異性体があり，次の(1)～(3)の性質を示す。A，B，C の構造式を答えよ。
(1) A は，金属ナトリウムと反応し，酸化されるとケトンを生じる。
(2) B は，金属ナトリウムと反応し，酸化されるとアルデヒドを生じる。
(3) C は，金属ナトリウムと反応せず，酸化を受けにくい。

着眼 ① $C_nH_{2n+2}O$ には，飽和のアルコールと飽和のエーテルがある。
② アルコール ➡ Na と反応，エーテル ➡ Na と反応せず。
③ 酸化されると，第一級アルコール ➡ アルデヒド，第二級アルコール ➡ ケトン

解き方 C_3H_8O は $C_nH_{2n+2}O$ にあてはまるので，飽和のアルコールと飽和のエーテルがある。A と B は，Na と反応するので，アルコールである。A は，酸化されてケトンを生じるので，第二級アルコールで〔A〕の構造式をとる。B は，酸化されたアルデヒドを生じるので，第一級アルコールで〔B〕の構造式をとる。C は，Na と反応しないので，エーテルで，構造式は〔C〕のようになる。

〔A〕 $CH_3-CH-CH_3$
　　　　　　|
　　　　　 OH

〔B〕 $CH_3-CH_2-CH_2-OH$

〔C〕 $CH_3-CH_2-O-CH_3$

答 解き方を参照

234 C_3H_8O

次の文を読み，下の(1), (2)の問いに答えよ。

分子式 C_3H_8O で表される化合物 A, B, C がある。これらに金属ナトリウムを加えると，A と B は水素を発生するが，C は反応しない。A を酸化すると銀鏡反応を呈する D となり，B を酸化すると E となるが，E は銀鏡反応を呈さない。また，C は，酸化を受けにくい。

(1) 化合物 A～E の構造式と名称を答えよ。
(2) 化合物 A～E のうち，ヨードホルム反応を呈するものを記号で答えよ。

応用問題　　　　　　　　　　　　　　　　　　　　　　解答 → 別冊 *p.56*

235 次の記述のうち，誤っているものをすべて選べ。
① メタノールは，一酸化炭素と水素からつくられる。
② エタノールは，水によく溶け，水溶液は塩基性を示す。
③ エタノールは，ナトリウムと反応してエタンを発生する。
④ 2-ブタノールは，2-メチル-2-ブタノールより酸化されやすい。
⑤ エタノールは，ヨードホルム反応を呈する。

236 次の①～⑤の事項のうち，エタノールにあてはまるものには A，アセトアルデヒドにあてはまるものは B，アセトンにあてはまるものは C を記せ。
① 2-プロパノールの酸化によって生成する。
② 金属ナトリウムと反応して，水素を発生する。
③ 銀鏡反応やフェーリング液を還元する。
④ 濃硫酸と混ぜて160℃～170℃に加熱するとエチレンになる。
⑤ 酢酸カルシウムを乾留すると生成する。

237 ◀差がつく　$C_4H_{10}O$ で表される化合物のうち，次の(1)～(4)に該当する化合物の構造式をすべて書け。
(1) ナトリウムと反応して水素を発生し，酸化されアルデヒドを生じるもの。
(2) ナトリウムと反応して水素を発生し，酸化されケトンを生じるもの。
(3) ナトリウムと反応して水素を発生するが，酸化を受けにくいもの。
(4) ナトリウムと反応せず，酸化を受けにくいもの。

📖 **ガイド**　$C_4H_{10}O$ は，$C_nH_{2n+2}O$ にあてはまり，飽和のアルコールか飽和のエーテルがある。

37 カルボン酸とエステル

テストに出る重要ポイント

▶ **カルボン酸** R－COOH…カルボキシ基 －COOH をもつ化合物。

① **脂肪酸**…1価の鎖状カルボン酸。炭素数の少ない脂肪酸を**低級脂肪酸**，多いものを**高級脂肪酸**という。 例 CH_3COOH，$C_{17}H_{35}COOH$
（酢酸（低級脂肪酸））　（ステアリン酸（高級脂肪酸））

② **製法**…アルデヒドの酸化。R－CHO ⟶ R－COOH

③ **性質**…a －COOH は親水性 ➡ 低級カルボン酸は水に溶ける。
　b **弱酸**で，塩基の水溶液に塩をつくって溶ける。
　c アルコールと反応してエステルをつくる。

④ **ギ酸** HCOOH…ホルミル基をもち，**還元性**がある。

⑤ **酢酸** CH_3COOH…食酢の主成分。高純度の酢酸は冬季に凍る。➡ **氷酢酸**
　▶酢酸2分子の脱水縮合により，**無水酢酸**$(CH_3CO)_2O$ が生じる。

⑥ **マレイン酸とフマル酸** CH(COOH)＝CH(COOH)…互いに**シス－トランス異性体**。シス形のマレイン酸は酸無水物になる。
（シス形）（トランス形）

⑦ **乳酸** $CH_3CH(OH)COOH$…乳製品に含まれる。**不斉炭素原子**（4種類の原子または原子団の結合した炭素）をもち，**鏡像異性体**が存在。
（実物と鏡像の関係にある異性体。光学異性体ともいう）

▶ **エステル** R^1－COO－R^2

① **製法**…カルボン酸（またはオキシ酸）とアルコールから水がとれて生じる。 例 CH_3COOH ＋ C_2H_5OH ⟶（エステル化） $CH_3COOC_2H_5$ ＋ H_2O
（酢酸（酸））（エタノール（アルコール））（酢酸エチル（エステル））

② **性質**…a 水に溶けにくく，芳香をもつ。
　b 強塩基により，カルボン酸の塩とアルコールを生じる。➡ **けん化**

ギ酸
ホルミル基
$H-C\genfrac{}{}{0pt}{}{=O}{-OH}$
カルボキシ基

基本問題

解答 ➡ 別冊 p.57

238 カルボン酸　◀テスト必出

次の(1)～(5)にあてはまるカルボン酸を，下から1つ選べ。

☐ (1) 室温では液体で，還元性をもつ。　☐ (2) 鏡像異性体をもつ。
☐ (3) 二水和物は，中和滴定の標準物質として使われる。
☐ (4) 水に溶けにくい。　☐ (5) アセトアルデヒドを酸化するとできる。

ⓐ $(COOH)_2$　ⓑ $C_{17}H_{35}COOH$　ⓒ HCOOH
ⓓ CH_3COOH　ⓔ $CH_3CH(OH)COOH$

239 エステル ◀テスト必出

次の文中の（　）内に適する語句，［　］内に化学式を記入せよ。

酢酸とエタノールの混合物に少量の濃硫酸を加えて加熱すると，次の反応によって，芳香のある，水に溶けにくい（ア）という化合物ができる。

　　　［イ］＋［ウ］　⟶　［エ］＋H_2O
　　カルボン酸　アルコール

この反応を（オ）という。［エ］に水酸化ナトリウム水溶液を加えて加熱すると，加水分解され，エタノールと（カ）を生じる。この反応を（キ）という。

240 エステルの名称と生成

次の(1)〜(3)のエステルの名称を書き，これらのエステルを水酸化ナトリウム水溶液でけん化したときの化学反応式を書け。ただし，化学式は示性式で示せ。

(1) $HCOOC_2H_5$　　(2) CH_3COOCH_3　　(3) $CH_3COOC_2H_5$

241 鏡像異性体

次の化合物のうち，鏡像異性体があるものをすべて選べ。

ⓐ CH_3CH_2COOH　　ⓑ $CH_3CH(OH)CH_2CH_3$
ⓒ $CH_3CH(OH)COOH$　　ⓓ $HOCH_2CH(OH)CH_2OH$
ⓔ $H_2NCH(CH_3)COOH$　　ⓕ $H_2NCH_2CH_2COOH$

242 カルボン酸とエステル

分子式 $C_4H_8O_2$ で表される化合物には，カルボン酸が2種類，エステルが4種類の異性体が存在する。それらの構造式をカルボン酸とエステルを区別して書け。

応用問題

243

次のA〜Eに該当する最も適当な物質をⓐ〜ⓔから選べ。また，（　）内に適する語句を入れよ。

(1) AとBは1価のカルボン酸で，Aは還元性を示し，Bはその性質を示さない。

(2) CとDは2価のカルボン酸で，互いに（ア）異性体であり，（イ）形のCを加熱すると比較的容易に脱水されて酸無水物になる。

(3) Eは，ヒドロキシ基をもつカルボン酸で分子中に（ウ）炭素原子があり，（エ）異性体が存在する。

ⓐ ギ酸　　ⓑ マレイン酸　　ⓒ 乳酸　　ⓓ フマル酸　　ⓔ 酢酸

244 次の(1)～(6)の物質の一般式を A 群から，また関係の深いことがらを B 群から選べ。

- (1) 脂肪酸
- (2) アルコール
- (3) アルデヒド
- (4) エーテル
- (5) エステル
- (6) ケトン

〔A群〕ア R^1-O-R^2　イ R^1-COOH　ウ R^1-OH
　　　エ R^1-CHO　オ $R^1-COO-R^2$
　　　カ R^1-CO-R^2（R^1とR^2は炭化水素基）

〔B群〕(a) アルコール2分子間の脱水反応によって生じる。
　　　(b) 還元作用があり，アンモニア性硝酸銀水溶液を還元する。
　　　(c) アルデヒドの酸化によって生じる。
　　　(d) 酸とアルコールの縮合反応によって生じる。
　　　(e) 中性であり，金属ナトリウムと反応して水素を発生する。
　　　(f) 第二級アルコールの酸化によって生じる。

245 ◆差がつく　次の文中のエステル A～D の構造式を書け。

　分子式 $C_4H_8O_2$ で表されるエステル A，B，C および D がある。A，B，C および D にそれぞれ水酸化ナトリウム水溶液を加えて加熱し，反応液を酸性にすると，A からは化合物 E と F，B からは化合物 E と G，C からは化合物 H と I，D からは化合物 J と K が得られた。化合物 E，H および J はともに酸性の化合物で，E は銀鏡反応を示した。化合物 F，G，I および K はともに中性の化合物で，F と K はヨードホルム反応を示したが，G と I は示さなかった。

246 ◆差がつく　次の文を読み，下の問いに答えよ。

　分子式 $C_3H_6O_2$ で表される化合物 A，B および C がある。A は，刺激臭をもつ化合物で，水によく溶け，水溶液は酸性を示す。B および C は水に溶けにくい化合物であるが，水酸化ナトリウム水溶液を加えて加熱すると，B からは化合物 D の塩と E，C からは化合物 F の塩と G が得られた。E はヨードホルム反応を示したが，G は示さなかった。

- (1) 化合物 A，B および C の構造式を書け。
- (2) 化合物 D～G のうち，銀鏡反応を示す化合物はどれか。記号で答えよ。

38 油脂とセッケン

テストに出る重要ポイント

● 油 脂
① **油脂**…高級脂肪酸とグリセリンのエステル。R^1, R^2, R^3の種類・割合により，油脂の種類と性質が決まる。

$R^1-COO-CH_2$
$R^2-COO-CH$
$R^3-COO-CH_2$
油脂の構造

② **分類**…脂肪 ➡ 固体で，飽和脂肪酸を多く含む。
　　　　　　　　　　　牛脂，豚脂
　　　　　脂肪油 ➡ 液体で，不飽和脂肪酸を多く含む。
　　　　　　　　　　　ごま油，オリーブ油

③ **けん化**…油脂を NaOH などで加水分解すると，高級脂肪酸の塩とグリセリンを生じる。
　　　　　　　　　　　　　　　　　　　セッケン

④ **硬化油**…不飽和結合の多い油脂に，Ni 触媒で水素を付加すると，油脂の融点が高くなって常温で固体となる。これを硬化油という。
　　　　　　　　　　　　　　　　　　　　　　　　　　　　マーガリンの原料

● セッケンと合成洗剤
① **セッケン**…高級脂肪酸のナトリウム塩 $RCOO-Na$。油脂を NaOH でけん化してつくる。疎水性（親油性）の炭化水素基の部分と親水性の原子団部分（$-COONa$）からなる。

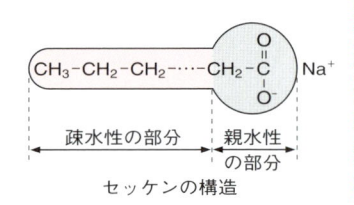

$CH_3-CH_2-CH_2-\cdots-CH_2-C\begin{smallmatrix}O^-\\||\\O\end{smallmatrix}$ Na^+
　　　疎水性の部分　　　親水性の部分
セッケンの構造

② **セッケンの洗浄作用**…セッケン分子の疎水性の部分を油滴側に向けて油滴を取り囲み，水中に分散させる（乳化作用）。これにより油汚れが落ちる。

③ **セッケンの欠点**… a　水溶液は弱塩基性で，動物繊維を傷める。
　　　　　　　　　　　　　　　　　　　　　　　　タンパク質からなる。
　　　　　　　　　　　b　Mg^{2+} や Ca^{2+} と沈殿をつくるので，硬水での使用ができない。

④ **合成洗剤**… a　硫酸水素アルキルの Na 塩 $R-O-SO_3Na$ など
　　　　　　　b　水溶液はほぼ中性で，Mg^{2+} や Ca^{2+} と沈殿をつくらない。
　　　　　　　　　　動物性繊維の洗濯可。　　　　　　硬水で使用できる。

基本問題　　　　　　　　　　　　　　　　　　　　　　　解答 ➡ 別冊 *p.59*

247 油 脂　◀テスト必出

次の文中の（　）内に適する語句を記入せよ。
　炭素数の多い脂肪酸である（ ア ）と，（ イ ）価アルコールであるグリセリンの（ ウ ）を油脂という。二重結合を多く含む（ エ ）からなる油脂は，常温で（ オ ）体のものが多く，対して飽和脂肪酸からなる油脂は（ カ ）体のものが多い。常温

で(オ)体の油脂を(キ)，(カ)体の油脂を(ク)という。常温で液体の油脂に Ni を触媒として，(ケ)を付加すると固体になる。これを(コ)という。

　油脂を水酸化ナトリウム水溶液と加熱すると，(ア)のナトリウム塩とグリセリンになる。この反応を(サ)といい，油脂 1 mol を完全に(サ)するのに水酸化ナトリウム(シ)mol を必要とする。

248 油脂の示性式とけん化

グリセリンとステアリン酸 $C_{17}H_{35}COOH$ のみからなる油脂の示性式を書け。また，この油脂が水酸化ナトリウム水溶液でけん化されるときの化学反応式を書け。ただし，油脂は示性式で示せ。

249 油脂の水素の付加

グリセリンとリノレン酸 $C_{17}H_{29}COOH$ のみからなる油脂がある。
- (1) リノレン酸の分子中には，炭素原子間の二重結合が何個含まれるか。
- (2) この油脂 1 mol に，標準状態の水素は何 L 付加するか。

250 けん化　テスト必出

次の(1)，(2)の問いに答えよ。（式量；KOH ＝ 56.0）
- (1) 分子量 890 の油脂 1.00 g をけん化するのに必要な KOH は，何 mg か。
- (2) ある油脂 8.00 g をけん化するのに，KOH を 1.53 g 必要とした。この油脂の分子量はいくらか。

251 セッケン　テスト必出

次の文中の( )内に適する語句を記入せよ。

セッケンは，(ア)のナトリウム塩で，(イ)性の炭化水素基の部分と(ウ)性の原子団の部分からできている。セッケンの洗浄作用は，この構造に起因している。その水溶液は，(エ)性を示すため，動物性繊維の洗濯には適さない。また，セッケンは Mg^{2+} や Ca^{2+} と沈殿をつくるため，(オ)水での使用はできない。

252 セッケンと合成洗剤

次の文について，セッケンの性質には A，合成洗剤の性質には B，両者に共通な性質には C を，それぞれ記せ。
- (1) 水溶液は中性。
- (2) 水溶液は塩基性。
- (3) 洗浄作用がある。
- (4) 硬水中で沈殿が生じる。
- (5) 疎水性の基と親水性の基をもっている。

応用問題

253 油脂 A について，次の問いに答えよ。(有効数字 2 桁)

(1) 油脂 A 1.4 g に 0.50 mol/L の水酸化カリウム水溶液 30.0 mL を加え，完全にけん化を行ったのち，未反応の水酸化カリウムを中和するのに 0.50 mol/L の塩酸 20.0 mL を要した。この油脂の分子量はいくらか。

(2) 油脂 A 100 g と水酸化ナトリウム (純度 95%) からセッケンをつくるには，この水酸化ナトリウムが何 g 必要か。(式量；NaOH = 40.0)

254 ◆差がつく 次の文を読み，下の問いに答えよ。

直鎖の脂肪酸であるステアリン酸 $C_{17}H_{35}COOH$，オレイン酸 $C_{17}H_{33}COOH$，リノール酸 $C_{17}H_{31}COOH$ の混合物とグリセリンから油脂を合成した。得られた油脂を分離・精製し，複数の純粋な油脂を得た。それらの油脂の中で，油脂 A は，ステアリン酸のみを構成脂肪酸としていた。また，油脂 B 0.10 mol には，標準状態で 11.2 L の水素が付加した。

(1) ステアリン酸，オレイン酸，リノール酸には，分子中に炭素原子間の二重結合が何個あるか。それぞれ答えよ。

(2) 油脂 A の分子式を書け。

(3) 油脂 B 中には分子中に炭素原子間の二重結合が何個あるか。

(4) 油脂 B として可能な構造異性体の数を答えよ。また，そのなかで不斉炭素原子をもつ異性体の構造式を右の例にしたがって書け。

〔例〕
$$\begin{array}{l} C_{17}H_{35}-COO-CH_2 \\ \quad\quad\quad\quad\quad\quad\quad\quad | \\ C_{17}H_{35}-COO-CH \\ \quad\quad\quad\quad\quad\quad\quad\quad | \\ C_{17}H_{35}-COO-CH_2 \end{array}$$

255 次の文中の ( ) 内に適当な語句を入れよ。

セッケンは (ア) 酸の (イ) 塩で，水溶液は (ウ) 性を示す。このため動物性繊維の洗浄には適さない。油で汚れた衣類をセッケンの水溶液中につけてかき回すと，油側にセッケン分子中の (エ) 性の部分を向け，(オ) 性の部分は周囲の水と結合し，油を微粒子として水中に (カ) させるため，衣類はきれいになる。この現象を (キ) といい，その液体を (ク) 液という。

また，セッケンは (ケ) を多く含む (コ) 水と (サ) 性の塩をつくる。(シ) は分子中に (エ) 性の部分と (オ) 性の部分をもち，セッケンと同様に水の (ス) を下げるはたらきがあり，(ケ) との塩が水に (セ) 性なので，(コ) 水中でも使用できる。ただし，(シ) は (ソ) による分解が容易でないものもあるため，環境汚染が心配されている。

39 芳香族炭化水素

★テストに出る重要ポイント

- **芳香族炭化水素**…**ベンゼン環**をもつ。水に不溶。有機溶媒に可溶。

  例）ベンゼン、トルエン、o-キシレン、ナフタレン

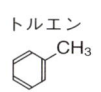

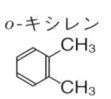

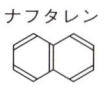

  ① **ベンゼン C_6H_6**
    構造；正六角形で，**すべての原子が同一平面上**にある。
    芳香のある無色の液体。有機溶媒。多くのすすを出して燃える。

  ② **ベンゼンの反応**…付加反応よりも**置換反応を起こしやすい**。a～c は置換反応，d は付加反応。

    a 塩素化（ハロゲン化）　$C_6H_6 + Cl_2 \longrightarrow C_6H_5Cl + HCl$（Fe 触媒）
    　　　　　　　　　　　　　　　　　　　└クロロベンゼン
    b ニトロ化　　$C_6H_6 + HNO_3 \longrightarrow C_6H_5NO_2 + H_2O$（濃硝酸と濃硫酸）
    　　　　　　　　　　　　　　　　└ニトロベンゼン
    c スルホン化　$C_6H_6 + H_2SO_4 \longrightarrow C_6H_5SO_3H + H_2O$
    　　　　　　　　　　　　　　　　└ベンゼンスルホン酸
    d 付加反応　　$C_6H_6 + 3Cl_2 \longrightarrow C_6H_6Cl_6$（紫外線照射下）
    　　　　　　　　　　　　　　　　　　└ヘキサクロロシクロヘキサン

  ③ **芳香族炭化水素の酸化**…ベンゼン環は酸化されにくいが，**側鎖が酸化**され，炭素数にかかわらず－COOH 基になる。

    （図：o-エチルメチルベンゼン → フタル酸）
    　└ $-CH_2CH_3 \rightarrow -COOH$
    　└ $-CH_3 \rightarrow -COOH$

- **異性体**…ベンゼンの二置換体には，3 種類の異性体がある。
  2つの置換基が右図の位置にあるとき，左からオルト，メタ，パラという接頭語をつけてよぶ。

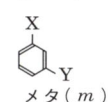

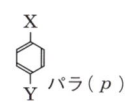

  オルト(o)　メタ(m)　パラ(p)

基本問題　　　　　　　　　　　　　解答 ➡ 別冊 p.61

256 ベンゼン

ベンゼンに関する記述として誤りを含むものを，次の①～⑤から1つ選べ。
① 炭素原子間の結合の長さは，すべて等しい。
② すべての原子は，同一平面上にある。
③ 揮発性であり，引火しやすい。
④ 付加反応よりも置換反応を起こしやすい。
⑤ 過マンガン酸カリウムの硫酸酸性溶液によって，容易に酸化される。

257 ベンゼンの反応 ◁テスト必出

次の文中の( )内には適する語句，[ ]内には化学式を記入せよ。

ベンゼンはエチレンと異なり，臭素水を加えても(ア)反応は起こしにくく，むしろベンゼンの水素原子が他の原子や原子団に置き換わる(イ)反応を起こしやすい。鉄を触媒として，ベンゼンに臭素を作用させると，(ウ)が生成する。

$$C_6H_6 + Br_2 \longrightarrow [\text{エ}] + HBr$$

ベンゼンに濃硝酸と濃硫酸の混酸を作用させると，(オ)を生じる。

$$C_6H_6 + HNO_3 \longrightarrow [\text{カ}] + H_2O$$

また，ベンゼンに濃硫酸を作用させると，(キ)を生じる。

$$C_6H_6 + H_2SO_4 \longrightarrow [\text{ク}] + H_2O$$

一方，条件によっては(ア)反応も起こす。たとえば，ベンゼンに紫外線を照射しながら塩素を作用させると，(ケ)を生成する。

$$C_6H_6 + 3Cl_2 \longrightarrow [\text{コ}]$$

258 芳香族炭化水素の酸化

次の①～⑤の化合物を酸化すると安息香酸 C_6H_5COOH を生じるものをすべて選べ。

① ベンゼン　② トルエン　③ スチレン　④ o-キシレン　⑤ エチルベンゼン

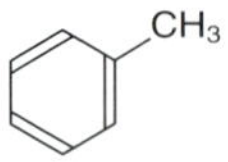

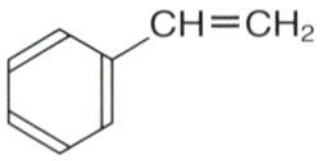

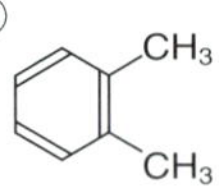

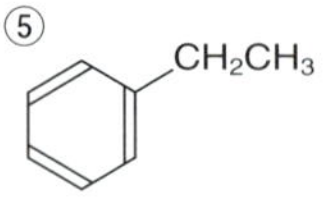

259 異性体 ◁テスト必出

次の(1)と(2)の化合物には，それぞれ何種類の異性体があるか。

- (1) ベンゼンの2個の水素原子を塩素原子で置換した化合物。
- (2) 分子式 C_8H_{10} で表される芳香族炭化水素。

応用問題　　　　　　　　　　　　　　　解答 ➡ 別冊 p.61

260 次の反応①～⑤は，付加反応(付加重合も含む)と置換反応のいずれか。

- ① アセチレン ⟶ ベンゼン
- ② ベンゼン ⟶ ブロモベンゼン
- ③ ベンゼン ⟶ ヘキサクロロシクロヘキサン
- ④ ベンゼン ⟶ ニトロベンゼン
- ⑤ ベンゼン ⟶ ベンゼンスルホン酸

39. 芳香族炭化水素

261 ベンゼンとシクロヘキサンについて，次の①〜④が，ベンゼンとシクロヘキサンの両方にあてはまるときは A，ベンゼンだけにあてはまるときは B，シクロヘキサンだけにあてはまるときは C を記せ。
（原子量；H = 1.0，C = 12.0，O = 16.0）
- ① 塩素と室温・暗所では反応しないが，光の照射下では反応する。
- ② 分子内の原子はすべて同一平面上にある。
- ③ 濃硫酸と濃硝酸からなる混酸を作用させるとニトロ化合物が生じる。
- ④ 10.0 g を完全燃焼するには，理論的に標準状態で 22.4 L の酸素量で不十分である。

262 ◀差がつく▶ 次の(1)〜(3)の問いに答えよ。
- (1) トルエンの水素原子の 1 つを臭素原子で置換した化合物には，いくつの異性体があるか。
- (2) 分子式が $C_6H_3Br_3$ で，ベンゼン環を 1 つもつ芳香族化合物には，いくつの異性体があるか。
- (3) ナフタレンの水素原子の 1 つを臭素原子で置換した化合物には，いくつの異性体があるか。ただし，ナフタレンは ◯◯ の構造式をもつ。

263 ◀差がつく▶ 次の文を読み，A，B，C，D および E の構造式を書け。ただし，D と E は，互いに区別する必要はない。

　化合物 A，B は共に，分子式 C_8H_{10} の芳香族炭化水素である。濃硫酸と濃硝酸との混合物を作用させると，それぞれ 1 mol あたり 1 mol の硝酸を消費して，A は単一の生成物 C を与えるのに対して，B は 2 種類の化合物 D，E の混合物を与える。

264 ベンゼン環にアルキル基が直接結合した化合物を酸化すると，芳香族カルボン酸が得られる。

　いま，ベンゼン環を含む構造未知の化合物 A を酸化したところ，カルボン酸 B が得られた。カルボン酸 B の 1.00 g を中和するのに，1.00 mol/L の水酸化ナトリウム水溶液が 12.0 mL 必要であった。化合物 A の構造式として適当なものを，次の①〜④から 1 つ選べ。（原子量；H = 1.0，C = 12.0，O = 16.0）

40 フェノールと芳香族カルボン酸

★テストに出る重要ポイント

● **フェノール類**
① 構造…ベンゼン環に-OH基が結合した化合物。例
② 性質… **a 弱酸**で、NaOH水溶液に塩をつくって溶ける。
　b $FeCl_3$水溶液で**青紫～赤紫色に呈色**。
　c 無水酢酸とエステルをつくる。
③ フェノールの製法
　a クメン法…ベンゼンとプロペンからフェノールをつくる。

　b ベンゼンスルホン酸のアルカリ融解　**c** クロロベンゼンの加水分解
　　　　　　　　　　　　　　　　　　←現在これらの方法は行われていない。→

● **芳香族カルボン酸**…ベンゼン環に-COOH基が結合。
① **安息香酸** C_6H_5COOH … $NaHCO_3$水溶液に溶ける。
② **フタル酸** o-$C_6H_4(COOH)_2$…急激な加熱で**無水フタル酸**になる。
③ **サリチル酸** o-$C_6H_4(OH)COOH$

　〔製法〕ナトリウムフェノキシドに加圧下でCO_2を作用させる。

　〔性質〕メタノールと反応して**サリチル酸メチル**、無水酢酸と反応して**アセチルサリチル酸**の2種類のエステルをつくる。

アセチルサリチル酸（解熱剤）　サリチル酸　サリチル酸メチル（消炎剤）

● **酸の強弱**…HCl > R-COOH > CO_2+H_2O > フェノール類

　弱酸の塩 →　強い酸　　　　　弱酸 →　強い酸の塩
　ONa +CO_2+H_2O → OH +$NaHCO_3$

基本問題　　　　　　　　　　　　　　　解答 → 別冊 p.63

265 フェノール　◀テスト必出

次ページの①～⑤の文のうち誤っているものをすべて選べ。

① 塩化鉄(Ⅲ)水溶液を加えると青紫～赤紫色を示す。
② －OH 基があるので塩基性を示す。
③ 水酸化ナトリウム水溶液を加えると塩を生じる。
④ 炭酸水素ナトリウム水溶液にフェノールを加えると二酸化炭素を発生する。
⑤ ナトリウムフェノキシド水溶液に二酸化炭素を吹き込むと生成する。

266 塩化鉄(Ⅲ)による呈色

次の①～⑤の化合物のうち，$FeCl_3$ 水溶液で呈色しないものを選べ。

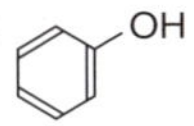

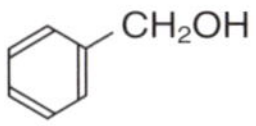

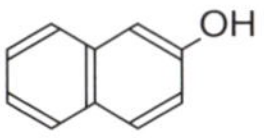

267 サリチル酸の反応

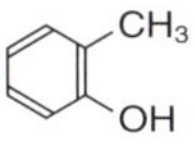

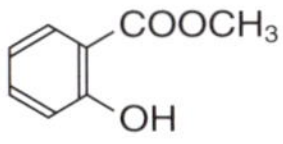

サリチル酸を無水酢酸と加熱して得られる化合物 A と，サリチル酸にメタノールと濃硫酸を加えて加熱すると得られる化合物 B を，次の①～⑤から選べ。

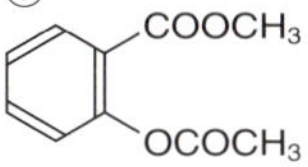

268 酸の強弱 ◀テスト必出

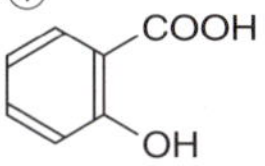

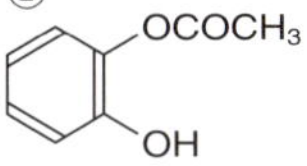

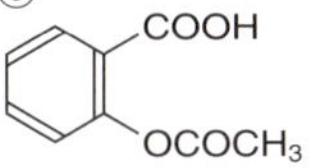

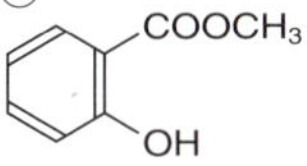

酢酸は炭酸水素ナトリウムと反応して，二酸化炭素を発生する。また，ナトリウムフェノキシドの水溶液に二酸化炭素を通じると，フェノールを生じる。酢酸，フェノール，炭酸(二酸化炭素の水溶液)について，酸の強さの順序を不等号で正しく示したものを次の①～⑥のうちから 1 つ選べ。

① 酢酸＞炭酸＞フェノール　　② 酢酸＞フェノール＞炭酸
③ フェノール＞酢酸＞炭酸　　④ フェノール＞炭酸＞酢酸
⑤ 炭酸＞酢酸＞フェノール　　⑥ 炭酸＞フェノール＞酢酸

269 フェノールとエタノール ◀テスト必出

次の事項について，エタノールに関係するものは A，フェノールに関係するものは B，両方に共通するものは C に分けよ。

- ① 水によく溶ける。
- ② 水酸化ナトリウムと反応して塩を生じる。
- ③ ナトリウムと反応して水素を発生する。
- ④ 水溶液は中性である。
- ⑤ 塩化鉄(Ⅲ)水溶液で青紫色になる。
- ⑥ 水溶液は酸性である。
- ⑦ エステルをつくる。

応用問題

270 ベンゼンの水素原子1個を，−CH₃，−NO₂，−COOH，−OH，−SO₃H で置換した化合物 A，B，C，D および E に，最も関係のある記述を次の①〜⑤から選べ。

① 塩化鉄(Ⅲ)水溶液により青紫色に呈色する。
② 水溶液は弱酸性で，炭酸水素ナトリウム水溶液と反応して二酸化炭素を発生する。
③ 淡黄色・油状の液体で，水に不溶である。
④ 水に可溶で強酸性を示す。
⑤ ベンゼンに似た性質を示し，水に不溶である。

271 ◀差がつく 分子式 C_7H_8O で表される芳香族化合物において，次の(1)〜(3)に該当するものの構造式を書け。

(1) 塩化鉄(Ⅲ)水溶液を加えると，紫色に呈色する。(3種類)
(2) Na を加えると，水素が発生し，塩化鉄(Ⅲ)水溶液で呈色しない。(1種類)
(3) Na を加えても，水素を発生しない。(1種類)

272 ◀差がつく 反応 A〜C は，いずれもフェノールの合成法である。(1)〜(8)にあてはまる最も適当な反応操作を，下の①〜⑧から1つずつ選べ。

A ベンゼン →(1)→ クロロベンゼン →(2)→ ナトリウムフェノキシド →(3)→ フェノール + NaHCO₃

B ベンゼン →(4)→ ベンゼンスルホン酸 →(5)→ ナトリウムフェノキシド →(3)→ フェノール + NaHCO₃

C ベンゼン →(6)→ クメン →(7)→ クメンヒドロペルオキシド →(8)→ フェノール + CH₃COCH₃

① 希硫酸を作用させる。　② 鉄粉を触媒として，塩素を通す。
③ 触媒を用いて，酸素と反応させる。　④ 水に溶かして，二酸化炭素を通す。
⑤ 触媒を用いて，プロペン(プロピレン)と反応させる。
⑥ 濃硫酸を加えて加熱する。
⑦ 水酸化ナトリウムで，アルカリ融解する。
⑧ 水酸化ナトリウム水溶液を加え，加圧下で加熱する。

41 ニトロ化合物と芳香族アミン

テストに出る重要ポイント

- **ニトロ化合物**…ニトロ基 $-NO_2$ をもつ化合物。
  ① ニトロベンゼン $C_6H_5NO_2$
    〔製法〕ベンゼンに濃硫酸と濃硝酸を作用させてつくる。 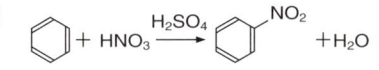

    ベンゼン $+ HNO_3 \xrightarrow{H_2SO_4}$ ニトロベンゼン $+ H_2O$

    〔性質〕特有のにおいの淡黄色液体。中性で水に難溶。有毒。

- **芳香族アミンとアゾ化合物**
  ① アミン…NH_3 分子の H 原子を炭化水素基で置換した化合物。
  ② アニリン $C_6H_5NH_2$ 〔構造〕NH_3 の H 原子をフェニル基で置換した化合物。
    〔製法〕ニトロベンゼンを還元する。 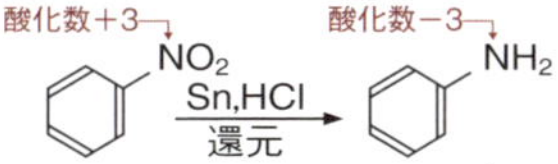

    ニトロベンゼン (酸化数+3) $\xrightarrow[\text{還元}]{Sn, HCl}$ アニリン (酸化数-3)

    〔性質〕(ⅰ) **弱塩基**で，塩酸と塩をつくって溶ける。 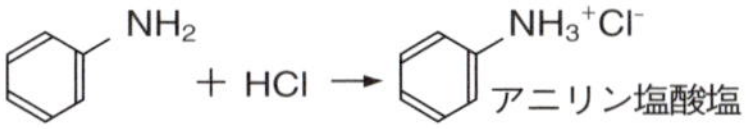

    $C_6H_5NH_2 + HCl \longrightarrow C_6H_5NH_3^+Cl^-$ アニリン塩酸塩

    (ⅱ) 酸化されやすい ➡ さらし粉で**赤紫色に呈色**。また，硫酸酸性の二クロム酸カリウム水溶液で黒色の染料である**アニリンブラック**ができる。

    (ⅲ) 無水酢酸と反応して**アセトアニリド**（アミド）になる。

    $C_6H_5NH_2 + (CH_3CO)_2O \xrightarrow{\text{アセチル化}} C_6H_5NHCOCH_3 + CH_3COOH$

    （アミド結合 $-NHCO-$ をもつ化合物。アセトアニリド）

  ③ **アゾ化合物**（$-N=N-$ 基をもつ化合物）…黄～赤色の染料として使用。 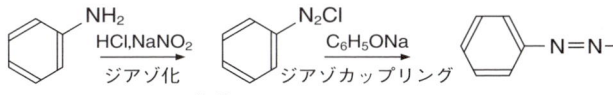

  アニリン $\xrightarrow[\text{ジアゾ化}]{HCl, NaNO_2}$ 塩化ベンゼンジアゾニウム $\xrightarrow[\text{ジアゾカップリング}]{C_6H_5ONa}$ p-ヒドロキシアゾベンゼン

基本問題

解答 ➡ 別冊 p.64

273 アニリンとその誘導体 ◀テスト必出

次の文中の（ ）内に適する語句，〔 〕内には化学式を記入せよ。

ニトロベンゼンをスズと塩酸で（ ア ）すると，特異臭のある油状の（ イ ）ができる。（ イ ）は水には少ししか溶けないが，希塩酸にはよく溶ける。この理由は分子内の（ ウ ）基が塩基性であるため，（ エ ）塩とよばれる塩をつくるためである。

〔 オ 〕 + HCl ⟶ 〔 カ 〕　※〔 オ 〕は，（ イ ）の化学式

例題研究 22. 次の図は，ベンゼンからアゾ化合物を合成する反応の系統を表したものである。これについて，あとの問いに答えよ。

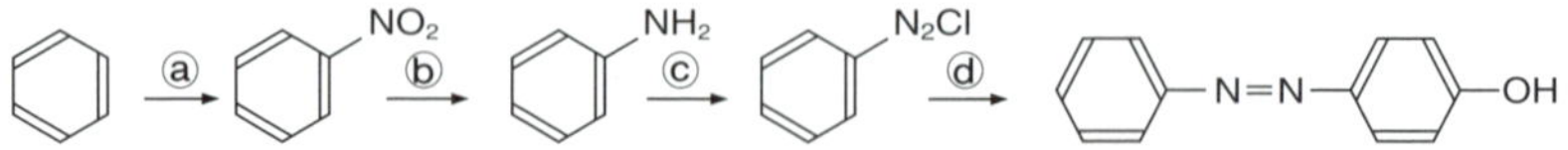

ベンゼン →ⓐ→ ニトロベンゼン(NO₂) →ⓑ→ アニリン(NH₂) →ⓒ→ 塩化ベンゼンジアゾニウム(N₂Cl) →ⓓ→ C₆H₅-N=N-C₆H₄-OH

(1) ⓐ～ⓓにおいて，それぞれ何を作用させればよいか。次のア～クから適当な物質を2つずつ選び，記号で答えよ(同じものを選んでもよい)。
　ア　水酸化ナトリウム　　イ　亜硝酸ナトリウム　　ウ　濃硫酸
　エ　塩酸　　オ　フェノール　　カ　濃硝酸　　キ　スズ　　ク　ニッケル

(2) ⓐ～ⓓの反応は，それぞれ何とよばれるか。

(3) 分解しやすく，氷冷が必要な物質を上の図中から選び，その名称を答えよ。

着眼 ①ベンゼンの置換基の変化に注目する。
②濃硫酸や水酸化ナトリウムなど，反応に補助的な試薬も忘れないこと。

解き方 (1)(2) ⓐは，ニトロ化で，濃硝酸と濃硫酸の混合物を用いる。
ⓑは還元。スズと塩酸を加えて，ニトロベンゼンを還元する。
ⓒはジアゾ化。ジアゾ化は，アニリンを塩酸に溶かし，アニリン塩酸塩とし，これに亜硝酸ナトリウムを作用させて行う。
ⓓはジアゾカップリング。ジアゾカップリングは，塩化ベンゼンジアゾニウムの水溶液にフェノールの水酸化ナトリウム水溶液を作用させて行う。

(3) 塩化ベンゼンジアゾニウムは，不安定な物質で，ⓒとⓓの操作は，氷冷しながら，塩化ベンゼンジアゾニウムを単離せず連続して行う。塩化ベンゼンジアゾニウムは，室温では窒素とフェノールに分解する。

答 (1) ⓐウ，カ　　ⓑエ，キ　　ⓒイ，エ　　ⓓア，オ
(2) ⓐニトロ化　　ⓑ還元　　ⓒジアゾ化　　ⓓジアゾカップリング
(3) 塩化ベンゼンジアゾニウム

□ **274** ジアゾ化とアゾ化合物 ◀テスト必出

次の化学反応式は，アゾ化合物を合成する経路を示したものである。[　]内に入る物質の化学式と名称を記せ。

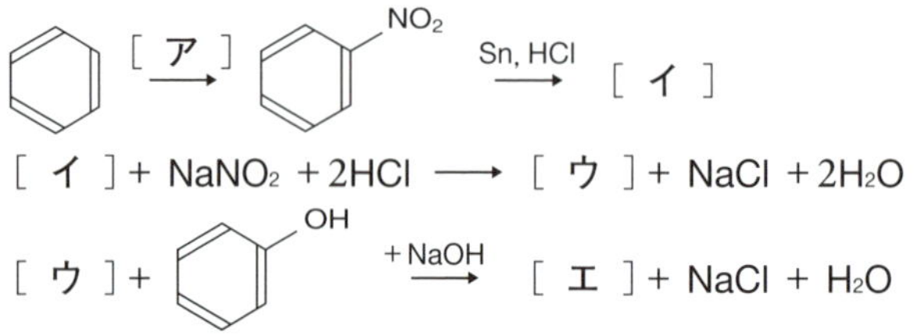

ベンゼン →[ア]→ ニトロベンゼン(NO₂) →(Sn, HCl)→ [イ]

[イ] + NaNO₂ + 2HCl ⟶ [ウ] + NaCl + 2H₂O

[ウ] + C₆H₅OH →(+NaOH)→ [エ] + NaCl + H₂O

275 ジアゾ化とジアゾカップリング

アニリンとフェノールから，次の①〜④の順序でアゾ化合物を合成した。①〜④を正しい順序に並べかえよ。また，ジアゾ化とジアゾカップリングは，②〜④のどの段階で起こっているか。

① 溶液Aに溶液Bを加えると，橙赤色の沈殿が生じたので，この沈殿を吸引ろ過で集めた。
② 三角フラスコにアニリンを入れ，希塩酸を入れて溶かし，氷水で冷却した。
③ この溶液に，亜硝酸ナトリウム水溶液を，温度が上がらないように少量ずつ加えて溶液Aをつくった。
④ ビーカーにフェノールを入れ，水酸化ナトリウム水溶液を加えて溶かし，冷却して溶液Bをつくった。

応用問題

276
次のアニリンに関する①〜⑥の記述で誤っているものをすべて選べ。

① アニリンの塩酸塩は硝酸と反応して，塩化ベンゼンジアゾニウムを生じる。
② アニリンに無水酢酸を作用させると，アセトアニリドを生じる。
③ 二クロム酸カリウムと濃硫酸でアニリンを酸化すると，黒色沈殿を生じる。
④ アニリンに塩化鉄(Ⅲ)水溶液を加えると青紫色になる。
⑤ アニリン塩酸塩を含む水溶液に水酸化ナトリウム水溶液を加えると，アニリンが遊離する。
⑥ アニリンにさらし粉水溶液を作用させると，赤紫色になる。

277 差がつく
ベンゼンを原料にして，濃硫酸と濃硝酸の混合物と反応させたのち，スズと塩酸によってアニリンをつくることができる。

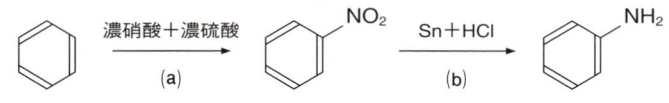

ベンゼン —濃硝酸+濃硫酸(a)→ ニトロベンゼン(NO_2) —Sn+HCl(b)→ アニリン(NH_2)

この反応について，下の問いに答えよ。（原子量；$H=1.0$，$C=12$，$N=14$，$O=16$）

(1) ベンゼンが，完全に上の(a)・(b)の化学反応をすれば，ベンゼン$1.0\,\mathrm{kg}$から合成されるアニリンは何kgか。

(2) もし，(b)の反応において，ニトロベンゼンの80%がアニリンに変化するとすれば，アニリン$1.0\,\mathrm{kg}$を得るためには，ニトロベンゼンは何kg必要か。

42 有機化合物の分離

テストに出る重要ポイント

○ **酸・塩基による抽出**

酸性物質	塩基性物質	中性物質
フェノール, 安息香酸, サリチル酸 (OH, COOH, COOH/OH)	アニリン (NH₂)	トルエン, ニトロベンゼン (CH₃, NO₂)
NaOH水溶液を加えると, 塩をつくって溶ける。	希塩酸を加えると, 塩をつくって溶ける。	NaOH水溶液・希塩酸どちらにも溶けない。

$$\text{C}_6\text{H}_5\text{OH （またはC}_6\text{H}_5\text{COOH）} \xrightarrow{\text{NaOH}} \text{C}_6\text{H}_5\text{ONa （またはC}_6\text{H}_5\text{COONa）}$$
エーテル溶液 → 水層に溶け出す

$$\text{C}_6\text{H}_5\text{NH}_2 \xrightarrow{\text{HCl}} \text{C}_6\text{H}_5\text{NH}_3\text{Cl}$$
エーテル溶液 → 水層に溶け出す

○ **炭酸水素ナトリウム水溶液による抽出**…フェノールのエーテル溶液に炭酸水素ナトリウム水溶液を加えても変化はないが（←炭酸より弱い酸）, 安息香酸のエーテル溶液に炭酸水素ナトリウム水溶液を加えると, 安息香酸の塩が生成し, 水層に抽出される。（←炭酸より強い酸）

$$\text{C}_6\text{H}_5\text{OH} + \text{NaHCO}_3 \longrightarrow \text{変化なし}$$

$$\text{C}_6\text{H}_5\text{COOH} + \text{NaHCO}_3 \longrightarrow \text{C}_6\text{H}_5\text{COONa} + \text{CO}_2 + \text{H}_2\text{O}$$

「強い酸」 + 「弱酸の塩」 ⟶ 「強い酸の塩」 + 「弱酸」

基本問題

解答 ➡ 別冊 p.65

278 有機化合物の抽出

次の①〜⑨のエーテル溶液がある。これらのなかで(1)〜(4)に該当するものを記号で答えよ。ただし, ①〜⑨の番号を何回使ってもよい。

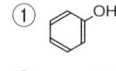

① フェノール (OH)　② サリチル酸アセチル (COOH/OCOCH₃)　③ サリチル酸 (COOH/OH)　④ サリチル酸メチル (COOCH₃/OH)　⑤ o-クレゾール (CH₃/OH)
⑥ トルエン (CH₃)　⑦ ニトロベンゼン (NO₂)　⑧ アニリン (NH₂)　⑨ 安息香酸 (COOH)

☐ (1) うすい水酸化ナトリウム水溶液を加え混ぜると, 水層に抽出されるもの。
☐ (2) うすい炭酸水素ナトリウム水溶液を加え混ぜると, 水層に抽出されるもの。
☐ (3) うすい塩酸を加え振り混ぜると, 水層に抽出されるもの。
☐ (4) 水酸化ナトリウム水溶液にも, うすい塩酸にも抽出されないもの。

279 有機化合物の分離 ◀テスト必出

ベンゼン，アニリン，フェノール，安息香酸のエーテル溶液がある。これら4種類の化合物を分離するために，右図の操作を行った。(1), (2)に答えよ。

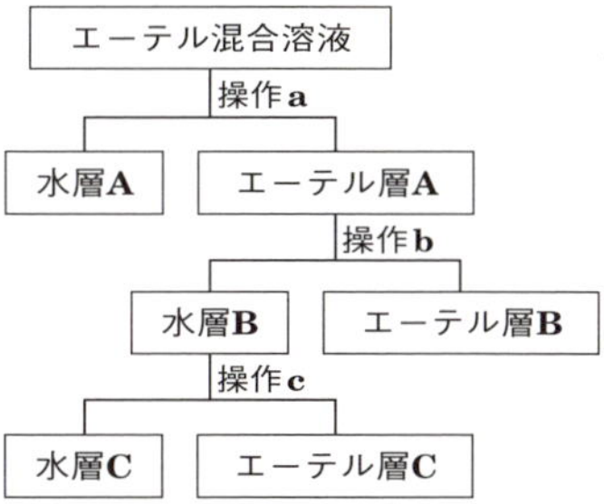

```
エーテル混合溶液
      │ 操作a
   ┌──┴──┐
  水層A  エーテル層A
           │ 操作b
        ┌──┴──┐
       水層B  エーテル層B
                │ 操作c
             ┌──┴──┐
            水層C  エーテル層C
```

(1) 操作a～cに該当するものを次の①～④から選び，番号で答えよ。
① 二酸化炭素を十分に吹き込み，振り混ぜる。
② 二酸化炭素を十分に吹き込んでからエーテルを加え，振り混ぜる。
③ 水酸化ナトリウム水溶液を十分に加え，振り混ぜる。
④ 希塩酸を十分に加え，振り混ぜる。

(2) 水層A，Cおよびエーテル層B，Cに含まれる化合物の構造式を書け。

応用問題 ·········· 解答 ➡ 別冊 p.66

280 ◀差がつく
次の(a)～(d)に示した，芳香族化合物の混合物がある。下の(1), (2)の操作によって互いを分離できるものを，(a)～(d)のうちからすべて選べ。

(a) ベンゼンとニトロベンゼン　　(b) ニトロベンゼンとアニリン
(c) アニリンとアセトアニリド　　(d) 安息香酸と安息香酸エチル

(1) 十分な量の希塩酸とジエチルエーテルを加えて抽出操作を行う。
(2) 十分な量の炭酸水素ナトリウムの飽和水溶液とジエチルエーテルを加えて抽出操作を行う。

281
アセチルサリチル酸，アセトアニリド，アニリン，サリチル酸メチルを含むエーテル溶液がある。これらの化合物を分離するために，次の操作①～④を行った。①～④の各段階で抽出分離された化合物A～Dの構造式を書け。

① うすい炭酸水素ナトリウム水溶液を加えて抽出し，水層を中和し，化合物Aを分離した。
② 残りのエーテル層をうすい水酸化ナトリウム水溶液で抽出し，水層を中和し，化合物Bを分離した。
③ A, Bを取り除いたエーテル層をうすい塩酸で抽出し，水層を中和して，化合物Cを分離した。
④ 最後に残ったエーテル層からエーテルを追い出すと，化合物Dが得られた。

43 染料と洗剤

テストに出る重要ポイント

- **染料**
  ① 天然染料
    - **植物染料**…アイ(インジゴ)，アカネ(アリザリン)
      （藍色）　　　　　（紅色）
    - **動物染料**…コチニール(カルミン酸)
      （紅色）
  ② 合成染料…アゾ染料など多数。初めての合成染料はモーブ。
    ▶ 現在はインジゴやアリザリンなども合成することができる。
  ③ 染料の種類…直接染料，酸性・塩基性染料，建染染料，媒染染料など。
    （水に不溶な染料を還元して水溶性に。）　　　　（金属が媒介して染色。）

- **洗剤**
  ① セッケンと合成洗剤

	セッケン	合成洗剤
化学式	R−COONa	R−OSO$_3$Na，R−SO$_3$Na
水溶液	塩基性(絹・羊毛に不適)	ほぼ中性(絹・羊毛に適する)
硬水	沈殿する(硬水に不適)	沈殿しない(硬水に適する)

  ▶ セッケンは高級脂肪酸ナトリウム，合成洗剤は硫酸アルキルナトリウムまたはアルキルベンゼンスルホン酸ナトリウム。

  　　　R−OSO$_3$Na　　　　　R−⟨◯⟩−SO$_3$Na
  　　硫酸アルキルナトリウム　　アルキルベンゼンスルホン酸ナトリウム

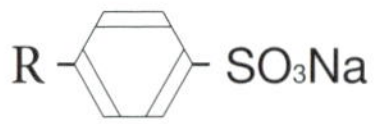

  ② **界面活性剤**…セッケンや合成洗剤のように，疎水性の部分(炭化水素基)と親水性の部分をもつ物質。➡ 洗浄作用を示す。
  ③ **洗浄のしくみ**…界面活性剤には，水の表面張力を小さくして繊維などの内部まで入り込む**浸透作用**，また，繊維などから汚れを引き離し，微粒状(ミセル)にして水溶液中に分散させる**乳化作用**がある。

基本問題　　　　　　　　　　　　　　　　　　　解答 ➡ 別冊 *p.66*

□ **282** 天然染料と合成染料

次のア～オの染料のうち，天然染料をすべて選べ。

　ア　アゾ染料　　　　　イ　アリザリン　　　　　ウ　インジゴ
　エ　カルミン酸　　　　オ　モーブ

283 セッケンと合成洗剤 ◀テスト必出

次の①～⑥の文について，セッケンだけにあてはまるものには A，合成洗剤だけにあてはまるものには B，どちらにもあてはまるものには C を記せ。
- ① 水に溶かすと，加水分解して塩基性を示す。
- ② 分子は疎水性の部分と親水性の部分からなり，界面活性剤である。
- ③ 硬水を用いても沈殿を生じない。
- ④ 絹や羊毛などの動物性繊維の洗濯に適している。
- ⑤ 油脂を原料としてつくる。
- ⑥ 水溶液に塩酸を加えると，白濁する。

応用問題

解答 ⇒ 別冊 *p.67*

284 次の文章の（　）内に適する語句を入れよ。

アイの成分色素である（ ① ）は，水に不溶な物質である。そこで次のようにして染色する。①を塩基性の（ ② ）剤を用いて②すると，水に可溶な構造に変わり，緑色の溶液となる。この溶液で繊維などを染色して空気中にさらすと（ ③ ）されて，もとの水に不溶な構造にもどり，（ ④ ）色に発色する。このような染料を（ ⑤ ）染料という。

📖 **ガイド** 色素を還元して水溶性の構造に変えることを「建てる」という。

285 ◀差がつく セッケンと合成洗剤に関して述べた次のア～オの文のうち，誤っているものはどれか，すべて答えよ。

- ア　セッケンは，油脂を水酸化ナトリウム水溶液でけん化してつくられる，高級脂肪酸のナトリウム塩である。
- イ　セッケン分子中のアルキル基の部分は疎水性であり，カルボキシ基の部分は親水性である。
- ウ　合成洗剤の水溶液は弱塩基性を示すので，絹や羊毛に使用するのは好ましくない。
- エ　セッケンの水溶液に油を入れて振ると，セッケン分子はアルキル基を油に向けて油の小滴をとり囲む。この作用を乳化という。
- オ　硬水中では，合成洗剤は加水分解して脂肪酸を遊離し，洗浄力が低下する。

📖 **ガイド** 硬水中には Mg^{2+} や Ca^{2+} が含まれている。

44 医薬品の化学

- **化学療法薬**……病原体(菌)に直接作用し，死滅させることによって病気を治療する薬。
  ➡ 最初に合成された化学療法薬は**サルバルサン**。
  ① **サルファ剤**…p-スルファニルアミドの誘導体 H$_2$N－◯－SO$_2$NH-R
  を**サルファ剤**という。生体内の細菌の増殖をおさえるはたらきをもつ。 └抗菌作用
  ② **抗生物質**…微生物によって生産される抗菌物質。
  [例] **ペニシリン，ストレプトマイシン**
  　　　　　　　　　　　　└最初の結核治療薬
  ▶アオカビから発見したペニシリンは病原菌のみを攻撃し，人体には影響しない。
  ▶抗生物質を用いると，これに抵抗する菌(**耐性菌**)が出現することがある。

- **対症療法薬**…病気を直接治すのではなく，症状を緩和するはたらきをする薬。
  ① アセチルサリチル酸(アスピリン)…解熱鎮痛剤
  ② サリチル酸メチル…消炎鎮痛剤

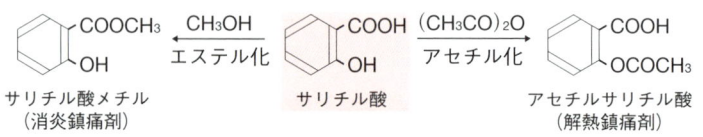

  ◯-COOCH$_3$／OH ←CH$_3$OH エステル化— ◯-COOH／OH —(CH$_3$CO)$_2$O アセチル化→ ◯-COOH／OCOCH$_3$
  サリチル酸メチル　　　　　　　サリチル酸　　　　　　　　アセチルサリチル酸
  (消炎鎮痛剤)　　　　　　　　　　　　　　　　　　　　　　　(解熱鎮痛剤)

  ③ アセトアミノフェン…解熱鎮痛剤 ➡ アセトアニリドから発展。

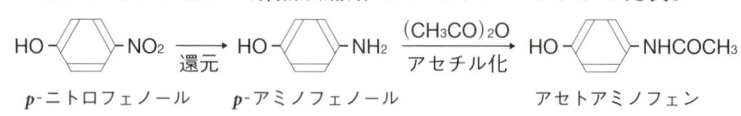

  HO-◯-NO$_2$ —還元→ HO-◯-NH$_2$ —(CH$_3$CO)$_2$O アセチル化→ HO-◯-NHCOCH$_3$
  p-ニトロフェノール　　　p-アミノフェノール　　　　アセトアミノフェン

  ④ ニトログリセリン…狭心症に使用。➡ 血管を一時的に拡張して血流を回復。

- **副作用**…本来の薬理作用ではない，好ましくない作用。医薬品を過剰に摂取したり，複数の医薬品を同時に使用したりすると，副作用が現れやすい。

基本問題

解答 ➡ 別冊 p.67

できたらチェック。

□ **286** 医薬品 〈テスト必出〉

次の A ～ D の文の(　　)内に適する医薬品名を入れよ。

A H_2N- 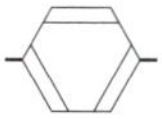 -SO_2NH-R の構造をもつ化学療法薬を(①)という。

B アオカビから発見された抗生物質は(②)である。

C サリチル酸から合成された解熱鎮痛剤を(③)という。

D アニリンから合成された解熱鎮痛剤に(④)があり，これを発展させた解熱鎮痛剤が(⑤)である。

応用問題

解答 ➡ 別冊 p.68

できたらチェック。

287 次の(1)～(3)の反応を化学反応式で表せ。また，生成する物質の名称とその作用を書け。

□ (1) サリチル酸にメタノールと濃硫酸を数滴加えて加熱した。

□ (2) サリチル酸に無水酢酸と濃硫酸を 2 ～ 3 滴加えて湯であたためた。

□ (3) アニリンに無水酢酸を作用させた。

ガイド (1)はエステル化，(2)・(3)はアセチル化である。

288 〈差がつく〉 次の①～⑥の物質の組み合わせにあてはまるものを，あとのア～カからすべて選べ。

□ ① アセチルサリチル酸とサリチル酸メチル

□ ② ペニシリンとサルファ剤

□ ③ アセトアニリドとアセトアミノフェン

□ ④ アセチルサリチル酸とニトログリセリン

□ ⑤ *p*-アミノフェノールとサルファ剤

□ ⑥ サリチル酸メチルとアセトアミノフェン

ア 化学療法薬　　イ 対症療法薬　　ウ フェノール類

エ アミン類　　オ エステル　　カ アミド

ガイド $-NH_2$ ➡ アミン類，-O-CO- ➡ エステル，-NH-CO- ➡ アミド

45 高分子化合物と重合の種類

★テストに出る重要ポイント

◉ 高分子化合物
① **高分子化合物**…分子量が 1 万以上の化合物。単に **高分子** ともいう。
② **種類**…天然に存在するものと合成されたものがあり、それぞれ無機高分子化合物と有機高分子化合物に分けられる。
　　　　　　　　↑天然高分子化合物　　　↑合成高分子化合物

	無機高分子化合物	有機高分子化合物
天然高分子化合物	アスベスト, 雲母, 石英	デンプン, タンパク質, 天然ゴム, 核酸
合成高分子化合物	ケイ素樹脂, ガラス	ナイロン, ポリエステル, 尿素樹脂, ポリエチレン

◉ 単量体と重合体
① **単量体(モノマー)**…高分子化合物の構成単位である低分子量の物質。
② **重合**…単量体が次々に結合して高分子化合物となる反応。
③ **重合体(ポリマー)**…重合によって生じる高分子化合物。
④ **重合度**…高分子化合物における単量体の繰り返しの数。

◉ 重合の種類
① **付加重合**…**二重結合をもつ単量体**が次々に付加して重合。　p.149
② **縮合重合(縮重合)**…**水などの分子がとれて**次々に縮合して重合。　p.148
③ **共重合**…**2 種類以上の単量体**が付加重合。　p.155
④ **開環重合**…**環式の単量体**が環を開きながら重合。　p.148

基本問題　　　　　　　　　　　　　　　　　　　解答 ➡ 別冊 p.68

289 高分子化合物の分類

次の①〜④にあてはまる化合物を、あとのア〜スからすべて選べ。

☐ ① 天然・無機高分子化合物　　☐ ② 天然・有機高分子化合物
☐ ③ 合成・無機高分子化合物　　☐ ④ 合成・有機高分子化合物

ア　スクロース　　イ　ナイロン　　ウ　アスベスト　　エ　ドライアイス
オ　ガラス　　　　カ　食塩　　　　キ　セルロース　　ク　石英
ケ　油脂　　　　　コ　フェノール樹脂　　サ　炭酸カルシウム
シ　デンプン　　　ス　シリカゲル

290 重合反応の種類 ◀テスト必出

次の①～④において，Bの物質がAの物質が付加重合したものか，縮合重合したものか答えよ。

- ① A；グルコース　　B；デンプン
- ② A；エチレン　　　B；ポリエチレン
- ③ A；塩化ビニル　　B；ポリ塩化ビニル
- ④ A；アミノ酸　　　B；タンパク質

応用問題　　　　　　　　　　　　　　　　　　　　　解答 → 別冊 p.69

291 次の①～④は，合成高分子化合物の構造の一部を示したものである。それぞれの単量体を構造式(略式)で示せ。

- ① ⋯-CO-(CH$_2$)$_4$-CO-NH-(CH$_2$)$_6$-NH-CO-(CH$_2$)$_4$-CO-NH-(CH$_2$)$_6$-NH-⋯
- ② ⋯-CH$_2$-CH-CH$_2$-CH-CH$_2$-CH-CH$_2$-CH-⋯
　　　　　　|　　　　|　　　　|　　　　|
　　　　　CN　　 CN　　 CN　　 CN
- ③ ⋯-O-(CH$_2$)$_2$-O-CO-⟨ ⟩-CO-O-(CH$_2$)$_2$-O-CO-⟨ ⟩-CO-O-⋯
- ④ ⋯-CH$_2$-CH-CH$_2$-CH-CH$_2$-CH-CH$_2$-CH-⋯
　　　　　　|　　　　|　　　　|　　　　|
　　　　　CH$_3$　 CH$_3$　 CH$_3$　 CH$_3$

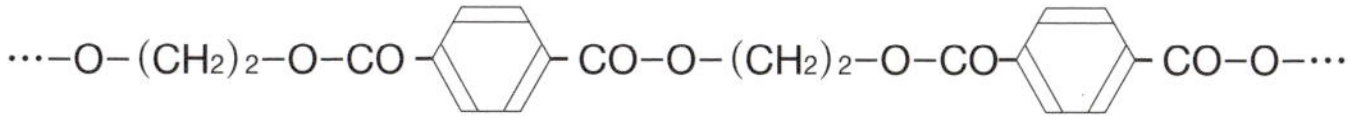

📖**ガイド**　繰り返しの単位1つ分が単量体の成分である。

292 ◀差がつく　高分子化合物について，次の各問いに答えよ。(原子量；H = 1.0, C = 12, O = 16)

- (1) 平均分子量が$8.6×10^4$のポリ酢酸ビニル $+$CH$_2$-CH(OCOCH$_3$)$+_n$ を加水分解すると，ポリビニルアルコール $+$CH$_2$-CH(OH)$+_n$ が生成した。このポリビニルアルコールの重合度と分子量を求めよ。
- (2) デンプンを加水分解するとデキストリンが得られた。このデキストリンの平均分子量を測定したところ，1640であった。このデキストリンの平均重合度を求めよ。

📖**ガイド**　(1)ポリ酢酸ビニルとポリビニルアルコールの重合度は同じである。
　　　　　(2)デキストリンの単量体はグルコース C$_6$H$_{12}$O$_6$ である。

46 糖類

テストに出る重要ポイント

- **糖類**…構造によって単糖類，二糖類，多糖類などに分けられる。一般式が $C_m(H_2O)_n$ で表されるので，**炭水化物**ともいう。
  - ▶**単糖類**…それ以上加水分解されない糖類。
    └炭素原子数が6のものを六炭糖(ヘキソース)，5のものを五炭糖(ペントース)という。
  - ▶**二糖類**…単糖類の分子が2つ結合してできた糖類。
  - ▶**多糖類**…単糖類の分子が多数結合してできた糖類。

- **単糖類** $C_6H_{12}O_6$ …グルコース(ブドウ糖)，フルクトース(果糖)，ガラクトースなど。
  ① 性質
    ・水によく溶ける(分子内に5個の-OH基をもつため)。
    ・**還元性**を示す。**銀鏡反応，フェーリング液の還元**。
  ② **グルコースの還元性**…鎖状構造の-CHO の部分(ホルミル基)が還元性を示す。

  α-グルコース ⇌ 鎖状構造 ⇌ β-グルコース
  （還元性を示す部分：C=O）

  ③ **フルクトースの還元性**…鎖状構造の -CO-CH₂OH の部分が還元性を示す。
    └ヒドロキシケトン基という。

  鎖状構造のフルクトース（還元性を示す部分）

  ④ **アルコール発酵**…単糖類は，チマーゼによって分解し，エタノールを生じる。
    └酵母に含まれる酵素の総称。
    $C_6H_{12}O_6 \longrightarrow 2C_2H_5OH + 2CO_2$

- **二糖類** $C_{12}H_{22}O_{11}$ …マルトース(麦芽糖)，スクロース(ショ糖)，ラクトース(乳糖)，セロビオースなど。
    └セルロースの加水分解で生成。
  ① **性質**…水によく溶け，スクロース以外は還元性を示す。
    ▶スクロースは，単糖類の**還元性を示す基どうしが結合してできているため，還元性を示さない**。
  ② **加水分解**…二糖類1分子から単糖類2分子が生じる。
    └酸や酵素のはたらきによる。
    ・マルトース ⟶ グルコース ＋ グルコース
    ・スクロース ⟶ グルコース ＋ フルクトース ←この混合物が転化糖。
    ・ラクトース ⟶ グルコース ＋ ガラクトース

● **多糖類** $(C_6H_{10}O_5)_n$ … デンプン，デキストリン，セルロースなど。
  ① デンプンとセルロース

	デンプン	セルロース
所　在	米，麦，いもなどの穀類	植物の細胞壁の成分，綿
性　質	温水に可溶，I_2で青紫色	水に不溶，I_2で変化なし
成分単位	α-グルコース	β-グルコース

  ▶ デンプン＋I_2で青紫色に呈色。➡ **ヨウ素デンプン反応**
  　　　　　└─ヨウ素ヨウ化カリウム溶液
  ▶ デンプンの構造；直鎖状 ➡ **アミロース**，枝分かれ ➡ **アミロペクチン**
  ② 加水分解
  ・デンプン ⟶ デキストリン ⟶ マルトース ⟶ グルコース
  ・セルロース ⟶ セロビオース ⟶ グルコース

基本問題

解答 ➡ 別冊 p.69

293 単糖類
次のア～エの文のうち，6個の炭素原子をもつ単糖類にはあてはまらないものはどれか。
ア　分子式は$C_6H_{12}O_6$である。　　イ　水に溶けやすい。
ウ　フェーリング液を還元する。　　エ　鎖状構造ではホルミル基をもつ。

294 二糖類　◀テスト必出
次のア～オの糖のうち，$C_{12}H_{22}O_{11}$の分子式で表され，銀鏡反応を示すものをすべて選べ。
ア　グルコース　　　　　イ　スクロース　　　　　ウ　マルトース
エ　ラクトース　　　　　オ　フルクトース

295 デンプンとセルロース
次の(1)～(4)の文について，デンプンだけにあてはまるものにはA，セルロースだけにあてはまるものにはB，どちらにもあてはまるものにはCを記せ。
(1) 温水に溶けてコロイド溶液になる。
(2) ヨウ素と反応して青紫色になる。
(3) 加水分解すると，グルコースが生じる。
(4) 植物の細胞壁の主成分である。

296 糖類の性質①

次の(1)〜(4)にあてはまる糖を，あとのア〜クからすべて選べ。
- (1) 還元性を示す。
- (2) 分子式が $C_{12}H_{22}O_{11}$ である。
- (3) 加水分解によって最終的にグルコースのみを生じる。
- (4) これらの混合物を転化糖という。

　ア　グルコース　　イ　フルクトース　　ウ　ガラクトース
　エ　マルトース　　オ　スクロース　　　カ　デンプン
　キ　セルロース　　ク　ラクトース

297 糖類の性質② ◀テスト必出

次のア〜カの文のうち，下線部が正しいものをすべて選べ。
- ア　セルロースの構成成分は，デンプンと同じくグルコースである。
- イ　少量の希硫酸を加えて加熱したデンプン水溶液は，この操作を行わないデンプン水溶液よりもヨウ素デンプン反応がより鮮明に認められる。
- ウ　スクロースの水溶液は還元性を示さないが，これに少量の希硫酸を加えて加熱し，冷却後に炭酸ナトリウムで中和した溶液は，フェーリング液を還元する。
- エ　マルトースを加水分解すると，グルコースとフルクトースとなる。
- オ　グルコース分子は，水溶液中では環状構造(α，β)と鎖状構造の平衡混合物である。
- カ　フルクトースは，水溶液中ではケトン基をもつ鎖状構造となり，還元性を示さない。

応用問題　　　　　　　　　　　　　　　　　　　　　　解答 ➡ 別冊 p.70

298 ◀差がつく　次の文章を読んで，あとの各問いに答えよ。

デンプン水溶液に少量の希硫酸を加えて加熱すると，デンプンは加水分解され，(①)を経て，二糖類の(②)となる。_A②を加水分解すると(③)となる。③は結晶状態では環状構造をとるが，水溶液になると，その一部は(④)基をもった(⑤)構造として存在するため，フェーリング液中の(⑥)を還元して赤色の(⑦)を生じる。また，_B③に酵母を加えると(⑧)と二酸化炭素に分解する。

□(1) 空欄①〜⑤には語句，⑥〜⑧には化学式を入れよ。
□(2) 下線部 A，B の変化を化学反応式で表せ。
□(3) 下の図は，③の物質の水溶液中での構造を示している。a，b にあてはまる構造をかけ。

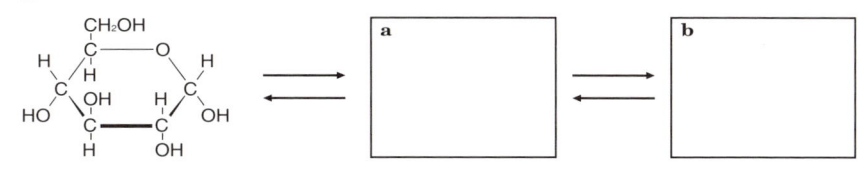

📖 ガイド　(3) a は左端の図の右上の O−C の結合が切れた鎖状構造である。

例題研究 23. A〜D の 4 種類の糖類を用いて次の実験 1〜4 を行った。A〜D にあてはまる糖を次のア〜エから選べ。

実験 1 水を加えると A と B は溶けた。C は冷水には溶けなかったが，加熱すると溶けてコロイド溶液になった。D は熱水にも溶けなかった。

実験 2 アンモニア性硝酸銀溶液を加え，おだやかに加熱した。A の溶液からは銀が析出したが，B，C，D の溶液には変化がなかった。

実験 3 希硫酸を加えて加熱し，十分に冷却した後，炭酸ナトリウムを発泡しなくなるまで加え，実験 2 と同様の操作を行うと，B，C，D の各溶液からも銀が析出した。

実験 4 ヨウ素液を加えると，C の溶液のみ青紫色を呈した。

ア　デンプン　　イ　グルコース　　ウ　セルロース
エ　スクロース

着眼 ①単糖類・二糖類は水によく溶け，デンプンは温水には溶ける。
②実験 2 の反応は銀鏡反応で，単糖類，スクロースを除く二糖類が示す。
③実験 3 の反応は糖の加水分解である。炭酸ナトリウムは希硫酸の中和剤。

解き方 実験 1；水に溶けるのはグルコース，スクロース。温水に溶けるのはデンプン。セルロースは熱水にも溶けない。よって C はデンプン，D はセルロース。

実験 2；銀鏡反応を示すのは単糖類のグルコースである。スクロースは銀鏡反応を示さない。よって，A はグルコース。

実験 3；加水分解すると，いずれも銀鏡反応を示す。

実験 4；ヨウ素デンプン反応で，デンプンの確認実験である。

答 A；イ，B；エ，C；ア，D；ウ

299 次のa～dの文章を読んで，あとの各問いに答えよ。

a 穀物に多く含まれる多糖類Aは，単糖類Bが（ ① ）重合したもので，水溶液は（ ② ）反応によって青紫色になる。

b 植物の細胞壁の主成分である多糖類Cも，Bが構成単位である。

c 多糖類AやCに酸を加えて加水分解すると，Bの水溶液を生じる。<u>Bの水溶液はフェーリング液を還元する。</u>

d Bは，酵母のはたらきでエタノールと二酸化炭素に変化する。このような変化を（ ③ ）という。

□ (1) A～Cの物質名を示せ。
□ (2) Aには2種類の成分がある。そのうち，直鎖状に結合した構造であるものの名称を答えよ。
□ (3) 上の文章の（ ）内に適する語句を入れよ。
□ (4) cの下線部の反応に関係する官能基の名前を書け。

📖 **ガイド** 多糖類の代表的なものはデンプンとセルロースである。

□ **300** ◀差がつく デンプンを加水分解してグルコースを得る実験を行う。理論上，グルコースを1kg得るには，何gのデンプンが必要か。（原子量；H＝1.0，C＝12）

□ **301** ◀差がつく 濃度不明のマルトース水溶液に酸を加えて十分に加熱した。冷却後，炭酸ナトリウム Na_2CO_3 の粉末を加えて中和した溶液に，十分量のフェーリング液を加えて加熱したところ，14.3gの赤色沈殿が得られた。もとのマルトース水溶液中に含まれていたマルトースの質量を求めよ。（原子量；H＝1.0，C＝12，O＝16，Cu＝63.5）

□ **302** グルコースとデンプンを含む水溶液Aがある。いま，100mLのAにフェーリング液を加えて加熱したら，10.4gの酸化銅(I)が生成した。一方，100mLのAに希硫酸を加えて完全に加水分解した後，炭酸ナトリウムで中和し，フェーリング液を加えて加熱したら，17.1gの酸化銅(I)ができた。還元糖1molから酸化銅(I)1molが生成するものとして，100mLのAの中には，グルコースとデンプンはそれぞれ何gずつ含まれていたか。（原子量；H＝1.0，C＝12，O＝16，Cu＝64）

47 アミノ酸とタンパク質

テストに出る重要ポイント

○ **アミノ酸の構造**

① **α-アミノ酸**…アミノ基 $-NH_2$ とカルボキシ基 $-COOH$ をもつ化合物を**アミノ酸**という。同一の炭素原子にアミノ基とカルボキシ基が結合しているアミノ酸を **α-アミノ酸** という。

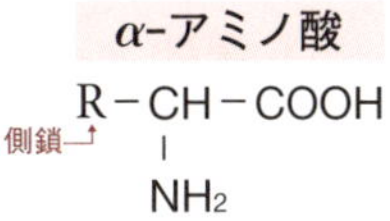

α-アミノ酸
$$R-\underset{\underset{NH_2}{|}}{CH}-COOH$$
(側鎖)

▶タンパク質を加水分解して得られるアミノ酸はすべて α-アミノ酸。

▶タンパク質を構成するアミノ酸は約20種類。このうち、体内では合成できないものを**必須アミノ酸**という。

② おもな α-アミノ酸
- **グリシン**…R が H のもの。
- **アラニン**…R が CH_3 のもの。
- **グルタミン酸、アスパラギン酸**…R に $-COOH$ を含む酸性アミノ酸。
- **リシン**…R に $-NH_2$ を含む塩基性アミノ酸。
- **フェニルアラニン**…R にベンゼン環を含む。
- **システイン**…R に S 原子を含む。

③ **鏡像異性体**…グリシン以外の α-アミノ酸には鏡像異性体が存在する。
←不斉炭素原子をもつ。

○ **α-アミノ酸の性質と反応**

① **α-アミノ酸の性質**…酸性のカルボキシ基と塩基性のアミノ基の両方をもつので、酸・塩基のいずれとも中和反応をする。

② **双性イオン**

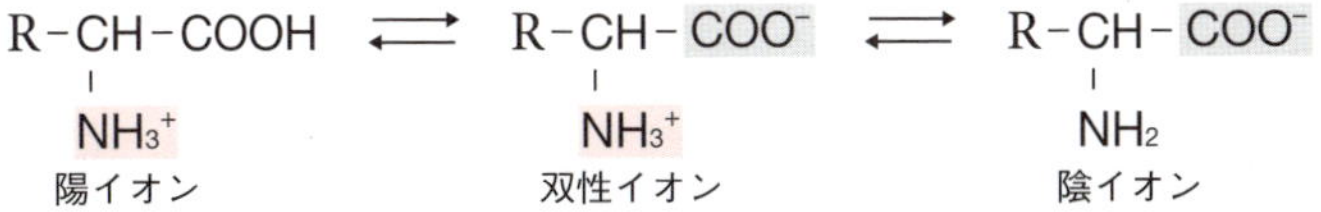

$$R-\underset{\underset{NH_3^+}{|}}{CH}-COOH \rightleftarrows R-\underset{\underset{NH_3^+}{|}}{CH}-COO^- \rightleftarrows R-\underset{\underset{NH_2}{|}}{CH}-COO^-$$

陽イオン　　　　双性イオン　　　　陰イオン

▶双性イオンのため、融点が比較的高く、水に溶けやすい。
←イオン間に静電気的な引力がはたらくから。

③ **等電点**…水溶液中での双性イオン・陽イオン・陰イオンの電離平衡において、アミノ酸がもつ正負の電荷が全体としてつりあうときの pH。

④ **検出**…ニンヒドリン溶液を加えて温めると、赤紫〜青紫色を呈する。
←有機化合物の1つ。　　　　　　　　　　　　　　←ニンヒドリン反応

○ **タンパク質の構造と分類**

① ペプチド結合

▶アミノ酸どうしの縮合によって生じたアミド結合 $-CO-NH-$ を、**ペプチド結合**という。

▶タンパク質は多数のアミノ酸が結合したポリペプチドの一種。このアミノ酸の配列順序をタンパク質の**一次構造**という。

② 二次構造…タンパク質分子は，らせん構造（$α$-ヘリックス）やシート状構造（$β$-シート）をとる。

➡ 分子間の >C=O と >N-H 間の水素結合による。

③ 単純タンパク質と複合タンパク質

▶**単純タンパク質**…加水分解によってアミノ酸だけを生じる。

▶**複合タンパク質**…加水分解によってアミノ酸以外のものも生じる。
　└ 核タンパク質，糖タンパク質，色素タンパク質など。

● タンパク質の反応と検出

① **変性**…タンパク質を加熱したり，酸，塩基，重金属イオン，アルコールを加えたりすると，凝固し，性質が変わる。➡ 水素結合が変化。

② **ビウレット反応**…タンパク質にNaOH水溶液とCuSO$_4$水溶液を加えると赤紫色になる。➡ ペプチド結合を2つ以上もつ物質に起こる。

③ **キサントプロテイン反応**…ベンゼン環をもつタンパク質に濃硝酸を加えて加熱すると黄色になる。さらに塩基性にすると橙黄色になる。
　➡ ベンゼン環のニトロ化。

④ **Nの検出**…NaOHを加えて加熱すると，NH$_3$が発生。➡ 赤色リトマス紙を青変。

⑤ **Sの検出**…Sを含むタンパク質にNaOHを加えて加熱し，酢酸鉛（Ⅱ）水溶液を加えると，黒色沈殿を生じる。

$$Pb^{2+} + S^{2-} \longrightarrow PbS \downarrow （黒色）$$

基本問題　　　　　　　　　　　　　　　解答 ➡ 別冊 p.71

303 アミノ酸　◀テスト必出

アミノ酸に関する次のア～オの文のうち，誤っているものはどれか。

ア　タンパク質の加水分解により生じるアミノ酸は，すべて$α$-アミノ酸である。

イ　すべての$α$-アミノ酸は鏡像異性体をもつ。

ウ　アミノ酸の多くは，融点が高く，水に溶けやすい。

エ　アミノ酸は，酸・塩基のいずれとも中和反応をする。

オ　アミノ酸を含む溶液にニンヒドリン溶液を滴下して温めると，赤紫～青紫色になる。

47 アミノ酸とタンパク質

例題研究 24. 次の文章の空欄①, ②, ⑤には適する語句を, ③, ④, ⑥には適する化学式を入れよ。ただし, 化学式は R−CH(NH₂)COOH を基準として書け。

アミノ酸は分子内に, 塩基性を示す(①)基と酸性を示す(②)基をもつ。アミノ酸は水溶液中でいくつかのイオンの形をとる。たとえばグリシンは, 酸性の水溶液中では(③)の形, 塩基性の水溶液中では(④)の形となる。溶液の pH を変化させたとき, グリシンのもつ正負の電荷がつりあう pH が存在する。この pH を(⑤)という。このとき大部分のグリシンは(⑥)の形となっている。

着眼 グリシンの分子式は $CH_2(NH_2)COOH$ である。中性アミノ酸は酸性溶液中では陽イオン, 塩基性溶液中では陰イオンとして存在する。

解き方 ①② 塩基性を示すのはアミノ基, 酸性を示すのはカルボキシ基である。酸と塩基の両方の性質をもつ。

③④⑥

酸性溶液中	中性溶液中	塩基性溶液中
CH_2-COOH $\|$ NH_3^+	$\rightleftarrows$ CH_2-COO^- $\|$ NH_3^+	$\rightleftarrows$ CH_2-COO^- $\|$ NH_2

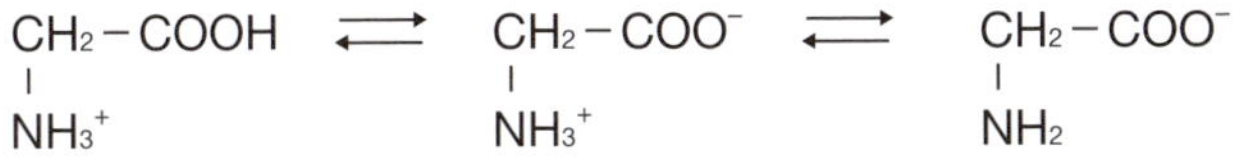

答
① アミノ ② カルボキシ
③ $CH_2(NH_3^+)COOH$ ④ $CH_2(NH_2)COO^-$
⑤ 等電点 ⑥ $CH_2(NH_3^+)COO^-$

□ 304 タンパク質 ◀テスト必出

次の A～D の文章の(　)内に適する語句を入れよ。

A 加水分解したときにアミノ酸だけを生じるタンパク質を(①)という。これに対して, 加水分解によってアミノ酸以外のものも生じるタンパク質を(②)という。

B 卵白を加熱すると凝固し, 冷やしてももとにもどらない。これをタンパク質の(③)という。タンパク質の③は分子間の(④)結合の変化が原因である。

C 卵白に濃硝酸を加えて加熱すると(⑤)色になり, さらにアンモニア水を加えて塩基性にすると橙黄色になる。この反応を(⑥)という。⑥は, タンパク質中の(⑦)がニトロ化されることによって起こる。

D 卵白水溶液に水酸化ナトリウムの小粒を加えて加熱し, これに酢酸鉛(Ⅱ)水溶液を加えると(⑧)色沈殿が生じる。このことから, 卵白には成分元素として(⑨)が含まれていることがわかる。

305 タンパク質の反応と検出

次のア～エの文のうち，下線部が誤っているものはどれか。

ア　タンパク質水溶液に，水酸化ナトリウム水溶液と硫酸銅(Ⅱ)水溶液を加えたところ赤紫色になった。これはタンパク質中に複数のペプチド結合が存在することを示す。

イ　タンパク質水溶液に，少量の濃硝酸を加えて加熱すると黄色になり，さらに水酸化ナトリウム水溶液を加えたところ橙黄色になった。これはタンパク質中にベンゼン環が存在することを示す。

ウ　タンパク質に重金属イオンやアルコールを作用させると変性する。これは一部のペプチド結合が切れるためである。

エ　タンパク質に水酸化ナトリウムを加えて加熱し，発生した気体に湿らせた赤色リトマス紙を近づけたところ，リトマス紙は青色になった。このことから，タンパク質に成分元素として窒素が含まれていることがわかる。

応用問題　　　　　　　　　　　　　　　　　　　　解答 ⇒ 別冊 *p.72*

306 次の各問いに答えよ。（原子量；H = 1.0，C = 12，N = 14，O = 16）

(1) ◀差がつく　1分子中に窒素原子を1個含むα-アミノ酸がある。このアミノ酸の窒素の質量の割合は15.7%である。

① このアミノ酸の分子量を求めよ。
② このアミノ酸の構造式(略式)を書け。
③ このアミノ酸の希塩酸中での構造式を書け。
④ このアミノ酸の水酸化ナトリウム水溶液中での構造式を書け。

(2) アミノ酸は，同程度の分子量のカルボン酸などに比べて融点が高い。この理由を説明せよ。

📖 ガイド　(1)分子量から R-CH(NH$_2$)COOH の R を導く。　(2)双性イオンに着目する。

307 次のア～オの文のうち，誤っているものはどれか。

ア　グリシン以外のα-アミノ酸には鏡像異性体が存在する。
イ　ベンゼン環を含むタンパク質に濃硝酸を加えて熱すると黄色を呈する。
ウ　アミノ酸に塩化鉄(Ⅲ)水溶液を加えて温めると，赤紫～青紫色を呈する。
エ　すべてのタンパク質は，ビウレット反応を起こす。
オ　アラニン水溶液の pH を大きくすると，陰イオンが増加する。

47 アミノ酸とタンパク質

308 次の文章の（　）内に適する語句を入れよ。

タンパク質は多くのα-アミノ酸が（ ① ）結合で連なってできた高分子化合物で，（ ② ）の一種である。タンパク質の分子間では，①結合の部分に（ ③ ）結合が形成され，らせん構造の（ ④ ）やシート状構造の（ ⑤ ）などの立体構造を保持するはたらきをしている。タンパク質を加熱したり，強酸や強塩基などを加えたりすると，③結合が切れて立体構造に変化が起こり，性質が変化する。これをタンパク質の（ ⑥ ）という。

309 ◆差がつく　タンパク質を部分加水分解した反応液から分離した化合物 A は 3 種類のアミノ酸 X，Y，Z が 1 分子ずつ縮合してできた化合物である。また，
- アミノ酸 X は不斉炭素原子をもたない。
- アミノ酸 Y はキサントプロテイン反応が陽性であり，元素分析したところ，C；65.4％，H；6.7％，O；19.4％，N；8.5％で分子量は165である。
- アミノ酸 Z は，1 個の窒素原子と不斉炭素原子をもち，その0.144 g から18.0 mL（標準状態）の窒素ガスを得た。

次の各問いに答えよ。（原子量；H＝1.0，C＝12，N＝14，O＝16）
- (1) アミノ酸 X，Y，Z の名称を書け。
- (2) 化合物 A の構造として何種類考えられるか。
  - ガイド　(2)ペプチド結合のときにアミノ基を使うかカルボキシ基を使うかによって，できるペプチドが異なる。

310 ◆差がつく　アラニン $CH_3CH(NH_2)COOH$，アスパラギン酸 $HOOCCH_2CH(NH_2)COOH$，リシン $H_2N(CH_2)_4CH(NH_2)COOH$ の各 1 分子からなるトリペプチド A がある。次の各問いに答えよ。
- (1) トリペプチド A を含む水溶液に，水酸化ナトリウム水溶液と硫酸銅(Ⅱ)水溶液を加えると，特有の色を示すか。示す場合はその色を示せ。
- (2) トリペプチド A に濃硝酸を加えて加熱すると，特有の色を示すか。示す場合はその色を示せ。
- (3) トリペプチド A を加水分解して 3 つのアミノ酸としたあと，この混合溶液をほぼ中性にした。この溶液をろ紙の中央につけ，ろ紙の両端に直流電圧をかけたところ，陽極側・陰極側に移動したアミノ酸があった。陽極側・陰極側に移動したアミノ酸をそれぞれ示せ。
  - ガイド　(3)アスパラギン酸は酸性アミノ酸，リシンは塩基性アミノ酸である。

48 生命体を構成する物質

● 細 胞
① **はたらき**…生命体の維持は細胞のはたらきによる。
▶細胞は，個々の生命体を構成する1つの単位である。
② **構成する物質**…水，タンパク質，油脂(脂質)，糖類など。

● 核 酸
① **種類**…**デオキシリボ核酸(DNA)** と **リボ核酸(RNA)** に分けられる。
▶ DNA はおもに核に存在し，RNA はおもに細胞質に存在する。
② **構造**…多数のヌクレオチドが縮合重合した鎖状高分子化合物。
③ **ヌクレオチド**…窒素原子を含む環状構造の塩基と五炭糖の化合物に，リン酸がエステル結合したもの。
 ─ここでは-O-PO-結合

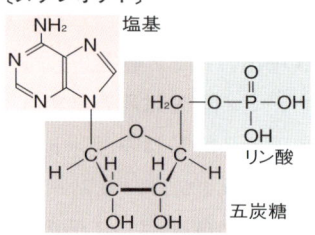

〔ヌクレオチド〕 塩基／リン酸／五炭糖

● DNA と RNA の違い

	DNA	RNA
糖	デオキシリボース $C_5H_{10}O_4$	リボース $C_5H_{10}O_5$
塩 基	アデニン，グアニン，シトシン，チミンの4種類	アデニン，グアニン，シトシン，ウラシルの4種類
立体構造	2本の鎖状分子による二重らせん構造	1本の鎖状分子
はたらき	遺伝子の本体	タンパク質合成の手助け

▶ DNA 中のアデニンとチミン，グアニンとシトシンの間には，それぞれ水素結合が生じている。そのため，**DNA は二重らせん構造**をとる。

● タンパク質の合成
核で DNA の一部をコピーした**伝令 RNA**（mRNA）が**リボソーム**に結合。
➡ 細胞質中で**運搬 RNA**（tRNA）がアミノ酸をリボソームに運ぶ。
➡ リボソームで伝令 RNA の遺伝暗号にしたがってタンパク質を合成する。

基本問題

311 核 酸 ◀テスト必出

次の文章を読んで，あとの各問いに答えよ。

核酸は，窒素を含む有機塩基，五炭糖，リン酸がそれぞれ1分子ずつ結合してできた化合物が（ ① ）重合したものである。核酸は，その成分である五炭糖の種類によって，RNAとDNAに分けられる。RNAは1本鎖の構造であるが，DNAは2本鎖による（ ② ）構造をとっている。

(1) 文章中の（　）内に適する語句を入れよ。
(2) 下線部の化合物を総称して何というか。
(3) RNAとDNAを構成する五炭糖の名称と分子式をそれぞれ書け。

応用問題

312
次の①～⑥の文のうち，DNAだけにあてはまるものにはA，RNAだけにあてはまるものにはB，両方にあてはまるものにはCを記せ。
① 多数のヌクレオチドが縮合した鎖状の高分子化合物である。
② 2本の鎖状分子からなり，二重のらせん構造になっている。
③ 遺伝子の本体で，遺伝情報をもっている。
④ タンパク質の合成の手助けをする。
⑤ 有機塩基は4種類からなる。
⑥ ヌクレオチドを構成する糖は$C_5H_{10}O_5$である。

313 ◀差がつく 次の①～⑥の文が正しければ○，誤っていれば×と答えよ。
① DNAもRNAもおもに細胞の核に存在する。
② 核酸の成分元素は，C，H，N，O，Pの5種類である。
③ DNAとRNAは，構成する糖は異なるが，塩基は同じである。
④ DNAとRNAは，互いに異性体の関係にある。
⑤ タンパク質合成における，アミノ酸の配列順序の情報は，DNAがもっている。
⑥ RNAには伝令RNAや運搬RNAなどがある。

📖 ガイド　DNA，RNAは，ともにヌクレオチドを単位とする高分子化合物であるが，その役割が異なる。

49 化学反応と酵素

テストに出る重要ポイント

● 酵素の成分とはたらき

① **成分**…タンパク質を主体とした物質である。
　▶酵素のなかには，特定の低分子量の物質があってはじめてはたらくものがある。このような，酵素のはたらきを助ける低分子量の物質を**補酵素**という。
　　└ビタミン類の多くは補酵素としてはたらく。

② **はたらき**…生体内の反応の触媒である。➡ 生体内でつくられる。

③ **おもな酵素**…アミラーゼ，マルターゼ，スクラーゼ（インベルターゼ），ペプシン
　　　　　　　　└デンプンに作用　└マルトースに作用　└スクロースに作用

● 酵素の特性

① **基質特異性**…それぞれの酵素は，**決まった物質（基質）の決まった反応でしかはたらかない。**
　▶アミラーゼはデンプンの加水分解のみにはたらき，ほかの糖類には作用しない。

② **最適温度**…酵素の反応には，**最も適した温度がある。**
　▶一般に，最適温度は35～40℃である。多くの酵素では，60℃以上になると酵素をつくるタンパク質が変性し，そのはたらきが失われる。

③ **最適pH**…酵素の反応には，**最も適したpHがある。**
　▶一般に，pHが7～8付近でよくはたらくが，ペプシンはpH1～2ではたらく。

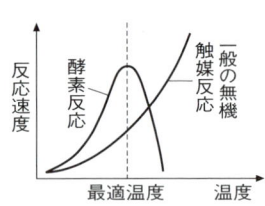

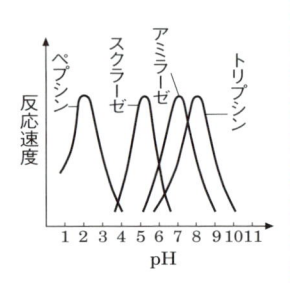

● ビタミンとホルモン

① **ビタミン**…微量でからだの機能を調節するはたらきがある。➡ 人体内で合成できない。➡ 食品からとり入れる。

② **ホルモン**…体内でつくられる化学物質で，血液で運ばれてさまざまな生理作用をする。

基本問題

314 酵素 ◀テスト必出

酵素について述べた次のア～キの文のうち，正しいものをすべて選べ。

ア　アミラーゼはデンプンやセルロースの加水分解反応に作用する酵素である。
イ　酵素は，複雑な構造をもつ多糖類である。
ウ　酵素は，生体内の反応に作用する触媒の一種である。
エ　一般に，酵素は温度が高いほど反応が活発である。
オ　一般に，酵素は酸性の溶液中で活発にはたらく。
カ　同じ分子式の糖類の加水分解反応では，同じ酵素が作用する。
キ　酵素は，生体内で合成される。

応用問題

315 ◀差がつく　次のA～Cは，反応物と生成物を示している。あとの各問いに答えよ。

A　デンプン $\xrightarrow{(①)}$ マルトース $\xrightarrow{(②)}$ グルコース

B　スクロース $\xrightarrow{(③)}$ グルコース ＋ 〔 a 〕

C　グルコース $\xrightarrow{チマーゼ}$ エタノール ＋ 〔 b 〕

(1)　①～③にあてはまる酵素の名称を書け。
(2)　a，bにあてはまる物質名を書け。
(3)　Bの反応において生成する混合物を何というか。
(4)　Cの反応を何というか。

316　次の(1)，(2)の文章の（　）内に適する物質を，それぞれア～ウから選べ。

(1)　デンプン水溶液に少量の（①）を加えて長時間加熱すると，グルコースが生成した。また，別のデンプン水溶液に（②）を加えて長時間保温するとマルトースが生成した。

　　ア　マルターゼ　　　イ　アミラーゼ　　　ウ　希硫酸

(2)　（①）と（②）は体内で合成されるが，（③）は食物からとる必要がある。また，②はタンパク質を主成分とする。

　　ア　酵　素　　　　　イ　ビタミン　　　　ウ　ホルモン

50 生体内の化学反応

テストに出る重要ポイント

- **ATP（アデノシン三リン酸）**
  ① **構造**…リボース（五炭糖）にアデニン（有機塩基），3個のリン酸が結合した有機リン酸エステル。
  ② **はたらき**…必要なエネルギーを供給。➡ アデノシン二リン酸（ADP）とリン酸がエネルギーを吸収し，脱水縮合して ATP を生じる。
  $$ADP + H_3PO_4 = ATP + H_2O - 31 kJ$$
  ▶ ATP が ADP とリン酸に分解するとき発生するエネルギーを利用。
  ③ **代謝とエネルギー**…生物は，外部からとり入れた物質を分解・合成し，いらなくなった物質を体外に排出している（**代謝**）。代謝の過程で得られるエネルギーは，ATP として体内に蓄えられる。

- **呼吸**…生物が，生命体を維持するのに必要なエネルギーを獲得する手段。
  ① **酸素を使う呼吸**…多くの生物が行う呼吸。酸素をとり入れて有機物を酸化し，発生するエネルギーを使用。一般的には糖が用いられる。
  $$C_6H_{12}O_6 + 6O_2 = 6CO_2 + 6H_2O + エネルギー\ (発熱)$$
  ② **酸素を使わない呼吸**…微生物が行う場合，**発酵**という。
  〔例〕アルコール発酵；$C_6H_{12}O_6 \longrightarrow 2C_2H_5OH + 2CO_2$
  　　　乳酸発酵；$C_6H_{12}O_6 \longrightarrow 2CH_3CH(OH)COOH$（乳酸）

- **光合成**…緑色植物が，光のエネルギーを用いて CO_2 と H_2O から有機化合物（おもに糖）を合成し，O_2 を発生する反応。
  $$6CO_2 + 6H_2O = C_6H_{12}O_6 + 6O_2 - エネルギー\ (吸熱)$$
  ▶ 光合成の反応過程のうちの1過程で ATP が合成される。

基本問題　　　　　　　　　　　　　　　　解答 ➡ 別冊 *p.75*

317　ATP

ATP について述べた次のア～エの文のうち，誤っているものはどれか。
ア　生物に必要なエネルギーを供給する。
イ　リン酸エステルの一種である。
ウ　ADP が ATP になるとき，エネルギーが発生する。
エ　代謝で得るエネルギーは ATP として蓄えられる。

318 生体内の化学反応とエネルギー

次の(1)～(4)の反応を化学反応式で表せ。また，その反応が発熱反応か吸熱反応か答えよ。

- (1) アデノシン二リン酸とリン酸が反応してアデノシン三リン酸が生じた。(アデノシン二リン酸，アデノシン三リン酸の化学式は，それぞれ ADP，ATP と表してよい。)
- (2) グルコースが酸素を使う呼吸によって酸化された。
- (3) グルコースがアルコール発酵によって分解された。
- (4) 光合成によってグルコースが生成した。

応用問題

319
次の①～⑤の文が正しければ○，誤っていれば×と答えよ。

- ① ATPの成分元素は，C，H，O，Pの4種類である。
- ② 酸素を使う呼吸によってグルコースが酸化されたとき発生する熱量と，光合成によって吸収する熱量の絶対値は等しい。
- ③ 酸素を使わない呼吸ではエネルギーが減少するため，ATPは合成されない。
- ④ 光合成では，糖や酸素が生成するとともにATPが合成される。
- ⑤ ATPがリン酸を放出してADPになる反応は，発熱反応である。

320 ◀差がつく
次の熱化学方程式を用いて，あとの各問いに答えよ。(原子量；H = 1.0，C = 12，O = 16)

$$ADP + H_3PO_4 = ATP + H_2O - 31 \text{ kJ}$$
$$C_6H_{12}O_6 + 6O_2 = 6CO_2 + 6H_2O + 2810 \text{ kJ}$$
$$C_2H_5OH + 3O_2 = 2CO_2 + 3H_2O + 1370 \text{ kJ}$$

- (1) グルコース1.0 molが酸素を使う呼吸により酸化されたときに発生するエネルギーが，すべてATPの生成に使われたとすると，何molのATPが生じるか。
- (2) 次の熱化学方程式の反応熱 x [kJ] を求めよ。
$$C_6H_{12}O_6 = 2C_2H_5OH + 2CO_2 + x \text{ [kJ]}$$
- (3) 光合成によりグルコースが18 g生成したとき，何kJのエネルギーを太陽から吸収したか。

51 化学繊維

テストに出る重要ポイント

- **天然繊維**
  ① 植物繊維…木綿，麻など。➡ 成分は**セルロース**。
  ② 動物繊維…絹，羊毛など。➡ 成分は**タンパク質**。

- **再生繊維と半合成繊維**
  ① 再生繊維（レーヨン）…パルプを繊維状に再生。➡ 成分はセルロース。

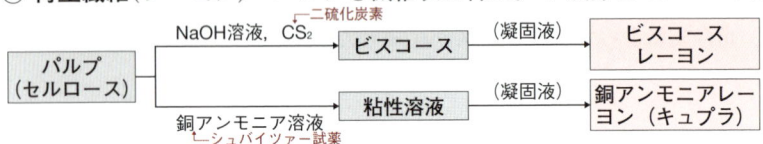

  $$\text{パルプ（セルロース）} \begin{cases} \xrightarrow{\text{NaOH溶液，CS}_2 \text{（二硫化炭素）}} \text{ビスコース} \xrightarrow{\text{（凝固液）}} \text{ビスコースレーヨン} \\ \xrightarrow[\text{シュバイツァー試薬}]{\text{銅アンモニア溶液}} \text{粘性溶液} \xrightarrow{\text{（凝固液）}} \text{銅アンモニアレーヨン（キュプラ）} \end{cases}$$

  ② 半合成繊維…**アセテート繊維**が代表例。
  （ジアセチルセルロースから得られる。）

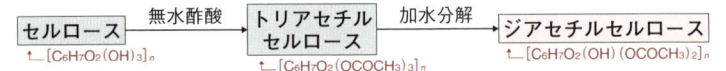

  $$\underset{[C_6H_7O_2(OH)_3]_n}{\text{セルロース}} \xrightarrow{\text{無水酢酸}} \underset{[C_6H_7O_2(OCOCH_3)_3]_n}{\text{トリアセチルセルロース}} \xrightarrow{\text{加水分解}} \underset{[C_6H_7O_2(OH)(OCOCH_3)_2]_n}{\text{ジアセチルセルロース}}$$

- **合成繊維**
  ① 縮合重合による合成…ポリアミド系とポリエステル系

  ・**ナイロン66**

  $$n\,H_2N(CH_2)_6NH_2 \;+\; n\,HOOC(CH_2)_4COOH$$
  ヘキサメチレンジアミン　　　　アジピン酸

  $$\xrightarrow{\text{縮合重合}} \text{─}[NH(CH_2)_6NH-CO(CH_2)_4CO]_n\text{─} \;+\; 2n\,H_2O$$
  　　　　　　　ナイロン66
  （単量体のジアミンとジカルボン酸の炭素原子の数を表す。）

  ・**ナイロン6**

  $$n\begin{bmatrix}(CH_2)_5 \\ CO-NH\end{bmatrix} \xrightarrow{\text{開環重合}} \text{─}[NH(CH_2)_5CO]_n\text{─}$$
  ε-カプロラクタム　　　　　　ナイロン6

  ▶ナイロン6は，縮合重合による生成物ではないがポリアミドであり，縮合重合した形の結合である。

  ・**ポリエチレンテレフタラート**…ポリエステル系の代表的繊維。
  （PETのこと。）

  $$n\,HOOC\text{-}\underset{\text{テレフタル酸}}{\bigcirc}\text{-}COOH \;+\; n\,HO(CH_2)_2OH$$
  　　　　　　　　　　　　　　　エチレングリコール

  $$\xrightarrow{\text{縮合重合}} \text{─}[CO\text{-}\bigcirc\text{-}CO-O(CH_2)_2O]_n\text{─} \;+\; 2n\,H_2O$$
  　　　　　　　ポリエチレンテレフタラート

② 付加重合による合成…ポリビニル系とポリアクリロニトリル系

・**ビニロン**…適度な吸湿性をもち，強度や耐磨耗性に優れる。
　└日本の桜田一郎が開発。

$$n\,CH_2=CH\text{-}OCOCH_3 \xrightarrow{\text{付加重合}} \text{-[}CH_2\text{-}CH(OCOCH_3)\text{]}_n \xrightarrow[\text{加水分解}]{\text{塩基}} \text{-[}CH_2\text{-}CH(OH)\text{]}_n$$

酢酸ビニル　　　　ポリ酢酸ビニル　　　　ポリビニルアルコール

$$\xrightarrow[\text{アセタール化}]{HCHO} \cdots\text{-}CH_2\text{-}CH\text{-}CH_2\text{-}CH\text{-}CH_2\text{-}CH\text{-}\cdots$$
（O-CH_2-O 架橋、OH 残基）
ビニロン

・**アクリル**…アクリル繊維は保温性，耐燃性に優れる。
　　　　　└ポリアクリロニトリルが主成分。

$$n\,CH_2=CH\text{-}CN \xrightarrow{\text{付加重合}} \text{-[}CH_2\text{-}CH(CN)\text{]}_n$$

アクリロニトリル　　　　ポリアクリロニトリル

基本問題　　　　　　　　　　　　　　解答 → 別冊 p.76

321　再生繊維・半合成繊維

次の文中の（　）内に適する語句を書け。

セルロースに水酸化ナトリウムと二硫化炭素を作用させると（ア）とよばれる粘性の大きい溶液が得られる。（ア）を希硫酸中に押し出すと，セルロースが再生され，（イ）という繊維が得られる。

水酸化銅（Ⅱ）を濃アンモニア水に溶かしたものを（ウ）という。セルロースを（ウ）に溶かし，細孔から希硫酸中に押し出すと繊維が得られる。この繊維を（エ）という。

セルロースに氷酢酸，無水酢酸，少量の濃硫酸を作用させると（オ）が得られる。（オ）は溶媒に溶けにくいが，水を加えて穏やかに加熱して（カ）にするとアセトンに溶けるようになる。これを細孔からあたたかい空気中に押し出し，アセトンを蒸発させると得られる繊維は（キ）とよばれる。

322　ナイロン66　◀テスト必出

次の各問いに答えよ。
- (1) ナイロン66を加水分解して得られる2種類の単量体の名称と示性式を書け。
- (2) ナイロン66を構成する2種類の単量体をつなぐ結合の構造を示せ。
- (3) ナイロン66の合成反応の名称を書け。

323 ナイロンとポリエステル
次の(1)〜(4)について，正しいものに○，誤っているものに×と答えよ。

- (1) ナイロン66は，ヘキサメチレンジアミンのアミノ基とアジピン酸のカルボキシ基から水がとれて縮合重合することによってできる。
- (2) ナイロン6はε-カプロラクタムの縮合重合によってできる。
- (3) ポリエチレンテレフタラートは，フタル酸のカルボキシ基とエチレングリコールのヒドロキシ基から水がとれて縮合重合することによってできる。
- (4) ポリアクリロニトリルは，アクリロニトリルが付加重合してできる。

324 付加重合による重合体 ◀テスト必出
次の構造を単位とする合成高分子化合物の名称を，あとのア〜オより選べ。

- (1) $-CH_2-CH-$
      　　　$|$
      　　　OH
- (2) $-CH_2-CH_2-$
- (3) $-CH-CH_2-$
      $|$
      (ベンゼン環)
- (4) $-CH_2-CH-$
      　　　$|$
      　　　CN
- (5) $-CH_2-CH-$
      　　　$|$
      　　　$OCOCH_3$

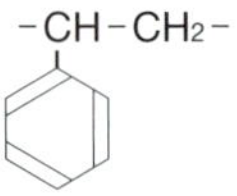

ア　ポリ酢酸ビニル　　イ　ポリアクリロニトリル　　ウ　ポリスチレン
エ　ポリエチレン　　　オ　ポリビニルアルコール

325 ビニロンの製法
次の文章は，ビニロンの製法について述べたものである。A〜Dのそれぞれの物質名を書け。

アセチレンに酢酸を付加させると，**A** が生成する。**A** を付加重合して **B** とし，**B** を水酸化ナトリウム水溶液で加水分解すると **C** となる。**C** に **D** を作用させてアセタール化すると，ビニロンが得られる。

応用問題　　　　　　　　　　　　　　　　　解答 ➡ 別冊 p.77

326
次のア〜オの文のうち，誤っているものをすべて選べ。

- ア　絹や羊毛の主成分はタンパク質である。
- イ　レーヨンやアセテートの主成分は酢酸とセルロースからなるエステルである。
- ウ　ナイロン66を加水分解すると，その単量体が生じる。
- エ　ポリエチレンテレフタラートを加水分解すると，その単量体が生じる。
- オ　ポリ酢酸ビニルを加水分解すると，その単量体が生じる。

51 化学繊維

327 次のA～Cの高分子化合物の構造について，あとの各問いに答えよ。

A $\left[-N-(CH_2)_5-\underset{\underset{H}{|}}{C}\overset{\overset{O}{\|}}{} \right]_n$

B $\left[-\underset{\underset{H}{|}}{N}-(CH_2)_6-\underset{\underset{H}{|}}{N}-\overset{\overset{O}{\|}}{C}-(CH_2)_4-\overset{\overset{O}{\|}}{C}- \right]_n$

C $\left[-\underset{\underset{H}{|}}{N}-CH_2-\overset{\overset{O}{\|}}{C}-\underset{\underset{CH_3}{|}}{N}-\overset{\overset{O}{\|}}{C}-\underset{\underset{H}{|}}{N}-CH_2-\overset{\overset{O}{\|}}{C}-\underset{\underset{H}{|}}{N}-\overset{\overset{O}{\|}}{C}-\underset{\underset{CH_2OH}{|}}{N}-\overset{\overset{O}{\|}}{C}-\underset{\underset{H}{|}}{N}-CH_2-\overset{\overset{O}{\|}}{C}-\underset{\underset{CH_3}{|}}{N}-\overset{\overset{O}{\|}}{C}- \right]_n$

- (1) A，Bの高分子化合物の名称を書け。
- (2) A～Cのいずれの化合物にも存在する結合の名称を書け。
- (3) A～Cの化合物を加水分解したときに生じる単量体の示性式を書け。
- (4) Aを合成するときの単量体の示性式を書け。

📖 ガイド　(3) 加水分解すると，-COOHと-NH₂が生じる。

328 ◀差がつく　等しい物質量のテレフタル酸とエチレングリコールを混合し，加熱して水を除去すると，ポリエチレンテレフタラートが生成する。次の各問いに答えよ。(原子量；H = 1.0, C = 12, O = 16)

- (1) この反応を化学反応式で表せ。
- (2) 平均分子量が10000であるポリエチレンテレフタラートには，1分子あたり，平均何個のテレフタル酸の単位が含まれるか。

📖 ガイド　テレフタル酸とエチレングリコール各 n 分子から H_2O が $(2n-1)$ 分子とれて結合。

329 ◀差がつく　次の文章を読んで，あとの各問いに答えよ。(原子量；H = 1.0, C = 12, O = 16)

　ビニロンをつくるには，まず酢酸ビニルを触媒を用いて（①）重合させてポリ酢酸ビニルとする。ポリ酢酸ビニルを（②）するとポリビニルアルコールが得られるが，ポリビニルアルコールは親水性の（③）基を多くもつため，水に溶けてしまう。そこで，ポリビニルアルコール分子中の③基を（④）で処理し，水に溶けないようにする。このようにして得られた繊維がビニロンである。

- (1) 上の文章の（　）内に適する語句を入れよ。
- (2) ポリ酢酸ビニル1000gから，ビニロンは何g得られるか。ただし，下線部の反応において，③基の30％が処理されるものとする。

📖 ガイド　(2)ポリ酢酸ビニルのうち，30％はポリビニルアルコールがアセタール化した構造に変化し，70％はポリビニルアルコールに変化する。

52 合成樹脂(プラスチック)

テストに出る重要ポイント

◉ **合成樹脂の熱的性質**
① **熱可塑性樹脂**…加熱すると軟らかくなり，冷やすと硬くなる樹脂。
　➡ **鎖状構造**をもつ高分子化合物。
② **熱硬化性樹脂**…加熱すると硬くなり，再び加熱しても軟化しない樹脂。➡ **立体網目構造**をもつ高分子化合物。

◉ **熱可塑性樹脂**…分子が鎖状構造の樹脂。付加重合で合成されるものが多いが，縮合重合で合成されるものもある。
① **付加重合でつくられる樹脂**…すべて熱可塑性樹脂。

$$n\,CH_2=CH\!-\!X \xrightarrow{\text{付加重合}} {-\!\!\left[CH_2-CH\!-\!X\right]\!\!-}_n$$

X	単量体	重合体
H	エチレン	ポリエチレン
CH_3	プロピレン	ポリプロピレン
C_6H_5	スチレン	ポリスチレン
Cl	塩化ビニル	ポリ塩化ビニル
$OCOCH_3$	酢酸ビニル	ポリ酢酸ビニル
CN	アクリロニトリル	ポリアクリロニトリル

$$n\,CH_2=CCH_3\!-\!COOCH_3 \xrightarrow{\text{付加重合}} {-\!\!\left[CH_2-CCH_3\!-\!COOCH_3\right]\!\!-}_n$$

　　メタクリル酸メチル　　　　メタクリル樹脂(アクリル樹脂)

② **縮合重合でつくられる樹脂**…ナイロン66，ポリエチレンテレフタラートなど。

◉ **熱硬化性樹脂**…分子が立体網目構造の樹脂。縮合重合で合成されるものが多い。
① **フェノール樹脂**…フェノール＋ホルムアルデヒドで縮合重合。
② **尿素樹脂**…尿素＋ホルムアルデヒドで縮合重合。
　　　　　　　　└─$(NH_2)_2CO$
③ **メラミン樹脂**…メラミン＋ホルムアルデヒドで縮合重合。
　　　　　　　　　　└─$C_3N_3(NH_2)_3$

基本問題　　　　　　　　　　　　　　　　　　　　　解答 → 別冊 p.78

330 熱可塑性樹脂と熱硬化性樹脂　テスト必出

次の①〜⑤の文のうち，熱可塑性樹脂にあてはまるものには **A**，熱硬化性樹脂にあてはまるものには **B** を記せ。

① 加熱によって軟らかくなる。
② 鎖状構造をもつ高分子化合物である。
③ 付加重合によって合成されるものが多い。
④ 一般的に，硬くて耐熱性に優れたものが多い。
⑤ 建材や食器，電気器具などに利用されることが多い。

331 合成樹脂の構造　テスト必出

次のア〜カは，合成樹脂の構造の一部を示している。あとの各問いに答えよ。

ア　$\cdots-CH_2-CH-CH_2-CH-\cdots$
　　　　　　　$|$　　　　$|$
　　　　　　CH_3　　CH_3

イ　　　　　　　　　$\vdots$
　　　　　　　　　CH_2
　　$\cdots-CH_2-N-CO-N-CH_2-\cdots$
　　　　　　　　　$|$
　　　　　　　　CH_2
　　$\cdots-CH_2-N-CO-N-CH_2-\cdots$
　　　　　　　　　$|$
　　　　　　　　CH_2
　　　　　　　　　$\vdots$

ウ　$\cdots-CH_2-CHCl-CH_2-CHCl-\cdots$

エ　　　　　　　　　　O　　　　　　O
　　　　　　　　　　 ∥　　　　　　∥
　　$\cdots-N-(CH_2)_6-N-C-(CH_2)_4-C-\cdots$
　　　　$|$　　　　　　$|$
　　　H　　　　　　H

オ　$\cdots-CH_2-CCH_3-CH_2-CCH_3-\cdots$
　　　　　　　$|$　　　　　　　$|$
　　　　　$COOCH_3$　　　$COOCH_3$

カ　　　　O　　　　　　　O
　　　　　∥　　　　　　　∥
　　$\cdots-C-\!\bigcirc\!-C-O-(CH_2)_2-O-\cdots$

(1) ア〜カの樹脂の名称を書け。
(2) ア〜カのうち，熱硬化性樹脂はどれか。
(3) ア〜カのうち，縮合重合によって合成されるものをすべて選べ。

332 合成樹脂の構造と性質

次の(1)〜(5)にあてはまる合成樹脂を，あとのア〜クからすべて選べ。

(1) 炭化水素である。　　　　(2) エステル結合をもつ。
(3) 熱硬化性樹脂である。　　(4) ベンゼン環をもつ。
(5) 付加重合によって合成する。

　ア　ポリエチレン　　　　イ　ナイロン66　　　　ウ　フェノール樹脂
　エ　ポリエチレンテレフタラート　　　オ　ポリアクリロニトリル
　カ　ポリスチレン　　　キ　ポリ酢酸ビニル　　　ク　メラミン樹脂

応用問題

333 次の(1)〜(6)の合成樹脂の特徴としてあてはまるものを，あとのア〜カからそれぞれ選べ。
- (1) フェノール樹脂
- (2) 尿素樹脂
- (3) メラミン樹脂
- (4) ポリエチレン
- (5) ポリスチレン
- (6) ポリ塩化ビニル

ア 低密度のものと高密度のものがあり，ラップや買物袋に使われる。
イ ユリア樹脂ともよばれ，電気絶縁性，耐薬品性に優れている。
ウ 燃えにくく，耐水性，耐溶剤性に優れる。水道管やホースに利用される。
エ 中間生成物(ノボラックまたはレゾール)を経て生成する。
オ アミノ樹脂のひとつであり，食器や化粧板に利用される。
カ 発泡させたものは食品トレーやカップめんの容器に使われる。

334 次の文章を読んで，あとの各問いに答えよ。

ある合成樹脂A，B，Cの成分元素を調べたところ，樹脂Aでは炭素と水素の2種類，樹脂Bでは炭素，水素，酸素の3種類，樹脂Cでは炭素，水素，酸素，窒素の4種類であった。それぞれの樹脂を加熱したところ，①樹脂AおよびBは軟らかくなり，②樹脂Cは硬くなった。また，樹脂AおよびBはベンゼン環を含むことがわかった。

(1) A〜Cにあてはまる高分子化合物を，次のア〜カから選べ。
 ア ポリプロピレン   イ メタクリル樹脂
 ウ ナイロン66   エ ポリエチレンテレフタラート
 オ 尿素樹脂   カ ポリスチレン

(2) 下線部①，②のような樹脂をそれぞれ何というか。

335 酢酸ビニルはアセチレンと酢酸の付加反応によって得られる。この酢酸ビニルを付加重合させてポリ酢酸ビニルとし，さらに水酸化ナトリウム水溶液と反応させてけん化させ，ポリビニルアルコールを合成する。
　アセチレン130kgから，ポリビニルアルコールが何kg得られるか。ただし，反応の収率は90%とする。(原子量；H = 1.0, C = 12, O = 16)

53 天然ゴムと合成ゴム

テストに出る重要ポイント

● 天然ゴム(生ゴム)
① 構造…**イソプレン** C_5H_8 が付加重合した構造。

$$\left[\begin{array}{c} CH_3 \quad H \\ C=C \\ CH_2 \quad CH_2 \end{array}\right] \xrightarrow[\text{付加重合}]{\text{乾留}} nCH_2=C-CH=CH_2$$

生ゴム(ポリイソプレン) → イソプレン

➡ 生ゴムを乾留するとイソプレンが生じる。
└ 空気を遮断して固体を加熱すること。
▶ ゴムの木から得られる乳濁液を酸で凝固させて生ゴムを得る。
└ ラテックス

② 加硫…生ゴムに数%の硫黄を加えて加熱すると**弾性ゴム**が生成。
▶ 二重結合部分にS原子が結合し，橋をかけた形の構造ができる。
　➡ **架橋構造**
▶ 硫黄を30〜40%加えて加熱すると**エボナイト**になる。
└ 黒色で硬いプラスチック状の物質

● 合成ゴム
① 合成…イソプレンやイソプレンに似た構造の単量体を付加重合させる。

　　　単量体　　　　　　　　　合成ゴム 
$$nCH_2=C-CH=CH_2 \xrightarrow{\text{付加重合}} \left[CH_2-C=CH-CH_2\right]_n$$
　　　　│　　　　　　　　　　　　│
　　　　X　　　　　　　　　　　　X

X	単量体	合成ゴム	
H	ブタジエン	ブタジエンゴム	
CH_3	イソプレン	イソプレンゴム	← 天然ゴムに似ている。
Cl	クロロプレン	クロロプレンゴム	

② 共重合…2種類以上の単量体による付加重合。
　例　ブタジエンとスチレンの共重合 ➡ スチレン-ブタジエンゴム

基本問題

解答 ➡ 別冊 p.79

336　生ゴムとイソプレン 〔テスト必出〕

次のア〜オの文のうち，誤っているものをすべて選べ。
ア　生ゴムは，炭素と水素からなる高分子の炭化水素である。
イ　生ゴムを乾留すると，イソプレンが得られる。
ウ　イソプレンは，鎖状で分子内に二重結合を1つ含む炭化水素である。
エ　イソプレンを付加重合すると，二重結合の位置が変化する。
オ　生ゴムに硫黄を約30%加えて熱すると，弾力のあるゴムが得られる。

337 イソプレンとポリイソプレン

イソプレン C_5H_8 が付加重合して得られるポリイソプレンでは、イソプレン単位 n 個あたりに存在する二重結合の数は何個か。

338 合成ゴム ◁テスト必出

次の①〜③は、合成ゴムの構造である。それぞれの単量体の名称を書け。
① $\cdots-CH_2-CCl=CH-CH_2-CH_2-CCl=CH-\cdots$
② $\cdots-CH_2-CCH_3=CH-CH_2-CH_2-CCH_3=CH-\cdots$
③ $\cdots-CH_2-CH=CH-CH_2-CH_2-CH=CH-CH_2-\cdots$

応用問題 ……………………………………… 解答 ➡ 別冊 $p.79$

339 ◁差がつく

次の(1)〜(4)の反応の種類を、あとのア〜オから選べ。ただし、同じものを2度選んでもよい。
(1) 生ゴムからイソプレンが生じる反応。
(2) イソプレンから生ゴムが生じる反応。
(3) クロロプレンからポリクロロプレンが生じる反応。
(4) ブタジエンとスチレンからスチレン-ブタジエンゴムが生じる反応。

　ア　共重合　　　　　イ　付加重合　　　　ウ　開環重合
　エ　縮合重合　　　　オ　乾留

340

次の文章を読んで、あとの各問いに答えよ。

ゴムの木の幹に傷をつけると（ ① ）とよばれる乳濁液が得られる。これを凝固させ乾燥させたものが生ゴムである。生ゴムを空気を遮断して加熱するとイソプレンが得られる。また、生ゴムに（ ② ）を数%加えることにより高分子の二重結合間に（ ③ ）構造をつくると、弾性が増す。

(1) 文章中の（　）内に適する語句を入れよ。
(2) 下線部の反応を化学反応式で表せ。ただし、化学式は二重結合の位置がわかるように書くこと。
(3) $+CH_2-CH(CN)-CH_2-CH=CH-CH_2+_n$ と構造式を表すことができる合成ゴムの名称を答えよ。
(4) (3)の合成ゴムの単量体が行った付加重合を特に何というか。

54 機能性高分子と再利用

テストに出る重要ポイント

- **イオン交換樹脂**
  ① 陽イオン交換樹脂…R-SO₃H の H^+ と陽イオンが交換される。

  $$\left[\begin{array}{c} R \\ | \\ SO_3H \end{array} \right]_n + nNa^+ \longrightarrow \left[\begin{array}{c} R \\ | \\ SO_3Na \end{array} \right]_n + nH^+$$

  ② 陰イオン交換樹脂…R-N(CH₃)₃OH の OH^- と陰イオンが交換される。

  $$\left[\begin{array}{c} R \\ | \\ (CH_3)_3N-OH \end{array} \right]_n + nCl^- \longrightarrow \left[\begin{array}{c} R \\ | \\ (CH_3)_3N-Cl \end{array} \right]_n + nOH^-$$

- **高吸水性高分子**…三次元的な網目構造のすき間に水分子が入り込むことにより，多量の水を取り込む。紙おむつや生理用品，砂漠の緑化などに利用される。

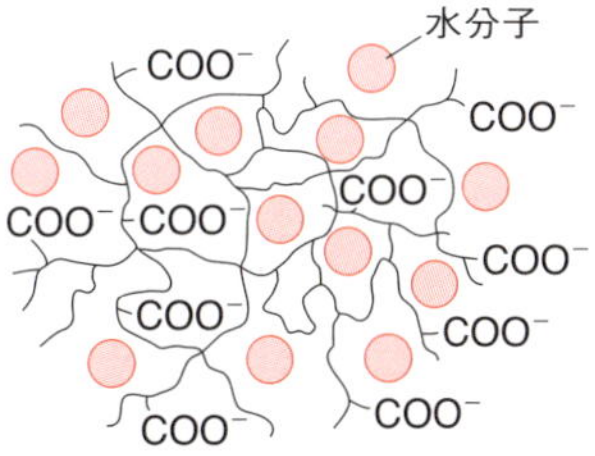

  吸水後の高吸水性高分子

- **導電性高分子**…アセチレンを付加重合させて得られる**ポリアセチレン**は，金属に近い電気伝導性を示す。

- **感光性高分子**…光を照射すると構造が変化し，性質が変化する。テレビ，携帯電話の電子回路に利用される。

- **プラスチックの再利用**
  ① リユース…使用済みのプラスチック製品を洗浄し，そのまま再利用する。
  ② マテリアルリサイクル…プラスチックを粉砕して加熱融解し，成形し直して再製品化する。
  ③ ケミカルリサイクル…化学的な処理によって原料まで分解し，再製品化したり，石油にもどしたりする。
  ④ サーマルリサイクル…プラスチックを燃焼させて，発生する熱をエネルギーとして利用する。

基本問題

341 イオン交換樹脂 ◀テスト必出

次の文中の(　)内に，適する語句を記せ。

スチレンに少量の p-ジビニルベンゼンを混合して共重合させると，立体網目構造をもつ合成樹脂(樹脂 A とする)が得られる。

樹脂 A に濃硫酸を反応させて(ア)基をつけたものは，水溶液中の(イ)を捕捉し，同時に(ウ)を放出することができる。このような樹脂を(エ)という。

一方，樹脂 A に $-CH_2-N(CH_3)_3OH$ のような基をつけたものは，水溶液中の(オ)を捕捉し，同時に(カ)を放出できる。このような樹脂を(キ)という。

例題研究 25. 次の文章を読んで，あとの各問いに答えよ。

(原子量；Na = 23, Cl = 35.5)

ベンゼン環をもつ単量体から合成した樹脂がある。この樹脂のベンゼン環をスルホン化した物質 A は，(①)交換樹脂である。物質 A をガラス管につめて食塩水を通したとき，流出する溶液の溶質は(②)である。

(1) 空欄①には適する語句，②には化学式を入れよ。

(2) 食塩水を2.0L 通したときの流出液を20mL とり，0.20mol/L の NaOH 水溶液で中和したところ，NaOH 水溶液が30mL 必要であった。食塩水 2.0L 中には何g の NaCl が含まれていたか。

[着眼] (1) スルホ基 $-SO_3H$ をもつイオン交換樹脂である。
(2) 流出した塩酸のモル濃度と食塩水のモル濃度は等しい。

[解き方] (1) スルホ基の H^+ と溶液中の Na^+ が交換される。すなわち，
$$R-SO_3H + Na^+ \longrightarrow R-SO_3Na + H^+$$
よって，流出液に溶けているのは HCl である。

(2) 流出した塩酸のモル濃度を x [mol/L] とすると，中和反応における量的関係から，
$$x \times \frac{20}{1000} = 0.20 \times \frac{30}{1000} \quad \therefore \quad x = 0.30 \,\text{mol/L}$$
また，陽イオン交換反応における量的関係から，食塩水のモル濃度も 0.30 mol/L である。食塩水中に含まれていた NaCl の質量は，
$$58.5 \times 0.30 \times 2.0 = 35.1\,\text{g}$$

[答] (1) ① 陽イオン　② HCl　(2) 35 g

342 プラスチックの再利用

次の(1)〜(4)について，あとのア〜エのどれにあてはまるかそれぞれ答えよ。

- (1) 回収したペットボトルを砕いて融解させたものから衣類を生産した。
- (2) 空になったジュースのペットボトルを洗って，お茶を入れて飲んだ。
- (3) 回収したプラスチック製品を原料の石油にもどした。
- (4) 回収したプラスチックを燃焼し，そのエネルギーを発電や冷暖房・温水器の熱源として利用した。

　ア　リユース　　　　　　　　イ　マテリアルリサイクル
　ウ　ケミカルリサイクル　　　エ　サーマルリサイクル

応用問題

343
次の文章を読み，文章中の A 〜 E の高分子化合物の構造を，あとのア〜オから選べ。

　縮合重合により合成される高分子 A，B は，おもに繊維に用いられるが，A はペットボトルの素材としても使用される。繊維となる高分子としては，C のように付加重合で合成されるもの，D のように開環重合で合成されるものもある。E の合成に用いられる単量体をジビニルベンゼンとともに重合させて得られる高分子は，イオン交換樹脂の原料である。

ア　$\cdots-NH-(CH_2)_5-\overset{O}{\underset{\|}{C}}-\cdots$

イ　$\cdots-O-(CH_2)_2-O-\overset{O}{\underset{\|}{C}}-\underset{}{\bigcirc}-\overset{O}{\underset{\|}{C}}-\cdots$

ウ　$\cdots-\underset{\underset{}{\bigcirc}}{CH}-CH_2-\cdots$

エ　$\cdots-NH-(CH_2)_6-NH-\overset{O}{\underset{\|}{C}}-(CH_2)_4-\overset{O}{\underset{\|}{C}}-\cdots$

オ　$\cdots-\underset{\underset{CN}{|}}{CH}-CH_2-\cdots$

344 ◀差がつく
陽イオン交換樹脂を円筒状のカラムにつめ，上から $0.10\,mol/L$ 硫酸銅(Ⅱ)水溶液を $15\,mL$ 流した後，水洗いし，流出液をすべてビーカーにとった。

- (1) 陽イオン交換樹脂を $R-SO_3H$ で表すと，このイオン交換反応はどのように表されるか。
- (2) 流出液のすべてを $0.10\,mol/L$ の水酸化ナトリウム水溶液で中和滴定したとき，中和点までに要する水酸化ナトリウム水溶液は何 mL か。

図版；甲斐美奈子

シグマベスト
シグマ基本問題集
化　学

本書の内容を無断で複写(コピー)・複製・転載することは，著作者および出版社の権利の侵害となり，著作権法違反となりますので，転載等を希望される場合は前もって小社あて許諾を求めてください。

Ⓒ BUN-EIDO 2013　　Printed in Japan

編　者　文英堂編集部
発行者　益井英郎
印刷所　NISSHA 株式会社
発行所　株式会社　文英堂
　　　　〒601-8121　京都市南区上鳥羽大物町28
　　　　〒162-0832　東京都新宿区岩戸町17
　　　　(代表)03-3269-4231

● 落丁・乱丁はおとりかえします。

シグマ基本問題集 化学

正解答集

→ 検討 で問題の解き方が完璧にわかる
→ テスト対策 で定期テスト対策も万全

文英堂

1 物質の状態変化と蒸気圧

基本問題 ●●●●●●●●● 本冊 p.5

1
答 (1) 液体　(2) 固体　(3) 気体
(4) 固体　(5) 気体

検討 (1)液体は，分子は互いに接しているが，位置が置き換わることができる。そのため，容器に合わせて形を変えることができる。
(2)分子のもつエネルギーが大きくなると，分子の熱運動が活発になる。**分子のもつエネルギーは固体が最小で，気体が最大。**
(3)気体は分子間の距離が非常に大きい。
(4)固体は，分子が決まった位置にあるため，分子間の距離は一定である。
(5)**分子間力は分子間の距離が近いほど大きく**なる。気体は分子間の距離が大きいため，固体や液体に比べて分子間力の影響が小さい。

2
答 (1) T_1：融点　T_2：沸点
(2) AB 間：固体
　　BC 間：固体と液体が共存している状態。
　　CD 間：液体
　　DE 間：液体と気体が共存している状態。
　　EF 間：気体
(3) 加えられた熱エネルギーは状態変化に使われ，物質の温度上昇には使われないから。
(4) CD 間の状態　(5) 融解　(6) 昇華

検討 (1)物質を固体の状態から加熱していくと，温度が上昇するとともに固体が液体になる。この現象が**融解**で，融解するときの温度が**融点**である。液体をさらに加熱すると温度が上昇し，液体の内部からも蒸発が起こるようになる。この現象が**沸騰**で，沸騰するときの温度が**沸点**である。
(2)(3)融解では，固体の粒子の配列をくずすために，融解熱として熱エネルギーが吸収される。このため物質がすべて液体になるまで温度は上昇しない。この間は，固体と液体が共存している。沸騰では，液体の粒子間の引力に打ち勝って粒子が飛び出すようにするために，蒸発熱として熱エネルギーが吸収される。このため物質がすべて気体になるまで温度は上昇しない。この間は，液体と気体が共存している。
(4) CD 間は液体の状態であり，EF 間は気体の状態である。液体では粒子が互いに接しているが，気体では互いに離れた状態にあり，密度は液体である CD 間のほうが大きい。
(6)固体から直接気体になる変化を**昇華**という（逆に気体から直接固体になる変化も昇華ということがある）。

> **テスト対策**
> ▶分子のもつエネルギー⇒固体<液体<気体
> ▶融点・沸点⇒加えられたエネルギーが状態変化に使われるので，**温度は一定。**

3
答 ウ

検討 密閉容器内に適当量の水を入れ，温度を一定に保ったまま放置すると，水蒸気が一定の圧力を示すようになる。このときの水蒸気の圧力を飽和蒸気圧または単に**蒸気圧**という。このとき，単位時間あたりに蒸発する水分子の数と凝縮する水分子の数が等しく，見かけ上は蒸発や凝縮が停止したように見える。これを**気液平衡**という。

4
答 (1) A：34℃　B：78℃　C：100℃
(2) C　(3) A　(4) 20℃

検討 (1)蒸気圧が外圧と等しくなったとき沸騰する。単に沸点といえば外圧が 1.013×10^5 Pa のときの値だから，グラフの点線と A，B，C の蒸気圧曲線の交点の温度が，それぞれの沸点である。
(2)水は，100℃で蒸気圧が大気圧（1.013×10^5 Pa）と等しくなり，沸騰する。

(3)同温度で，蒸気圧が最も高い物質が，最も蒸発しやすい。
(4)蒸気圧が$6.0×10^4$Paになる温度で沸騰する。

> **テスト対策**
> ▶沸騰；蒸気圧が外圧に等しくなったとき起こる。
> ⇨ このときの温度が**沸点**。

応用問題 ・・・・・・・・・・・・・ 本冊 p.6

5
答 ウ，エ，オ
検討 ア；100℃の水と100℃の水蒸気では，蒸発熱の分，水蒸気のほうがエネルギーが大きい。
イ；固体が直接気体になる変化を**昇華**という（逆に気体が直接固体になる変化も昇華ということがある）。
ウ；固体より液体のほうが分子の熱エネルギーが大きく，熱運動が活発なので，分子からなる物質の多くは，液体のほうが固体より分子間の距離が大きい。
[参考] 多くの物質では，固体のほうが液体より密度が大きい。ただし，水は例外で氷のほうが水より密度が小さい。
エ；液体のほうが固体よりエネルギーが大きい。そのエネルギー差が熱として放出される。
オ；温度が高くなると，分子の熱エネルギーが大きくなり，分子の運動速度が大きくなるので，分子間の距離が大きくなる。

6
答 エ
検討 ア・イ；グラフより，外圧が$1.0×10^5$Paのときの沸点は，**A**が約36℃，**B**が約63℃，**C**が約112℃である。同温で蒸気圧の小さい物質ほど沸点が高い。
ウ；飽和蒸気圧が外圧と等しいときの温度が沸点である。グラフより，外圧が$0.2×10^5$PaのときのBの沸点は約20℃，外圧が$1.0×10^5$PaのときのAの沸点は約36℃である。
エ；飽和蒸気圧の大きさは，温度によって決まる。ほかの気体の有無とは無関係である。
オ；グラフより，80℃における**C**の飽和蒸気圧は$4.0×10^4$Pa，20℃における**A**の飽和蒸気圧は$5.5×10^4$Paである。

> **テスト対策**
> ▶飽和蒸気圧
> ●同温で蒸気圧の低い物質ほど沸点が高い。
> ●飽和蒸気圧と外圧が等しくなると，**沸騰**が起こる。
> ●物質の飽和蒸気圧は温度によって決まる。
> ⇨ 共存する気体は関係がない。

7
答 (1) **A**；氷(固体)　**B**；水(液体)　**C**；水蒸気(気体)　(2) ウ
検討 (1)圧力がp_2のとき，温度が高くなると，順に**A**→**B**→**C**と状態が変化することから，**A**は氷(固体)，**B**は水(液体)，**C**は水蒸気(気体)である。
(2)ア；AB間の直線は水の融点を表している。圧力を大きくすると，融点が下がる。
イ；BC間の曲線は蒸気圧曲線であり，圧力をp_2からp_3に高くすると，沸点は高くなる。
ウ；圧力がp_1より低いとき，**A**と**C**の状態でしか存在しない。
エ；状態図を見ると，温度がt_1以下でも**B**の状態で存在できる場合がある(たとえばp_3のとき)ことがわかる。

2 分子間力と沸点・融点

基本問題 ・・・・・・・・・・・・・ 本冊 p.8

8
答 ア；高く　イ；ファンデルワールス力(分子間力)　ウ；高い　エ；正四面体
オ；無極性　カ；三角錐　キ；極性

[検討] ウ〜キ；極性分子間には，静電気的な引力がはたらくため，15〜17族の水素化合物の沸点は，14族の水素化合物に比べて高い。

9
[答] ウ

[検討] ア；水は極性分子なので，極性分子からなる物質は溶かすが，無極性分子からなる物質は溶かさない。よって，誤り。
イ；物質は一般的に凝固すると密度が大きくなるが，水は例外で，凝固すると密度が小さくなる。よって，誤り。
ウ；正しい。水のほかにアンモニアやフッ化水素も，水素結合の影響により，分子量から予想される沸点に比べて高い。
エ；水は2対の非共有電子対と，2対の共有電子対をもつ。よって，誤り。

応用問題 ……………… 本冊 p.9

10
[答] (1) イ　(2) ア　(3) オ　(4) ウ
(5) エ

[検討] (1) NH_3 は分子からなる物質であり，NaCl はイオンからなる物質。
(2) K より Na のほうが原子番号が小さく，イオン半径も小さい。
(3) F_2 と HCl は分子量はほぼ同じ（F_2；38，HCl；36.5）だが，F_2 は無極性分子であり，HCl は極性分子。
(4) CH_4，C_2H_6 いずれも分子からなる物質であり，分子量は，CH_4 は16，C_2H_6 は30。
(5) AgCl は1価のイオンどうしが結合したものに対して，$BaCl_2$ は2価の陽イオン Ba^{2+} と1価の陰イオン Cl^- が結合したもの。よって，$BaCl_2$ のほうが両イオンの電気量が大きい。

11
[答] (1) A_1；CH_4　C_1；H_2O　D_1；HF
(2) 分子間で水素結合を形成するため。

(3) 1分子あたりの水素結合の数が，水のほうが多いから。
(4) 周期が大きくなるほど分子量が大きくなるから。
(5) ア

[検討] (1) A_1は14族の第2周期の元素の水素化合物なので，炭素 C の水素化合物であり，メタン CH_4。C_1は16族の第2周期の元素の水素化合物なので，酸素 O の水素化合物であり，水 H_2O。D_1は17族の第2周期の元素の水素化合物なので，フッ素 F の水素化合物であり，フッ化水素 HF。
(2) H_2O，HF は，分子間で水素結合を形成するので，沸点が異常に高い。
(3) 水分子1個あたり，水素結合は2本であり（2個の水分子と水素結合している），これに対して，フッ化水素分子1個あたり，水素結合は1本である（1個のフッ化水素分子と水素結合している）。
(4) 分子構造が類似している物質の沸点は，分子量が大きいほどファンデルワールス力が強くはたらくので，分子量の順に高くなる。それぞれの族では，周期が大きくなるにつれて原子量が大きくなり，水素化合物の分子量が大きくなるので，周期が大きいほど沸点が高くなる。
(5) アンモニアの沸点は約−33℃。リン化水素 PH_3（沸点は約−88℃）よりはるかに沸点が高い。

3　ボイル・シャルルの法則

基本問題 ……………… 本冊 p.10

12
[答] (1) 7.5×10^4 Pa
(2) 8.2 L

13 〜 17 の答え　5

[検討] (1)ボイルの法則 $P_1V_1 = P_2V_2$ において，
$P_1 = 2.5 \times 10^5 \text{Pa}$, $V_1 = 3.0 \text{L}$, $V_2 = 10.0 \text{L}$ より，
$P_2 = \dfrac{P_1V_1}{V_2} = \dfrac{2.5 \times 10^5 \times 3.0}{10.0} = 7.5 \times 10^4 \text{Pa}$

(2)シャルルの法則 $\dfrac{V_1}{T_1} = \dfrac{V_2}{T_2}$ において，
$T_1 = 273 \text{K}$, $V_1 = 6.0 \text{L}$,
$T_2 = 273 + 100 = 373 \text{K}$ より，
$V_2 = \dfrac{V_1 T_2}{T_1} = \dfrac{6.0 \times 373}{273} = 8.19\cdots \fallingdotseq 8.2 \text{L}$

✎ **テスト対策**

▶ボイル・シャルルの法則

$$\dfrac{P_1V_1}{T_1} = \dfrac{P_2V_2}{T_2}$$

● $T_1 = T_2 \Rightarrow$ ボイルの法則
$$P_1V_1 = P_2V_2$$

● $P_1 = P_2 \Rightarrow$ シャルルの法則
$$\dfrac{V_1}{T_1} = \dfrac{V_2}{T_2}$$

▶絶対温度 $T[\text{K}] = 273 + t[℃]$

---

❸

[答] (1) ウ　(2) オ

[検討] (1) P が大きくなるにつれて，V は反比例して小さくなる。
(2) T が大きくなるにつれて，V は比例して大きくなる。

❹

[答] (1) **7.3 L**　(2) **3.2×10⁵ Pa**
(3) **527℃**

[検討] $\dfrac{P_1V_1}{T_1} = \dfrac{P_2V_2}{T_2}$ に代入する。

(1) $\dfrac{2.02 \times 10^5 \times 4.0}{300} = \dfrac{1.01 \times 10^5 \times V}{273}$
　　$\therefore V = 7.27\cdots \fallingdotseq 7.3 \text{L}$

(2) $\dfrac{1.01 \times 10^5 \times 5.0}{273} = \dfrac{P \times 2.0}{350}$
　　$\therefore P = 3.23\cdots \times 10^5 \fallingdotseq 3.2 \times 10^5 \text{Pa}$

(3) $\dfrac{3.03 \times 10^5 \times 6.00}{400} = \dfrac{9.09 \times 10^5 \times 4.00}{T}$
　　$\therefore T = 800 \text{K}$

よって，求める温度は，$800 - 273 = 527℃$

応用問題 ••••••••••• 本冊 p.11

❺

[答] (1) **91℃**　(2) **5.6 L，8.4 L**

[検討] (1)求める温度を $t[℃]$，はじめの圧力を P_0 とすると，変化後の圧力は $2P_0$ と表せる。
$\dfrac{P_1V_1}{T_1} = \dfrac{P_2V_2}{T_2}$ より，
$\dfrac{P_0 \times 3.0}{273} = \dfrac{2P_0 \times 2.0}{273 + t}$　　$\therefore t = 91℃$

(2)前半は，標準状態で気体 1 mol は 22.4 L から，
$\dfrac{7.0 \text{g}}{28.0 \text{g/mol}} \times 22.4 \text{L/mol} = 5.6 \text{L}$
後半はシャルルの法則によって，
$\dfrac{5.6 \text{L}}{273 \text{K}} = \dfrac{V_2}{(273 + 137) \text{K}}$
$\therefore V_2 = 8.41\cdots \fallingdotseq 8.4 \text{L}$

✎ **テスト対策**

▶標準状態における気体の物質量
　ある物質(分子量；M) $w[\text{g}]$ の標準状態における体積 $V[\text{L}]$ は，
$$\dfrac{w}{M} = \dfrac{V}{22.4} \Rightarrow V = \dfrac{22.4w}{M}$$

---

❻

[答] **イ**

[検討] ボイルの法則より，一定量の気体の体積と圧力は反比例する。よって，イまたはウのグラフになる。また，シャルルの法則より，一定量の気体の体積と絶対温度は比例する。$T_1 > T_2$ より，T_1 のグラフのほうが上になる。

4　気体の状態方程式

基本問題 ••••••••••• 本冊 p.12

❼

[答] **1.4×10²³ 個**

[検討] $P = 1.8 \times 10^5 \text{Pa}$, $V = 3.0 \text{L}$,
$R = 8.3 \times 10^3 \text{Pa} \cdot \text{L}/(\text{K} \cdot \text{mol})$,
$T = 273 + 15 = 288 \text{K}$

気体の状態方程式 $PV=nRT$ に代入すると，
$1.8\times10^5\times3.0 = n\times8.3\times10^3\times288$
∴ $n = 0.2259\cdots ≒ 0.226$ mol
分子数は，アボガドロ定数 6.0×10^{23}/mol より，
$6.0\times10^{23}\times0.226 = 1.35\cdots\times10^{23}$
　　　　　　　　　　　$≒ 1.4\times10^{23}$ 個

18

答 (1) **64 g**　(2) **44**

検討 (1) $P = 5.0\times10^5$ Pa, $V = 10$ L,
$R = 8.3\times10^3$ Pa·L/(K·mol),
$T = 273+27 = 300$ K, $M = 16\times2 = 32$
これらを $PV = \dfrac{w}{M}RT$ に代入して，
$5.0\times10^5\times10 = \dfrac{w}{32}\times8.3\times10^3\times300$
∴ $w = 64.2\cdots ≒ 64$ g

(2) $P = 3.0\times10^5$ Pa, $V = 400\times10^{-3} = 0.40$ L,
$R = 8.3\times10^3$ Pa·L/(K·mol),
$T = 273+127 = 400$ K, $w = 1.6$ g
これらを $PV = \dfrac{w}{M}RT$ に代入して，
$3.0\times10^5\times0.40 = \dfrac{1.6}{M}\times8.3\times10^3\times400$
∴ $M = 44.2\cdots ≒ 44$

テスト対策

▶ 気体の $\begin{cases}体積\\温度\\圧力\end{cases}$ と $\begin{cases}物質量\\質\ 量\\分子量\end{cases}$ の関係

⇨ $\begin{cases}PV = nRT\\PV = \dfrac{w}{M}RT\end{cases}$

▶ 代入するとき，単位に注意
　⇨ R の単位と一致させる。
　● $R = 8.31\times10^3$ Pa·L/(K·mol)
　　　$P\to$ Pa, $V\to$ L, $T\to$ K
　● $R = 8.31$ kPa·L/(K·mol)
　　　$P\to$ kPa, $V\to$ L, $T\to$ K

19

答 (1) **37 L**　(2) **1.2×10^6 Pa**

検討 (1) $P = 2.0\times10^5$ Pa, $T = 273+27 = 300$ K
$PV = nRT$ より，
$2.0\times10^5\times V = 3.0\times8.3\times10^3\times300$
∴ $V = 37.3\cdots ≒ 37$ L

(2) $T = 273+77 = 350$ K
$PV = nRT$ より，
$P\times5.0 = 2.0\times8.3\times10^3\times350$
∴ $P = 1.16\cdots\times10^6 ≒ 1.2\times10^6$ Pa

応用問題　　　　　　　　　　本冊 p.13

20

答 (1) **イ**　(2) **ウ**　(3) **エ**

検討 (1) R は定数であるから，n と T が一定のときは，$PV = $ 一定となり，P の値にかかわらず PV の値は一定となる。

(2) n と V が一定のときは，$\dfrac{P}{T} = $ 一定となり，P と T は比例する。

(3) P と V が一定のときは，$nT = $ 一定となり，n と T は反比例する。

21

答 **74**

検討 この液体物質を沸騰水で完全に気化させたとき，フラスコ内はこの物質の気体(**100℃**)で満たされている。放冷して液化したときの質量から，フラスコ内を満たしていた気体が 1.2 g であることがわかる。
$P = 1.0\times10^5$ Pa,
$V = 500\times10^{-3} = 0.50$ L,
$w = 1.2$ g,
$R = 8.3\times10^3$ Pa·L/(K·mol),
$T = 273+100 = 373$ K
これらを $PV = \dfrac{w}{M}RT$ に代入して，
$1.0\times10^5\times0.50 = \dfrac{1.2}{M}\times8.3\times10^3\times373$
∴ $M = 74.3\cdots ≒ 74$

5 混合気体の圧力

基本問題 ●●●●●●●●●●●●●● 本冊 *p.14*

22

答 (1) $N_2 : CH_4 = 1 : 2$ (2) $3.7 \times 10^4 \, \text{Pa}$
(3) $1.2 \times 10^4 \, \text{Pa}$

検討 (1) 分子量；$N_2 = 28$ より，N_2 0.70 g の物質量は，
$$\frac{0.70}{28} = 0.025 \, \text{mol}$$
分子量；$CH_4 = 16$ より，CH_4 0.80 g の物質量は，
$$\frac{0.80}{16} = 0.050 \, \text{mol}$$
混合気体における成分気体の分圧比は，物質量比に等しいから，分圧比は，
$N_2 : CH_4 = 0.025 : 0.050 = 1 : 2$

(2) 混合気体の総物質量は，
$0.025 + 0.050 = 0.075 \, \text{mol}$
全圧を P [Pa] として，気体の状態方程式に代入すると，
$P \times 5.0 = 0.075 \times 8.3 \times 10^3 \times (273 + 27)$
∴ $P = 3.73\cdots \times 10^4 ≒ 3.7 \times 10^4 \, \text{Pa}$

(3) 分圧比が $N_2 : CH_4 = 1 : 2$ なので，N_2 の分圧は，
$3.7 \times 10^4 \times \dfrac{1}{3} = 1.23\cdots \times 10^4 ≒ 1.2 \times 10^4 \, \text{Pa}$

> **テスト対策**
> ▶混合気体における計算
> ● 全圧＝分圧の和
> ● 成分気体について，
>   物質量比＝分圧比＝体積比（同温・同圧）

23

答 イ，エ

検討 ア；理想気体は，ボイル・シャルルの法則や気体の状態方程式を完全に満たす。
イ；理想気体では，分子に体積はないが，質量はある。
ウ；温度が高いと，分子の運動速度が大きくなり，分子間力の影響が小さくなる。
エ；圧力が高いと，分子間の距離が小さくなるので，分子間力の影響が大きくなる。また，気体全体の体積に対して分子自身が占める体積が無視できなくなる。

応用問題 ●●●●●●●●●●●●●● 本冊 *p.15*

24

答 (1) 16 (2) $5.0 \times 10^5 \, \text{Pa}$

検討 (1) 分子量；$H_2 = 2.0$ より，水素 0.10 g の物質量は 0.050 mol である。同様にして，窒素 0.70 g，酸素 0.80 g の物質量は，それぞれ 0.025 mol である。
成分気体の物質量の合計は，
$0.050 + 0.025 + 0.025 = 0.10 \, \text{mol}$
よって，混合気体の平均分子量は，
$$\frac{0.050}{0.10} \times 2.0 + \frac{0.025}{0.10} \times 28 + \frac{0.025}{0.10} \times 32 = 16$$
[別解] 混合気体の総質量は，
$0.10 + 0.70 + 0.80 = 1.60 \, \text{g}$
これが 0.10 mol に相当するので，
$$\frac{1.60}{0.10} = 16$$

(2) 全圧を P [Pa] とすると，気体の状態方程式より，
$P \times 0.50 = 0.10 \times 8.3 \times 10^3 \times 300$
∴ $P = 4.98\cdots \times 10^5 ≒ 5.0 \times 10^5 \, \text{Pa}$

> **テスト対策**
> ▶混合気体の平均分子量
> $$M = \frac{n_A}{n} M_A + \frac{n_B}{n} M_B + \cdots$$
> n；各成分気体の物質量の和
> $n_A, n_B, \cdots$；各成分気体の物質量
> $M_A, M_B, \cdots$；各成分気体の分子量

25

答 全圧；$4.5 \times 10^5 \, \text{Pa}$
二酸化炭素の分圧；$3.0 \times 10^5 \, \text{Pa}$

検討 はじめに一酸化炭素が x [mol] あったとすると，反応前後の各物質の物質量 [mol] は，

	2CO	+	O_2	$\longrightarrow$	$2CO_2$
反応前	x		x		0
反応量	x		$\dfrac{x}{2}$		x
反応後	0		$\dfrac{x}{2}$		x

反応前後での成分気体の物質量の和の比は，

$(x+x):(\dfrac{x}{2}+x)=4:3$

よって，反応後の全圧は，

$6.0\times 10^5 \times \dfrac{3}{4}=4.5\times 10^5 \text{Pa}$

また，反応後の混合気体において，酸素と二酸化炭素の物質量の比は1：2なので，二酸化炭素の分圧は，

$4.5\times 10^5 \times \dfrac{2}{3}=3.0\times 10^5 \text{Pa}$

26

答　A：窒素　B：理想気体　C：二酸化炭素

検討　$\dfrac{PV}{RT}=1.0$である**B**が理想気体である。

$\dfrac{PV}{RT}$の値が1.0からずれる原因は，分子間力，分子の体積の2つである。

・分子間力による影響…分子間力により分子どうしが引きつけられる。➡ 体積は，理想気体よりも小さくなる。

・分子の体積による影響…分子そのものには体積がある。➡ 体積は，理想気体よりも大きくなる。

分子量が大きいほど，分子間力は大きくなる。また，分子に極性（部分的な極性も含む）があると，分子間力は大きくなる。分子量は窒素＜二酸化炭素なので，理想気体からのずれがより小さい**A**が窒素，最も大きい**C**が二酸化炭素である。

[参考]　高圧なほど，分子間力による影響より分子の体積による影響のほうが大きくなる。

> ✏️ テスト対策
> ▶**理想気体**：気体の状態方程式やボイル・シャルルの法則に完全にしたがう。
> ⇨ 分子間力と分子の体積がないため。

6　金属結晶の構造

基本問題 ……………………………… 本冊 p.17

27

答　ア

検討　ア：1つの原子に接する原子の数（配位数という）は，面心立方格子では12個，体心立方格子では8個である。

イ：ともにすき間がある。

ウ：面心立方格子は，原子が頂点に8個，面の中心に6個ある。頂点の原子は8つの単位格子，面の中心の原子は2つの単位格子にまたがっているから，単位格子中の原子数は，

$\dfrac{1}{8}\times 8+\dfrac{1}{2}\times 6=4$ 個

体心立方格子は，原子が頂点に8個，格子の中心に1個あるから，単位格子中の原子数は，

$\dfrac{1}{8}\times 8+1=2$ 個

エ：面心立方格子のほうが体心立方格子より，原子が密に詰めこまれている（充填率に注目しよう）。

> ✏️ テスト対策
> ▶**体心立方格子と面心立方格子**
>
> | | 体心立方格子 | 面心立方格子 |
> |---|---|---|
> | 単位格子中の原子数 | 2 | 4 |
> | 配位数 | 8 | 12 |
> | 充填率 | 68% | 74% |

[参考]　**配位数**：原子1個に接する原子の数。結晶格子の種類によって決まっている。

充填率：原子を球と考えたとき，原子が空間を占める割合。「面心＞体心」が重要。

応用問題 ……………………………… 本冊 p.18

28

答　ア：$\dfrac{4\sqrt{3}}{3}r$　イ：2　ウ：$\dfrac{32\sqrt{3}}{9}N_A dr^3$

エ：$2\sqrt{2}r$　オ：4　カ：$4\sqrt{2}N_A dr^3$

検討　ア：体心立方格子の場合，次ページの図

のように原子どうしが接しているので，単位格子の一辺の長さをaとすると，

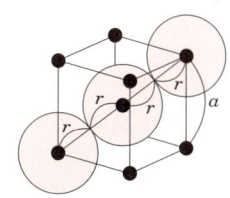

$\sqrt{3}a = 4r$　　∴ $a = \dfrac{4\sqrt{3}}{3}r$

ウ；求める原子量をMとおくと，

$d = \dfrac{\dfrac{M}{N_A} \times 2}{\left(\dfrac{4\sqrt{3}}{3}r\right)^3}$　　∴ $M = \dfrac{32\sqrt{3}}{9}N_A d r^3$

エ；面心立方格子の場合，右図のように原子どうしが接しているので，単位格子の一辺の長さをbとすると，

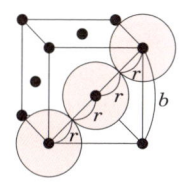

$\sqrt{2}b = 4r$　　∴ $b = 2\sqrt{2}r$

カ；$d = \dfrac{\dfrac{M}{N_A} \times 4}{(2\sqrt{2}r)^3}$　　∴ $M = 4\sqrt{2}N_A d r^3$

29

答　(1) イ　　(2) ウ

検討　各単位格子の充填率の大小は次の通り。

体心立方格子＜面心立方格子＝六方最密構造

したがって，密度は，面心立方格子と六方最密構造が等しく，体心立方格子の密度はこれらより小さい。

30

答　$A : B = \dfrac{M_A}{a^3} : \dfrac{2M_B}{b^3}$

検討　単位格子中の原子数は，

A（体心立方格子）；$\dfrac{1}{8} \times 8 + 1 = 2$個

B（面心立方格子）；$\dfrac{1}{8} \times 8 + \dfrac{1}{2} \times 6 = 4$個

アボガドロ定数をN_Aとすると，それぞれの単位格子の質量は，

$A ; \dfrac{M_A}{N_A} \times 2 = \dfrac{2M_A}{N_A}$　　$B ; \dfrac{M_B}{N_A} \times 4 = \dfrac{4M_B}{N_A}$

また，それぞれの単位格子の体積は，

$A ; (a \times 10^{-7})^3 = a^3 \times 10^{-21}$〔cm^3〕
$B ; (b \times 10^{-7})^3 = b^3 \times 10^{-21}$〔cm^3〕

よって，金属A，Bの密度は，

$A ; \dfrac{2M_A}{N_A} \div (a^3 \times 10^{-21})$

　$= \dfrac{2M_A}{N_A \times a^3 \times 10^{-21}}$〔g/cm^3〕

$B ; \dfrac{4M_B}{N_A} \div (b^3 \times 10^{-21})$

　$= \dfrac{4M_B}{N_A \times b^3 \times 10^{-21}}$〔g/cm^3〕

以上より，金属A，Bの密度の比は，

$A : B = \dfrac{2M_A}{N_A \times a^3 \times 10^{-21}} : \dfrac{4M_B}{N_A \times b^3 \times 10^{-21}}$

　$= \dfrac{M_A}{a^3} : \dfrac{2M_B}{b^3}$

[別解]　単位格子中の原子数の比は，

$A : B = 2 : 4 = 1 : 2$

原子1個の質量の比は，$A : B = M_A : M_B$
単位格子の体積の比は，$A : B = a^3 : b^3$
よって，密度の比は，

$A : B = \dfrac{1 \times M_A}{a^3} : \dfrac{2 \times M_B}{b^3} = \dfrac{M_A}{a^3} : \dfrac{2M_B}{b^3}$

31

答　① 体心立方　② 8　③ 2
④ 0.19　⑤ 2.5×10^{22}
⑥ 3.9×10^{-23}　⑦ 6.0×10^{23}

検討　② 格子の中心の原子に対して，頂点の8個の原子が接している。

③ $\dfrac{1}{8} \times 8 + 1 = 2$個

④ 単位格子の一辺をl〔nm〕，原子の半径をr〔nm〕とすると，

$(4r)^2 = l^2 + (\sqrt{2}l)^2$

∴ $r = \dfrac{\sqrt{3}}{4}l = \dfrac{1.73}{4} \times 0.43 = 0.185\cdots ≒ 0.19$ nm

⑤ 0.43 nm $= 0.43 \times 10^{-7}$ cm より，単位格子の体積は$(0.43 \times 10^{-7})^3$ cm^{3}である。単位格子中の原子数が2個より，1 cm^{3}中の原子は，

$$\frac{2}{(0.43 \times 10^{-7})^3} = 2.51\cdots \times 10^{22} \fallingdotseq 2.5 \times 10^{22}\text{個}$$

⑥ 単位格子の質量は,
$$0.97 \times (0.43 \times 10^{-7})^3 = 7.712\cdots \times 10^{-23}$$
$$\fallingdotseq 7.71 \times 10^{-23}\text{g}$$

単位格子中の原子数は2個であるから, 原子1個の質量は,
$$\frac{7.71 \times 10^{-23}}{2} = 3.85\cdots \times 10^{-23} \fallingdotseq 3.9 \times 10^{-23}\text{g}$$

⑦ モル質量が23g/mol より,
$$\frac{23}{3.85 \times 10^{-23}} = 5.97\cdots \times 10^{23} \fallingdotseq 6.0 \times 10^{23}\text{/mol}$$

7 イオン結晶の構造

基本問題 ……………… 本冊 p.20

32

[答] **イ, オ, キ**

[検討] イオン結合は, 陽イオンと陰イオンの結合である。したがって,

{陽イオンになりやすい元素 ⇒ 金属元素
 陰イオンになりやすい元素 ⇒ 非金属元素}

の原子間の結合である。

ア；C も O も非金属元素。
イ；Ca は金属元素, O は非金属元素。
ウ；N は非金属元素。
エ；C も Cl も非金属元素。
オ；K は金属元素, Cl は非金属元素。
カ；H も O も非金属元素。
キ；Mg は金属元素, Br は非金属元素。

[テスト対策]
▶ {金属元素 / 非金属元素} の原子間 ⇒ イオン結合
例外 NH_4Cl ⇒ NH_4^+ と Cl^- のイオン結合

33

[答] **イ, オ**

[検討] ア；金属元素は陽イオンになりやすく, 非金属元素の多くは陰イオンになりやすいの

で, これらの化合物の多くはイオン結晶。
イ；陽イオンと陰イオンの間にはたらく**静電気的な引力による強い結合**からなる結晶なので, 融点は比較的高い。
ウ・エ；結晶の状態では電気を通さないが, 水溶液にしたり加熱融解したりして, イオンが移動できるようにすると電気を通す。
オ；陽イオンと陰イオンが規則正しく配列し, イオン結合によって互いに強く引きつけられているため, ずれることができない。したがって, 展性・延性にとぼしく, もろい。

34

[答] (1) **6個** (2) Na^+；**4個** Cl^-；**4個**
(3) **2.2g/cm³**

[検討] (1)単位格子の中心にある Na^+ に着目する。この Na^+ は, 右図で赤く示されている6個の Cl^- と接している。

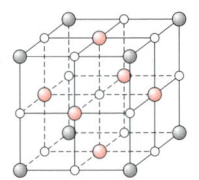

(2) Na^+ は, 単位格子の中心に1個, 辺の中央に12個ある。辺の中央の Na^+ は, 4つの単位格子にまたがっている。よって, 単位格子中の Na^+ は,
$$1 + \frac{1}{4} \times 12 = 4\text{個}$$
Na^+ と Cl^- は同数であるから, Cl^- は4個。

[別解] Cl^- は, 面の中心に6個, 頂点に8個ある。面の中心の Cl^- は2つの単位格子に, 頂点の Cl^- は8つの単位格子にまたがっているから,
$$\frac{1}{2} \times 6 + \frac{1}{8} \times 8 = 4\text{個}$$

(3)単位格子の体積は $(5.6 \times 10^{-8})^3 \text{cm}^3$ である。この結晶の密度を $x\text{[g/cm}^3\text{]}$ とすると, 単位格子の質量は $(5.6 \times 10^{-8})^3 \times [\text{g}]$ となる。これが NaCl 4個の質量と等しいから, 式量；NaCl = 58.5 より,
$$(5.6 \times 10^{-8})^3 x = \frac{58.5}{6.0 \times 10^{23}} \times 4$$
$$\therefore x = 2.22\cdots \fallingdotseq 2.2\text{g/cm}^3$$

35

答 (1) Cs⁺；**1個**　Cl⁻；**1個**
(2) **8個**　(3) Zn²⁺；**4個**　S²⁻；**4個**
(4) **4個**

検討 (1) Cs^+ は単位格子の中心に1個ある。また，Cl^- は単位格子の頂点に8個ある。頂点の Cl^- は8個の単位格子にまたがっている。よって，

$$\frac{1}{8} \times 8 = 1 \text{個}$$

(2) 図のように2つの体心立方格子をつないで考える。この図より，Cs^+，Cl^- ともに8個の Cl^-，Cs^+ とそれぞれ接していることがわかる。

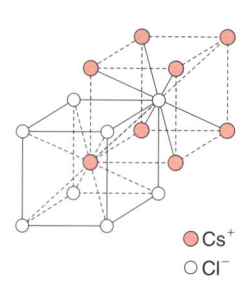

(3) Zn^{2+} は単位格子の内側に4個ある。また，S^{2-} は単位格子の頂点に8個，面の中心に6個ある。頂点の S^{2-} は8個の単位格子にまたがっており，面の中心の S^{2-} は2個の単位格子にまたがっている。よって，

$$\frac{1}{8} \times 8 + \frac{1}{2} \times 6 = 4 \text{個}$$

(4) ZnSの結晶では，S^{2-} は面心立方格子の配列をとり，Zn^{2+} は単位格子を8等分した小立方体の中心を1つおきに占めている。Zn^{2+} と S^{2-} が逆の関係である場合も同様に考えられる。よって，各イオンの配位数は4個。

応用問題　本冊 p.21

36

答 イ，オ

検討 一般に金属元素と非金属元素の原子間の結合はイオン結合であるから，金属元素と非金属元素からなる化合物の組み合わせを選ぶ。
イ；$CaCl_2$，KIは，どちらも金属元素と非金属元素からなる化合物で，イオン結合の物質。
オ；NH_4Cl は例外で，非金属元素の化合物であるが，NH_4^+ と Cl^- がイオン結合により結びついている。また，Al_2O_3 は金属元素と非金属元素からなる化合物で，イオン結合の物質。

37

答 (1) ① 原子A；**4個**　原子B；**4個**
② 原子A；**2個**　原子B；**4個**
③ 原子A；**1個**　原子B；**3個**
(2) ① **AB**　② **AB₂**　③ **AB₃**

検討 (1)① 原子Aは，面の中心に6個，頂点に8個ある。面の中心の原子Aは2つの単位格子に，頂点の原子Aは8つの単位格子にまたがっているから，

$$\frac{1}{2} \times 6 + \frac{1}{8} \times 8 = 4 \text{個}$$

原子Bは，単位格子の中心に1個，辺の中央に12個ある。辺の中央にある原子Bは4つの単位格子にまたがっているから，

$$1 + \frac{1}{4} \times 12 = 4 \text{個}$$

② 原子Aは，単位格子の中心に1個，頂点に8個あるから，

$$1 + \frac{1}{8} \times 8 = 2 \text{個}$$

原子Bは，格子の内側に4個ある。
③ 原子Aは，頂点に8個あるから，

$$\frac{1}{8} \times 8 = 1 \text{個}$$

原子Bは，辺の中央に12個あるから，

$$\frac{1}{4} \times 12 = 3 \text{個}$$

(2)① A：B＝4：4＝1：1
② A：B＝2：4＝1：2
③ A：B＝1：3

38

答 (1) 金属Mのイオン；**1個**　Cl⁻；**1個**
(2) **MCl**　(3) **118**

検討 (1) Cl^- は頂点に8個あるから，

$$\frac{1}{8} \times 8 = 1 \text{個}$$

金属Mのイオンは格子の中心に1個ある。

(2)単位格子中の原子の数の比は1：1である。
(3)単位格子の一辺の長さは，
$$0.40 \times 10^{-9} \times 10^2 = 4.0 \times 10^{-8} \text{ cm}$$
単位格子の質量は，
$$4.0 \times (4.0 \times 10^{-8})^3 = 2.56 \times 10^{-22} \text{ g}$$
これが MCl 1個の質量に等しいから，MCl の式量を x とすると，
$$2.56 \times 10^{-22} = \frac{x}{6.0 \times 10^{23}} \times 1 \quad \therefore x = 153.6$$
よって，金属 M の原子量は，
$$153.6 - 35.5 = 118.1 \fallingdotseq 118$$

8 その他の結晶と非晶質

基本問題 ●●●●●●●●●●●●●●● 本冊 *p.22*

39

[答] イ

[検討] ア；ダイヤモンド，黒鉛ともに共有結合の結晶である。
イ：最も近接している原子と共有結合している。共有結合している原子は，ダイヤモンドが4個であり，黒鉛は3個である。
ウ：炭素の価電子4個のうち，ダイヤモンドは4個すべて，黒鉛は3個が結合している。黒鉛では残った価電子1個が結晶内を動けるので，電気伝導性がある。

40

[答] ①カ ②キ ③エ ④ア
⑤シ ⑥ス ⑦ク ⑧イ
⑨ケ ⑩オ ⑪コ ⑫サ
⑬ウ

[検討] ①イオン結晶…金属元素と非金属元素からなる。
②金属結晶…金属元素からなる。
③共有結合の結晶…非金属元素からなる。
④イオン結晶…イオン結合が強い結合なので，融点は高い。
⑤共有結合の結晶…イオン結合よりもさらに強い共有結合によってすべての原子が結合しているので，イオン結晶よりも融点が高い。
⑥分子結晶…結合力が弱い分子間力で結合しているため，融点は低い。
⑦イオン結晶…固体の状態では電気を通さないのに対して，液体や水溶液の状態では電気を通す。
⑧金属結晶…自由電子の移動によって電気が容易に運ばれるため，電気を通す。
⑨分子結晶…移動できる電子がないので，電気を通さない。
⑩イオン結晶…硬いが，外力を加えるともろくて割れやすい。
⑪金属結晶…金属特有の金属光沢や**展性**(たたくとうすく広がる性質)，**延性**(引っぱると長くのびる性質)がある。
⑫共有結合の結晶…原子間の結合が切れにくいので，非常に硬い。
⑬分子結晶…分子間力によって弱く結合しているので，軟らかくてもろい。

応用問題 ●●●●●●●●●●●●●●● 本冊 *p.23*

41

[答] (1) 種類；ア　結合；オ, キ
(2) 種類；ア　結合；オ
(3) 種類；ア　結合；オ, キ
(4) 種類；イ　結合；カ, キ
(5) 種類；ア　結合；オ, キ
(6) 種類；イ　結合；カ, キ

[検討] (1) NaOH は Na^+ と OH^- の間にイオン結合がはたらくイオン結晶。O-H 間は共有結合で結ばれていることに注意。
(2) $CaCl_2$ は Ca^{2+} と Cl^- の間にイオン結合がはたらくイオン結晶。結合はイオン結合のみ。
(3) 非金属元素どうしからなる物質だが，これは例外であり，NH_4^+ と Cl^- との間でイオン結合がはたらくイオン結晶である。N-H 間は共有結合で結ばれている。
(4) 水は分子間に分子間力がはたらく分子結晶である。O-H 間は共有結合で結ばれている。

(5) Na_2CO_3 は Na^+ と CO_3^{2-} の間にイオン結合がはたらくイオン結晶。C-O 間は共有結合で結ばれている。
(6) CCl_4 は分子間に分子間力がはたらく分子結晶である(無極性分子でも分子間力ははたらく)。C-Cl 間は共有結合で結ばれている。

42
【答】 (1) 正 (2) 誤 (3) 誤
【検討】(2)金属特有の性質をもつのは，自由電子による金属結合をしているからである。
(3)アモルファスは一定の融点を示さない。

9 溶解と溶解度

基本問題 ………………… 本冊 p.25

43
【答】 エ
【検討】ア：溶媒である水分子は，陽イオンに対しては O 原子，陰イオンに対しては H 原子を向けてとり囲んでいる。これを**水和**という。
イ：水分子と溶質分子の間に生じる水素結合によって水和している。
ウ：極性分子どうしは混じりやすい。
エ：無極性分子どうしは混じりやすいが，無極性分子と極性分子は混じりにくい。水は極性分子，ベンゼンは無極性分子である。

44
【答】 (1) **0.24g** (2) **3.4×10² mL**
(3) **1.1×10² mL**
【検討】(1)0℃，$1.0×10^5$ Pa で 56mL のメタンの質量は，分子量；$CH_4 = 16$ より，
$$16 × \frac{56×10^{-3}}{22.4} = 4.0×10^{-2} g$$
水が 2 倍，圧力が 3 倍のとき，溶ける質量は，
$$4.0×10^{-2} × 2 × 3 = 0.24 g$$
(2)0℃，$1.0×10^5$ Pa に換算した体積は，圧力に比例するから，
$$56 × 2 × 3 = 336 mL ≒ 3.4×10^2 mL$$
(3)気体の体積は，それぞれの圧力のもとでは一定なので，水の体積の変化のみを考える。
$$56 × 2 = 112 mL ≒ 1.1×10^2 mL$$

📝 **テスト対策**
▶ **ヘンリーの法則**；一定量の液体に溶ける気体について(温度一定)，
● 質量・物質量 ⇨ 圧力に比例
● 体積 { 標準状態に換算 ⇨ 圧力に比例
       溶けたときの圧力のもと
       ⇨ 圧力に関係なく一定

45
【答】 (1) **24g** (2) **6.8g** (3) **16g**
【検討】(1)60℃の水 100g に塩化カリウムを溶かせるだけ溶かした水溶液を 20℃まで冷却したとき，析出する塩化カリウムの質量は，
$$46 - 34 = 12 g$$
水 200g のとき析出する塩化カリウムを x[g] とすると，
$$100 : 12 = 200 : x \quad ∴ x = 24 g$$
(2)20℃の水 100g に塩化カリウムは 34g 溶けるから，水を 20g 蒸発させたとき析出する塩化カリウムを y[g] とすると，
$$100 : 34 = 20 : y \quad ∴ y = 6.8 g$$
(3)60℃の水 100g に塩化カリウムは 46g 溶けるから，その飽和水溶液は，
$$100 + 46 = 146 g$$
したがって，60℃の飽和水溶液 146g を 20℃まで冷却すると，析出する塩化カリウムの質量は，
$$46 - 34 = 12 g$$
飽和水溶液が 200g のときに析出する塩化カリウムを z[g] とすると，
$$146 : 12 = 200 : z \quad ∴ z = 16.4… ≒ 16 g$$

📝 **テスト対策**
▶ **冷却による結晶の析出**
飽和水溶液 w[g] を冷却したときに析出する結晶を x[g] とすると，
(100＋はじめの溶解度)：(溶解度の差)
$$= w : x$$

▶溶媒の蒸発による析出
飽和水溶液から水 w [g] を蒸発させたときに析出する結晶を x [g] とすると,
  100 : 溶解度 = w : x

46
答　35 g

検討　水 100 g に溶ける $CuSO_4 \cdot 5H_2O$ を x [g] とすると, x [g] に含まれる無水物 $CuSO_4$ の質量は $\dfrac{160}{250} x$ [g] である。

よって, 飽和水溶液 $(100+x)$ [g] 中には $CuSO_4$ が $\dfrac{160}{250} x$ [g] 溶けていることになる。

一方, 水 100 g への $CuSO_4$ の溶解度が 20 なので, 飽和水溶液 120 g 中には $CuSO_4$ が 20 g 溶けている。よって,

$(100+x) : \dfrac{160}{250} x = 120 : 20$

∴ $x = 35.2\cdots \fallingdotseq 35$ g

🖉 テスト対策

▶水和水を含む結晶の溶解量
水 w [g] に溶けうる結晶(水和物)を x [g] とすると,
$(w+x) : x$ [g] 中の無水物の質量
　　　　　= $(100+$溶解度$) : $溶解度

応用問題　　　　　　　　　本冊 p.26

47
答　(1) ウ　　(2) エ

検討　(1) ヘンリーの法則より, 温度一定のとき, 一定量の液体に溶ける気体の物質量は圧力に比例する。
(2) 温度一定のとき, 一定量の液体に溶ける気体の体積は, 溶けたときの圧力のもとでは一定である。

48
答　(1) 6.4×10^{-4} mol/L　　(2) 3.6×10^{-2} g

検討　(1) 40°C での N_2 の溶解度(標準状態に換算した値) ; 0.012 L

N_2 の分圧 ; $2.0 \times 10^5 \times \dfrac{3}{5} = \dfrac{6.0}{5} \times 10^5$ Pa

溶媒の量 ; 1.0 L

$\dfrac{0.012}{22.4} \times \dfrac{\frac{6.0}{5} \times 10^5}{1.0 \times 10^5} \times \dfrac{1.0}{1.0}$

$= 6.42\cdots \times 10^{-4} \fallingdotseq 6.4 \times 10^{-4}$ mol/L

(2) 気体の溶解度は温度上昇により小さくなる。

O_2 の分圧は $\dfrac{4.0}{5} \times 10^5$ Pa,

N_2 の分圧は $\dfrac{6.0}{5} \times 10^5$ Pa である。

5°C において溶解する質量は,

O_2 ; $\dfrac{0.043}{22.4} \times \dfrac{\frac{4.0}{5} \times 10^5}{1.0 \times 10^5} \times \dfrac{1.0}{1.0} \times 32$ …①

N_2 ; $\dfrac{0.021}{22.4} \times \dfrac{\frac{6.0}{5} \times 10^5}{1.0 \times 10^5} \times \dfrac{1.0}{1.0} \times 28$ …②

40°C において溶解する質量は,

O_2 ; $\dfrac{0.023}{22.4} \times \dfrac{\frac{4.0}{5} \times 10^5}{1.0 \times 10^5} \times \dfrac{1.0}{1.0} \times 32$ …③

N_2 ; $\dfrac{0.012}{22.4} \times \dfrac{\frac{6.0}{5} \times 10^5}{1.0 \times 10^5} \times \dfrac{1.0}{1.0} \times 28$ …④

よって, 発生する気体の質量は,
(① + ②) − (③ + ④) = $3.63\cdots \times 10^{-2}$
$\fallingdotseq 3.6 \times 10^{-2}$ g

49
答　1.94

検討　分子量 ; $N_2 = 28.0$ より, 2.94×10^{-3} g の窒素の物質量は,

$\dfrac{2.94 \times 10^{-3}}{28.0} = 1.05 \times 10^{-4}$ mol

分子量 ; $O_2 = 32.0$ より, 6.95×10^{-3} g の酸素の物質量は,

$\dfrac{6.95 \times 10^{-3}}{32.0} \fallingdotseq 2.17 \times 10^{-4}$ mol

分圧比は $N_2 : O_2 = 4 : 1$ であり, 溶ける物質量は分圧比に比例するから,

$\dfrac{N_2}{O_2} = \dfrac{1.05 \times 10^{-4} \times 4}{2.17 \times 10^{-4} \times 1} = 1.935\cdots \fallingdotseq 1.94$

(50)

答 (1) **55g** (2) **57g** (3) **68g**

検討 (1)80℃の水100gに硝酸カリウムを溶けるだけ溶かした飽和水溶液の質量は，

$100 + 170 = 270\,g$

この飽和水溶液を10℃まで冷却したときに析出する硝酸カリウムの結晶は，

$170 - 22 = 148\,g$

80℃の硝酸カリウム飽和水溶液100gを10℃まで冷却したときに析出する結晶をx〔g〕とすると，

$270 : 148 = 100 : x$

$\therefore x = 54.8\cdots \fallingdotseq 55\,g$

(2)10℃の水100gに硝酸カリウムは22g溶けるから，水10gに溶けていた硝酸カリウムをy〔g〕とすると，

$100 : 22 = 10 : y \qquad \therefore y = 2.2\,g$

よって，冷却による析出との合計は，

$54.8 + 2.2 = 57\,g$

(3)37gの結晶が析出するときの飽和水溶液をz〔g〕とすると，

$270 : 148 = z : 37$

$\therefore z = 67.5 \fallingdotseq 68\,g$

(51)

答 **25g**

検討 60℃の水100gに硫酸銅(Ⅱ)は40g溶けるから，60℃の飽和水溶液140g中の硫酸銅(Ⅱ)は40gである。60℃の飽和水溶液100g中の硫酸銅(Ⅱ)をx〔g〕とすると，

$100 : x = 140 : 40$

$\therefore x = 28.57\cdots \fallingdotseq 28.6\,g$

ここで，20℃に冷却すると析出する硫酸銅(Ⅱ)五水和物の質量をy〔g〕とすると，この中に含まれる硫酸銅(Ⅱ)は$\frac{160}{250}y$〔g〕である。

20℃の飽和水溶液120g中の硫酸銅(Ⅱ)は20gなので，

$$(100 - y) : \left(28.6 - \frac{160}{250}y\right) = 120 : 20$$

$\therefore y = 25.2\cdots \fallingdotseq 25\,g$

テスト対策

▶水和水を含む結晶の析出

飽和水溶液w〔g〕を冷却したときに析出する結晶をx〔g〕とすると，

$w - x$：冷却後の溶液中の無水物の質量
＝100＋冷却後の溶解度：冷却後の溶解度

10 溶液の濃度

基本問題

本冊 p.28

(52)

答 ウ

検討 0.10mol/LのNaOH水溶液は，水溶液1L中に0.10molのNaOHを含む。NaOH 0.10molの質量は，

$40 \times 0.10 = 4.0\,g$

ア；水溶液の体積は，1Lより大きくなる。
イ；水溶液の体積は，1Lより小さくなる(水溶液の質量が1000g)。
ウ；水溶液1L中にNaOH 0.10molを含む。
エ；水溶液の体積は，1Lより小さくなる(水溶液の質量が1000g)。

(53)

答 (1) **5.1mol/L** (2) **5.7mol/kg**

検討 (1)水溶液1Lについて考える。
式量；NaCl＝58.5より，
求めるモル濃度をc〔mol/L〕とすると，

$$c = 1.2 \times 1000 \times \frac{25}{100} \times \frac{1}{58.5}$$

$\therefore c = 5.12\cdots \fallingdotseq 5.1\,mol/L$

(2)水溶液1L中に含まれるNaClの質量は，

$1.2 \times 1000 \times 0.25 = 300\,g$

水溶液1L中の水の質量は，

$1200 - 300 = 900\,g$

よって，質量モル濃度は，

$$\frac{5.1}{900 \times 10^{-3}} = 5.66\cdots \fallingdotseq 5.7\,mol/kg$$

テスト対策

▶ 濃度の換算；溶液1Lを基準とする。
質量パーセント濃度を a [%], モル濃度を c [mol/L], 溶液の密度を d [g/cm^3], 溶質の分子量(式量)を M とすると, モル濃度は以下の式で表せる。

$$c = d \times 1000 \times \frac{a}{100} \times \frac{1}{M}$$

応用問題 ········· 本冊 p.29

54

答 (1) **4.4%**　(2) **0.50 mol/L**
(3) **0.51 mol/kg**

検討　分子量；$H_2C_2O_4 = 90$, $H_2C_2O_4 \cdot 2H_2O = 126$ より, 結晶6.3g中に含まれるシュウ酸無水物の質量は,

$$6.3 \times \frac{90}{126} = 4.5 \text{ g}$$

(1) 水溶液100mLの質量は,
$1.02 \times 100 = 102 \text{ g}$
よって, 質量パーセント濃度は,
$\frac{4.5}{102} \times 100 = 4.41\cdots \fallingdotseq 4.4 \%$

(2) 水溶液100mL中に含まれるシュウ酸無水物の物質量は,
$\frac{4.5}{90} = 0.050 \text{ mol}$
よって, モル濃度は,
$\frac{0.050}{0.10} = 0.50 \text{ mol/L}$

(3) 水溶液100mL中の水の質量は,
$102 - 4.5 = 97.5 \text{ g}$
よって, 質量モル濃度は,
$\frac{0.050}{97.5 \times 10^{-3}} = 0.512\cdots \fallingdotseq 0.51 \text{ mol/kg}$

55

答 (1) **69.0 g**　(2) **3.93 mol/L**
(3) **4.27 mol/kg**

検討 (1) この水溶液300mLの質量は,
$1.15 \times 300 = 345 \text{ g}$
塩化ナトリウムの質量は,
$345 \times \frac{20.0}{100} = 69.0 \text{ g}$

(2) この水溶液1L中の塩化ナトリウムの質量は,
$1.15 \times 1000 \times \frac{20.0}{100} = 230 \text{ g}$
式量；NaCl = 58.5 より, 物質量は,
$\frac{230}{58.5} = 3.931\cdots \fallingdotseq 3.93 \text{ mol}$
よって, モル濃度は 3.93 mol/L

(3) この水溶液1Lの質量は,
$1.15 \times 1000 = 1150 \text{ g}$
この水溶液1L中の水の質量は,
$1150 - 230 = 920 \text{ g}$
よって, 質量モル濃度は,
$\frac{3.93}{920 \times 10^{-3}} = 4.271\cdots \fallingdotseq 4.27 \text{ mol/kg}$

56

答 (1) **3.43 mol/L**　(2) **23.2%**　(3) **111 mL**

検討 (1) 希硫酸1L中の硫酸の質量は,
$1.20 \times 1000 \times \frac{28.0}{100} = 336 \text{ g}$
分子量；$H_2SO_4 = 98.0$ より, 物質量は,
$\frac{336}{98.0} = 3.428\cdots \fallingdotseq 3.43 \text{ mol}$

(2) 硝酸銀水溶液1Lの質量は,
$1.10 \times 1000 = 1100 \text{ g}$
式量；$AgNO_3 = 170$ より, 硝酸銀1.50 molの質量は,
$170 \times 1.50 = 255 \text{ g}$
よって, 質量パーセント濃度は,
$\frac{255}{1100} \times 100 = 23.18\cdots \fallingdotseq 23.2 \%$

(3) 2.00 mol/L の塩酸500mL中の塩化水素の物質量は,
$2.00 \times \frac{500}{1000} = 1.00 \text{ mol}$
30.0%の塩酸が x [mL]必要だとすると,
分子量；HCl = 36.5 より,
$\frac{1.10 \times x \times 0.300}{36.5} = 1.00$
∴ $x = 110.6\cdots \fallingdotseq 111 \text{ mL}$

11 希薄溶液の性質

基本問題 ……………………… 本冊 p.31

57
[答] (1) ウ (2) イ
[検討] それぞれの物質5gの物質量は，
ア；$\dfrac{5}{180}$ mol　イ；$\dfrac{5}{60}$ mol　ウ；$\dfrac{5}{342}$ mol
(1) 質量モル濃度が小さいほど蒸気圧の降下は小さい。
(2) 質量モル濃度が大きいほど蒸気圧の降下が大きく，沸点が高い。

🖉 **テスト対策**

▶ 溶液の濃度と沸点
　溶質が不揮発性の溶液では，
　　溶質の**質量モル濃度が大きい**。
　⇨ 溶液の**蒸気圧の降下が大きい**。
　⇨ 溶液の**沸点が高い**。

58
[答] (1) A；ア　B；ウ　C；イ　(2) イ
[検討] イ；NaCl ⟶ Na⁺ + Cl⁻ より，水溶液中のイオンの質量モル濃度は2 mol/kgである。
(1) 同温での蒸気圧が最も大きい**A**が水，最も小さい**C**が塩化ナトリウム水溶液である。
(2) 溶質粒子(イオンを含む)の質量モル濃度が大きい溶液ほど，沸点上昇度が大きい。

59
[答] ウ，ア，イ
[検討] 凝固点降下度は溶質の種類にかかわらず，水溶液中の分子またはイオンの質量モル濃度に比例する。
ア；NaCl ⟶ Na⁺ + Cl⁻ より，水溶液中のイオンの質量モル濃度は，
　$0.050 \times 2 = 0.10$ mol/kg
イ；MgCl₂ ⟶ Mg²⁺ + 2Cl⁻ より，水溶液中のイオンの質量モル濃度は，
　$0.050 \times 3 = 0.15$ mol/kg

ウ；スクロースは非電解質なので，水溶液の質量モル濃度は0.050 mol/kgである。

60
[答] (1) 沸点；**100.26 ℃**　凝固点；**−0.93 ℃**
　　(2) 沸点；**101.03 ℃**　凝固点；**−3.72 ℃**
[検討] Δt_1；沸点上昇度，Δt_2；凝固点降下度，
k_1；モル沸点上昇，k_2；モル凝固点降下，
m；質量モル濃度
(1) グルコース9.0gの物質量は，
　$\dfrac{9.0}{180} = 0.050$ mol
質量モル濃度は，$m = \dfrac{0.050}{0.10} = 0.50$ mol/kg
沸点上昇度は，
　$\Delta t_1 = k_1 m = 0.515 \times 0.50 = 0.2575 \fallingdotseq 0.26$ K
よって，沸点は，$100 + 0.26 = 100.26$ ℃
また，凝固点降下度は，
　$\Delta t_2 = k_2 m = 1.86 \times 0.50 = 0.93$ K
よって，凝固点は −0.93 ℃。
(2) 塩化ナトリウム11.7gの物質量は，
　$\dfrac{11.7}{58.5} = 0.200$ mol
質量モル濃度は，$\dfrac{0.200}{0.200} = 1.00$ mol/kg
塩化ナトリウムはNaCl ⟶ Na⁺ + Cl⁻ と電離するから，
　$m = 1.00 \times 2 = 2.00$ mol/kg
として計算する。沸点上昇度は，
　$\Delta t_1 = k_1 m = 0.515 \times 2.00 = 1.03$ K
よって，沸点は，$100 + 1.03 = 101.03$ ℃
また，凝固点降下度は，
　$\Delta t_2 = k_2 m = 1.86 \times 2.00 = 3.72$ K
よって，凝固点は −3.72 ℃。

🖉 **テスト対策**

▶ **沸点上昇度・凝固点降下度の計算**
　　$\Delta t = km$
Δt；沸点上昇度・凝固点降下度 [K]
k；モル沸点上昇・モル凝固点降下 [K·kg/mol]
m；質量モル濃度 [mol/kg]
　　(電解質の溶液ではイオンの濃度)

61

答 (1) イ　(2) B
(3) 溶媒の水が凝固するほど水溶液の濃度が大きくなり，凝固点降下度が大きくなるから。

検討 (1)過冷却がなければ，A点で凝固しはじめる。よって，A点の温度が凝固点であるのでイ。
(2)過冷却によって，水溶液の温度はB点まで下がり，B点から凝固しはじめる。
(3)水が凍るにつれて，水溶液の濃度が徐々に大きくなり，凝固点降下度が大きくなるので，凝固点が徐々に下がる。

62

答 (1) B → A　(2) B → A

検討 モル濃度の小さい溶液から大きい溶液へ溶媒が浸透する。

63

答 4.2×10^5 Pa

検討 浸透圧の式(ファントホッフの法則)
$\pi V = \dfrac{w}{M} RT$ に代入する。

$\pi \times 0.30 = \dfrac{9.0}{180} \times 8.3 \times 10^3 \times 300$

∴ $\pi = 4.15 \times 10^5 \doteq 4.2 \times 10^5$ Pa

> **テスト対策**
> ▶浸透圧の計算(ファントホッフの法則)
> $$\pi V = \dfrac{w}{M} RT$$
> ⇨ 単位は気体の状態方程式と同じ。

応用問題　本冊 p.32

64

答 5.27 g

検討 分子量；$C_{12}H_{22}O_{11} = 342$ より，スクロース4.00 g の物質量は，

$\dfrac{4.00}{342} = 1.169\cdots \times 10^{-2} \doteq 1.17 \times 10^{-2}$ mol

よって，スクロース水溶液の質量モル濃度は，

$\dfrac{1.17 \times 10^{-2}}{0.200} = 5.85 \times 10^{-2}$ mol/kg

凝固点を等しくするには，質量モル濃度を等しくすればよいから，グルコース水溶液の質量モル濃度も 5.85×10^{-2} mol/kg である。
分子量；$C_6H_{12}O_6 = 180$ より，求めるグルコースの質量は，

$5.85 \times 10^{-2} \times 0.500 \times 180 = 5.265 \doteq 5.27$ g

65

答 (1) B　(2) C

検討 (1)水溶液中の物質やイオンの物質量は，
A：$CuSO_4 \longrightarrow Cu^{2+} + SO_4^{2-}$ より，

$\dfrac{3.20}{160} \times 2 = 4.00 \times 10^{-2}$ mol

B：$NaCl \longrightarrow Na^+ + Cl^-$ より，

$\dfrac{1.46}{58.5} \times 2 = 4.991\cdots \times 10^{-2} \doteq 4.99 \times 10^{-2}$ mol

C：$\dfrac{5.40}{180} = 3.00 \times 10^{-2}$ mol

溶媒は100 mL で同じなので，水溶液中の物質やイオンの物質量が多いほど沸点が高い。
(2)蒸気圧が高い溶液ほど，水が蒸発しやすい。濃度の小さい溶液ほど蒸気圧降下が小さいので，蒸気圧は高くなる。

66

答 イ，エ

検討 ア；エタノールは沸点が78℃と低いので，水とエタノールの混合溶液の沸点は，逆に100℃より低い(ただし，沸点は一定でない)。
イ；エチレングリコールは2価アルコールで水と混じりやすい。その水溶液は凝固点降下によって凝固点が水より低くなるので，不凍液として用いられる。
ウ；凝固するのは水だけで，スクロースは溶液中に残る。
エ；固体どうしでも，混合すると凝固点降下が起こることがある。凝固点降下により，混合物は液体となる。
オ；$NaCl$ や $CaCl_2$ を道路にまき，これらの水溶液とすることによって，凝固点降下を起こして凍結を防ぐ。

❻❼

答 分子量；257　　分子式；S_8

検討 硫黄の分子量を M とすると，1.50gの硫黄の物質量は $\dfrac{1.50}{M}$〔mol〕である。溶液の質量モル濃度 m は，
$$\dfrac{1.50}{M} \div 0.100 = \dfrac{15.0}{M} \text{〔mol/kg〕}$$
沸点上昇度 Δt は，
　　$46.40 - 46.26 = 0.14\,\mathrm{K}$
$\Delta t = km$ より，
　　$0.14 = 2.40 \times \dfrac{15.0}{M}$　∴　$M = 257.1\cdots ≒ 257$
分子式を S_n とすると，
　　$32n = 257$　　∴　$n = 8.0\cdots ≒ 8$

❻❽

答　(1) 53 g　　(2) 8.6 g

検討　(1)求めるグルコースの質量を x〔g〕とすると，
$\pi V = \dfrac{w}{M} RT$ より，
　　$7.6 \times 10^5 \times 1.0 = \dfrac{x}{180} \times 8.3 \times 10^3 \times 310$
　　∴　$x = 53.1\cdots ≒ 53$ g

(2)求める塩化ナトリウムの質量を y〔g〕とする。塩化ナトリウムは $\mathrm{NaCl} \longrightarrow \mathrm{Na^+ + Cl^-}$ と電離しているから，イオンの濃度は，
　　$\dfrac{y}{58.5} \times 2 = \dfrac{2y}{58.5}$〔mol/L〕
これが(1)のグルコース水溶液のモル濃度と等しくなればよいから，
　　$\dfrac{2y}{58.5} = \dfrac{53.1}{180}$
　　∴　$y = 8.62\cdots ≒ 8.6$ g

[別解] $\pi V = nRT$ に代入して求めてもよい。$n = \dfrac{2y}{58.5}$ として計算することに注意。

12 コロイド溶液

基本問題　　　　　　　　本冊 p.34

❻❾

答 イ

検討 ア；コロイド粒子の直径は $10^{-9} \sim 10^{-7}$ m である。10^{-9} m = 1 nm である。

イ；コロイド粒子は，ろ紙は通過するが，セロハンは通過しない。

ウ・エ；イオンや低分子量の分子の直径は 10^{-10} m 程度であり，コロイド粒子のほうが大きい。しかし，沈殿するほどは大きくない。

❼⓪

答　(1) イ　(2) ア　(3) ウ　(4) エ

検討　(1)コロイド粒子は，熱運動をしている分散媒との衝突によって，たえず不規則な運動をしている。この運動が**ブラウン運動**である。

(2)コロイド粒子が光を散乱するため，光の通路が光って見える。この現象が**チンダル現象**である。

(3)コロイド粒子は正または負に帯電しているため，高圧の直流電圧をかけると，一方の極に移動する。これが**電気泳動**である。

(4)コロイド溶液をセロハン袋などに入れて，流水中に浸しておくと，イオンや小さい分子は流水中に出ていき，セロハン袋の内側にはコロイド粒子だけが残る。このようにしてコロイド溶液を精製する操作が**透析**である。

テスト対策

▶コロイド粒子の大きさ；$10^{-9} \sim 10^{-7}$ m 程度。ろ紙は通過するが，セロハンは通過しない。
　⇨ **透析**によりコロイド溶液を精製。

▶**チンダル現象**；コロイド粒子が光を散乱。
　⇨ 光の通路が明るく光って見える。

▶**ブラウン運動**；分散媒粒子がコロイド粒子に衝突。⇨ コロイド粒子が不規則に運動。

▶**電気泳動**；コロイド粒子は正または負に帯電。⇨ 電圧によりどちらかの電極に移動。

71

答 ① エ, カ ② イ, ウ ③ ア, オ

検討 ①疎水コロイドは, 少量の電解質で沈殿(凝析)するコロイドで, 水に混じりにくい物質(泥や硫黄など)が分散している。多くは分散質が無機物質である。
②親水コロイドは, 少量の電解質では沈殿しないが, 多量の電解質では沈殿(塩析)するコロイドで, 水に混じりやすい物質(デンプンやセッケンなど)が分散している。多くは分散質が有機物質である。
③砂糖水や食塩水のような, コロイド溶液でない溶液を**真の溶液**という。

テスト対策
▶コロイドの分類
　●疎水コロイド；凝析するコロイド
　　⇨ 水に混じりにくい分散質
　　⇨ 多くは無機物質のコロイド
　●親水コロイド；塩析するコロイド
　　⇨ 水に混じりやすい分散質
　　⇨ 多くは有機物質のコロイド

応用問題　本冊 p.35

72

答 イ, エ

検討 塩化鉄(Ⅲ)水溶液を沸騰水に入れると, 次の反応が起こる。

$FeCl_3 + 3H_2O \longrightarrow Fe(OH)_3 + 3HCl$

反応後の溶液中には, $Fe(OH)_3$ からなるコロイド粒子と HCl が電離した H^+ と Cl^- が含まれる。この溶液をセロハン袋に入れて純水中に浸し, しばらく放置すると, セロハンを通過できる H^+ と Cl^- が純水に移動し, コロイド粒子のみがセロハン袋内に残り, コロイド溶液が精製される。このようなコロイド溶液の精製操作が**透析**である。

73

答 ウ

検討 電圧をかけたことによって陽極側に移動したことから, コロイド粒子は負に帯電していることがわかる。負コロイドを凝析させるには, 価数の大きい陽イオンを含む電解質水溶液が効果的である。ア～オの塩の陽イオンは次の通り。
ア；Na^+　イ；K^+　ウ；Al^{3+}　エ；Na^+
オ；Ca^{2+}

テスト対策
▶凝析力の大きいイオン⇨コロイド粒子と電荷が反対で, 価数が大きいイオン。
　負コロイドには ⇨ $Al^{3+} > Ca^{2+} > Na^+$
　正コロイドには ⇨ $PO_4^{3-} > SO_4^{2-} > Cl^-$

74

答 (1) オ　(2) キ　(3) エ　(4) ア
(5) イ

検討 (1)河川を流れる水は, 土砂や泥などを含む疎水コロイドである。海水中には, 塩化ナトリウムなど多量の電解質が含まれるため, 凝析が起こる。このときにできるのが三角州である。
(2)空気中に含まれる微細な塵埃(じんあい)がコロイド粒子に相当する。太陽の光が塵埃に当たって散乱されるため, 空が明るく見える。
(3)豆乳は, タンパク質などを含む親水コロイドである。にがりを加えることによって豆乳が塩析し, 豆腐ができる。
(4)煙に含まれる微粒子がコロイド粒子に相当する。高い電圧をかけ, 煙に含まれる微粒子を引きつけている。
(5)墨汁は, カーボン(炭素)の粒子を含む疎水コロイドである。一方, にかわの水溶液は親水コロイドである。これらを混ぜると, にかわがカーボンの粒子を包み, 凝析が起こりにくくなる。

13 反応熱と熱化学方程式

基本問題 ……………… 本冊 p.36

75

答 (1) Al の燃焼熱, 発熱反応
(2) Al_2O_3 の生成熱, 発熱反応
(3) KNO_3 の溶解熱, 吸熱反応
(4) 中和熱, 発熱反応

検討 (1)(2) (1)は Al 1mol が燃焼した熱化学方程式なので**燃焼熱**, (2)は Al_2O_3 が 1mol 生成したときの反応熱を表しているので**生成熱**である。反応熱の前に「+」があるので, 発熱反応。
(3) **aq は多量の水を表し**, この熱化学方程式は, KNO_3 の溶解熱を表している。「-」があるので, 吸熱反応。
(4) 酸と塩基から H_2O 1mol が生成しているので, 中和熱で発熱反応。なお, **燃焼熱と中和熱は, 必ず「+」であるが**, 生成熱と溶解熱は物質によって異なる。

76

答 (1) C_2H_6(気) $+ \dfrac{7}{2} O_2$
$= 2CO_2 + 3H_2O$(液) $+ 1560 kJ$
(2) $\dfrac{1}{2} N_2 + \dfrac{3}{2} H_2 = NH_3 + 39 kJ$
(3) $2C$(黒鉛) $+ 2H_2 = C_2H_4 - 52.5 kJ$

検討 上記の O_2 や CO_2 のように, その状態が明らかな場合は, 状態を省略してもよい。また, 熱化学方程式は, **注目する物質 1mol あたりの反応熱を書くので, ほかの物質の係数が分数になることもある**。
(1) C_2H_6 1mol の燃焼の化学反応式に 1560 kJ を付記する。
(2) NH_3 1mol がその成分元素の単体から生成する化学反応式に 39 kJ を付記する。
(3) C_2H_4 1mol がその成分元素の単体から生成する化学反応式に -52.5 kJ を付記する。C には黒鉛やダイヤモンドなどの同素体が存在

するが, 生成熱は黒鉛からの反応熱である。

> **テスト対策**
> ▶燃焼熱, 生成熱, 溶解熱, 中和熱と熱化学方程式
> 燃焼熱, 生成熱, 溶解熱, 中和熱は, **物質 1mol あたりの反応熱**だから, 熱化学方程式では, 注目している物質の係数を 1 とする。

77

答 (1) S(固) $+ O_2 = SO_2$(気) $+ 298 kJ$
(2) $H_2SO_4 + aq = H_2SO_4 aq + 95 kJ$
(3) $NH_4Cl + aq = NH_4Cl aq - 15 kJ$
(4) $HCl aq + NaOH aq$
$= NaCl aq + H_2O + 56 kJ$

検討 (1) 硫黄 16.0g の物質量は,
$\dfrac{16.0}{32.0} = 0.500$ mol
硫黄 1mol あたりの反応熱は,
$\dfrac{149}{0.500} = 298 kJ$
(2) H_2SO_4 の物質量は,
$\dfrac{9.8}{98.0} = 0.10$ mol
1mol あたりの反応熱は,
$\dfrac{9.5}{0.10} = 95 kJ$
(3) NH_4Cl 1mol あたりの反応熱は,
$-\dfrac{1.5}{0.10} = -15 kJ$
(4) 酸と塩基から H_2O 1mol が生成するときの反応熱を中和熱という。

78

答 ⒷとⒸ

検討 燃焼熱と中和熱は, 正の値をとる。また, 生成熱と溶解熱は, 物質によって, 正または負の値をとる。
また, 反応熱には融解熱や蒸発熱など, 物理変化にともなう熱も含まれる。

応用問題　　　　　　　　　　本冊 p.39

79

[答]　(1) **48 kJ**　(2) **286 kJ/mol**
　　　(3) **14.3 kJ**

[検討]　(1) 水 3.0 g の物質量は，$\dfrac{3.0}{18}$ mol

水の生成熱は 286 kJ なので，発生する熱量は，
$\dfrac{3.0}{18} \times 286 = 47.6\cdots \fallingdotseq 48$ kJ

(2) 水の生成熱を熱化学方程式で表すと（反応物は，水の成分元素の単体である水素と酸素），
$$H_2 + \frac{1}{2}O_2 = H_2O + 286 \text{ kJ}$$
これは，水素の燃焼熱を同時に表しているので，水素の燃焼熱は 286 kJ/mol

(3) 水素 1.12 L の物質量は，$\dfrac{1.12}{22.4}$ mol

したがって，$\dfrac{1.12}{22.4} \times 286 = 14.3$ kJ

80

[答]　**1138 kJ**

[検討]　H_2 44.8 L，CO 44.8 L が燃焼することになる。
H_2 44.8 L の物質量は，$\dfrac{44.8}{22.4} = 2.00$ mol，
CO 44.8 L の物質量は，$\dfrac{44.8}{22.4} = 2.00$ mol，
H_2 の燃焼熱は 286 kJ/mol であり，CO の燃焼熱は 283 kJ/mol なので，発生する総熱量は，
$2.00 \times 286 + 2.00 \times 283 = 1138$ kJ

81

[答]　**25.0%**

[検討]　混合気体の総物質量は，$\dfrac{44.8}{22.4} = 2.00$ mol
である。メタンの物質量を x [mol] とすると，
エタンは $2.00 - x$ [mol]。
$x \times 890 + (2.00 - x) \times 1560 = 2785$
∴ $x = 0.500$ mol
$\dfrac{0.500}{2.00} \times 100 = 25.0 \%$

82

[答]　**3.4℃**

[検討]　NaOH，HCl の物質量は，0.050 mol である。
$$NaOH + HCl \longrightarrow NaCl + H_2O$$
より，水 0.050 mol 生成するので，発生する熱量は，$0.050 \times 57 \times 1000 = 2850$ J
混合溶液の質量は 200 g で，この溶液 1.0 g を 1.0℃ 上げるのに必要な熱量が 4.2 J なので，上昇する温度を t [℃] とすると，
$200 \times 4.2 \times t = 2850$
∴ $t = 3.39\cdots \fallingdotseq 3.4$ ℃

14　ヘスの法則と結合エネルギー

基本問題　　　　　　　　　本冊 p.40

83

[答]　(1) ①**ヘス**，②**101.0 kJ**　(2) (a)**ア**，
　　　(b)**イ**　(3) **NaClaq**，H_2O

[検討]　アは NaOH 1 mol を大量の水に溶かしたときの反応熱であり，44.5 kJ を表し，イは NaOH 水溶液と塩酸から H_2O 1 mol が生成するときの反応熱 56.5 kJ を表す。したがってエの状態は，1 mol の NaCl が溶けた水溶液と 1 mol の H_2O がもつエネルギーを表すので，「NaClaq，H_2O」である。ウは NaOH 1 mol を塩酸に直接入れ，H_2O 1 mol が生成したときの反応熱で，ア＋イで，
$44.5 + 56.5 = 101.0$ kJ である。
なお，このエネルギー図は，ヘスの法則に基づいてかかれている。

84

[答]　$CH_4 = C + 4H - 1644$ kJ
　　　$C_2H_6 = 2C + 6H - 2832$ kJ

[検討]　メタン CH_4 中には，C–H 結合が 4 個あるので，メタンを原子状態にするには，
$411 \times 4 = 1644$ kJ が必要。
エタン C_2H_6 中には，C–H 結合が 6 個，C–C 結合が 1 個あるので，$411 \times 6 + 366 = 2832$ kJ
のエネルギーが必要。

テスト対策

▶結合エネルギーを熱化学方程式で表すと，吸熱反応の形式になる。〔例〕$H_2 = 2H - 436 kJ$

85

答 メタノール；**240 kJ/mol**
　　　エタノール；**276 kJ/mol**

検討
$C(黒鉛) + O_2 = CO_2 + 394 kJ$ ……①
$H_2 + \dfrac{1}{2}O_2 = H_2O(液) + 286 kJ$ ……②
$CH_3OH(液) + \dfrac{3}{2}O_2$
　　$= CO_2 + 2H_2O(液) + 726 kJ$ ……③
$C_2H_5OH(液) + 3O_2$
　　$= 2CO_2 + 3H_2O(液) + 1370 kJ$ ……④

〔CH_3OH の生成熱〕CH_3OH の生成熱を x〔kJ/mol〕とすると，熱化学方程式は，

$C(黒鉛) + 2H_2 + \dfrac{1}{2}O_2$
　　　$= CH_3OH(液) + x kJ$ ……⑤

(反応物は CH_3OH の成分元素の単体である炭素，水素，酸素)

⑤の各物質の係数に合わせるように，①，②，③の熱化学方程式を加減乗除する。すなわち，①式＋②式×2－③式 より，

$x = 394 + 286 \times 2 - 726 = 240 kJ/mol$

〔C_2H_5OH の生成熱〕C_2H_5OH の生成熱を y〔kJ/mol〕とすると，熱化学方程式は，

$2C(黒鉛) + 3H_2 + \dfrac{1}{2}O_2$
　　　$= C_2H_5OH(液) + y kJ$ ……⑥

(反応物は C_2H_5OH の成分元素の単体である炭素，水素，酸素)

⑥の各物質の係数に合わせるように，①，②，④の熱化学方程式を加減乗除する。すなわち，①式×2＋②式×3－④式 より，

$y = 394 \times 2 + 286 \times 3 - 1370 = 276 kJ/mol$

テスト対策

▶熱化学方程式は代数式と同じように，加減乗除ができる。⟷ ヘスの法則

86

答 **388 kJ/mol**

検討
$\dfrac{1}{2}N_2 + \dfrac{3}{2}H_2 = NH_3 + 46.1 kJ$ ……①
$H_2 = 2H - 432 kJ$ ……②
$N_2 = 2N - 942 kJ$ ……③

N-H の結合エネルギーを Q〔kJ/mol〕とすると，NH_3 には N-H 結合が3個あるので，

$NH_3 = N + 3H - 3Q kJ$ ……④

④の NH_3，N，H の係数に合わせるよう，①，②，③の熱化学方程式を加減乗除する。すなわち，

－①式＋③式×$\dfrac{1}{2}$＋②式×$\dfrac{3}{2}$ より，

$-3Q = -46.1 + (-942) \times \dfrac{1}{2} + (-432) \times \dfrac{3}{2}$

$\therefore Q = 388.3\cdots ≒ 388 kJ/mol$

〔別解〕エネルギー図による解法

ア $= \dfrac{1}{2} \times 942 + \dfrac{3}{2} \times 432$
イ $= 46.1$
ウ $= 3Q$
ヘスの法則より，
ウ $=$ ア $+$ イ

$3Q = \dfrac{1}{2} \times 942 + \dfrac{3}{2} \times 432 + 46.1$

$\therefore Q = 388.3\cdots ≒ 388 kJ/mol$

応用問題　　　　　　　　　　　本冊 p.42

87

答 **323 kJ**

検討
$C(黒鉛) + O_2 = CO_2 + 394 kJ$ ……①
$CO + \dfrac{1}{2}O_2 = CO_2 + 283 kJ$ ……②
①－② $C(黒鉛) + \dfrac{1}{2}O_2 = CO + 111 kJ$ ……③

生成した CO，CO_2 の物質量は，それぞれ，

$CO = \dfrac{7.00}{28.0} mol$

$CO_2 = \dfrac{33.0}{44.0} mol$

発生した熱量は，①と③より，

$\dfrac{7.00}{28.0} \times 111 + \dfrac{33.0}{44.0} \times 394 = 323.2\cdots ≒ 323 kJ$

88

答 $391\,kJ$

検討
$2C(黒鉛) + 3H_2 = C_2H_6(気) + 84\,kJ$ ……①
$C(黒鉛) + O_2 = CO_2 + 394\,kJ$ ……②
$H_2 + \dfrac{1}{2}O_2 = H_2O(液) + 286\,kJ$ ……③
$C_2H_6 + \dfrac{7}{2}O_2 = 2CO_2 + 3H_2O(液) + x\,kJ$
$-①式 + ②式 \times 2 + ③式 \times 3$ より,
$x = -84 + 394 \times 2 + 286 \times 3 = 1562\,kJ/mol$
反応熱は, $\dfrac{5.6}{22.4} \times 1562 = 390.5\,kJ$

15 電池

基本問題 ……… 本冊 p.44

89

答 ア

検討 ア；イオン化傾向の大きいほうが負極。
イ；負極である亜鉛板上では、亜鉛が溶けて陽イオンとなる。これは酸化反応である。また、正極である銅板上では、銅イオンが電子を受け取って銅が析出する。これは還元反応である。
ウ；鉛蓄電池をしばらく放電すると、希硫酸の濃度は減少する。また、充電すると希硫酸の濃度が増加する。

90

答 (1) 正極；銅　負極；亜鉛
(2) 正極；$Cu^{2+} + 2e^- \longrightarrow Cu$
　　負極；$Zn \longrightarrow Zn^{2+} + 2e^-$
(3) 還元反応　(4) 減少する　(5) 流れない

検討 (1)イオン化傾向が $Zn > Cu$ である。
(3)(4)放電後、正極の銅板には銅が析出する。これは還元反応。これに対して負極の亜鉛板は溶けるので、質量は減少する。
(5)ガラスは電気やイオンを通さない。

91

答 ア；正　イ；負　ウ；希硫酸
エ；硫酸鉛(Ⅱ)　オ；硫酸鉛(Ⅱ)
カ；PbO_2　キ；$2PbSO_4$

検討 カ、キ；正極、負極それぞれの反応は,
正極；$PbO_2 + 4H^+ + SO_4^{2-} + 2e^-$
$\longrightarrow PbSO_4 + 2H_2O$
負極；$Pb + SO_4^{2-} \longrightarrow PbSO_4 + 2e^-$
この2式をたし合わせると,
$Pb + 2H_2SO_4 + PbO_2 \longrightarrow 2PbSO_4 + 2H_2O$

応用問題 ……… 本冊 p.45

92

答 (1) ウ　(2) エ　(3) ウ

検討 (1)負極では、Zn^{2+} の濃度が小さいほうが $Zn \longrightarrow Zn^{2+} + 2e^-$ の反応が進行しやすい。また、正極では、Cu^{2+} の濃度が大きいほうが $Cu^{2+} + 2e^- \longrightarrow Cu$ の反応が進行しやすい。
(2)放電すると、起電力が急激に低下する現象(分極)が起こる。
(3)充電によって、各極に生成した $PbSO_4$ がそれぞれ Pb, PbO_2 と変化し、電解液には H_2SO_4 が増加して密度が大きくなる。

93

答 (1) ア, イ, エ　(2) オ　(3) イ, ウ
(4) ウ　(5) オ　(6) ア　(7) エ
(8) イ

検討 (1)ダニエル電池、ボルタ電池、マンガン乾電池の負極は亜鉛である。
(2)燃料電池は正極が酸素、負極が水素である。
(3)ボルタ電池と鉛蓄電池の電解液は希硫酸である。
(4)鉛蓄電池は放電によって、両極に硫酸鉛(Ⅱ)が析出し、両極とも重くなる。
(5)燃料電池の全反応は, $2H_2 + O_2 \longrightarrow 2H_2O$
(6)ダニエル電池の正極での反応は,
　$Cu^{2+} + 2e^- \longrightarrow Cu$
(7)マンガン乾電池では Zn^{2+} が錯イオンなどに変化する。
(8)ボルタ電池は、分極によって、放電すると、すぐ両極間の電圧が低下する。

16 電気分解

基本問題 ………………… 本冊 p.47

94
[答] (1) A；陰極　B；陽極　(2) 陽イオン
[検討] (1)電子は，電源の負極から導線を通って陰極に流れる。電気分解における電極は，電源の正極側を陽極，負極側を陰極という。
(2)陽イオンは陰極に，陰イオンは陽極に引きつけられ，それぞれ電子を授受する。

95
[答] (1) 陽極；塩素　陰極；銅
(2) 陽極；酸素　陰極；銀
(3) 陽極；酸素　陰極；水素
(4) 陽極；酸素　陰極；水素
(5) 陽極；銅板が Cu^{2+} となる　陰極；銅
[検討] (1)陽極；$2Cl^- \longrightarrow Cl_2\uparrow + 2e^-$
陰極；$Cu^{2+} + 2e^- \longrightarrow Cu$
(2)陽極；$2H_2O \longrightarrow O_2\uparrow + 4H^+ + 4e^-$
陰極；$Ag^+ + e^- \longrightarrow Ag$
(3)陽極；$2H_2O \longrightarrow O_2\uparrow + 4H^+ + 4e^-$
陰極；$2H_2O + 2e^- \longrightarrow H_2\uparrow + 2OH^-$
(4)陽極；$4OH^- \longrightarrow O_2\uparrow + 2H_2O + 4e^-$
陰極；$2H_2O + 2e^- \longrightarrow H_2\uparrow + 2OH^-$
(5)陽極；$Cu \longrightarrow Cu^{2+} + 2e^-$
陰極；$Cu^{2+} + 2e^- \longrightarrow Cu$

テスト対策

▶水溶液の電気分解；白金・炭素極

陽極　a) $Cl^- \longrightarrow Cl_2\uparrow$, $I^- \longrightarrow I_2$
　　　b) 塩基性溶液 ⇨ $OH^- \longrightarrow O_2\uparrow$
　　　c) SO_4^{2-}, NO_3^-
　　　　⇨ $H_2O \longrightarrow O_2\uparrow$　溶液；H^+
※銅電極の場合は，$Cu \longrightarrow Cu^{2+}$

陰極　a) Cu^{2+}, $Ag^+ \longrightarrow Cu$, Ag
　　　b) 酸性溶液 ⇨ $H^+ \longrightarrow H_2\uparrow$
　　　c) K^+, Ca^{2+}, Na^+, Al^{3+}
　　　　⇨ $H_2O \longrightarrow H_2\uparrow$　溶液；OH^-

96
[答] (1) 陽極；$2Cl^- \longrightarrow Cl_2 + 2e^-$
陰極；$2H_2O + 2e^- \longrightarrow H_2 + 2OH^-$
(2) 陽極；$2Cl^- \longrightarrow Cl_2 + 2e^-$
陰極；$Na^+ + e^- \longrightarrow Na$
[検討] (1)陰極では H_2 が発生し，水溶液中に OH^- が生じる。
(2)加熱融解して電気分解すると，イオン化傾向の大きい Na^+ も還元される。

97
[答] (1) ア　(2) イ
[検討] ア；陽極；$2H_2O \longrightarrow O_2 + 4H^+ + 4e^-$
陰極；$Ag^+ + e^- \longrightarrow Ag$
イ；陽極；$2Cl^- \longrightarrow Cl_2 + 2e^-$
陰極；$2H_2O + 2e^- \longrightarrow H_2 + 2OH^-$
ウ；陽極；$2H_2O \longrightarrow O_2 + 4H^+ + 4e^-$
陰極；$Cu^{2+} + 2e^- \longrightarrow Cu$
エ；陽極；$2H_2O \longrightarrow O_2 + 4H^+ + 4e^-$
陰極；$2H^+ + 2e^- \longrightarrow H_2$
オ；陽極；$2Cl^- \longrightarrow Cl_2 + 2e^-$
陰極；$Cu^{2+} + 2e^- \longrightarrow Cu$

(1)(2) 1 mol の電子が流れたとき，それぞれ発生するのは，
ア；O_2　0.25 mol, Ag　1.00 mol
　　計　1.25 mol（うち，気体は0.25 mol）
イ；Cl_2　0.50 mol, H_2　0.50 mol
　　計　1.00 mol（すべて気体）
ウ；O_2　0.25 mol, Cu　0.50 mol
　　計　0.75 mol（うち，気体は0.25 mol）
エ；O_2　0.25 mol, H_2　0.50 mol
　　計　0.75 mol（すべて気体）
オ；Cl_2　0.50 mol, Cu　0.50 mol
　　計　1.00 mol（うち，気体は0.50 mol）

応用問題 ………………… 本冊 p.48

98
[答] (1) 4825 C　(2) 酸素，0.28 L
(3) 8分

[検討] 電子1mol流れるとAg 1mol（108g）析出するから、流れた電子の物質量は、

$$\frac{5.4}{108} = 0.050 \text{ mol}$$

(1) $96500 \times 0.050 = 4825$ C

(2) 酸素が発生。$O^{2-} \longrightarrow O_2$ 分子 $\frac{1}{4}$ mol より、標準状態の体積は、

$$22.4 \times \frac{1}{4} \times 0.050 = 0.28 \text{ L}$$

(3) $\frac{4825}{10.0} \times \frac{1}{60} = 8.0\cdots ≒ 8$ 分

[テスト対策]

▶電子 e^- が1mol（96500C）流れたとき、
$\Rightarrow \begin{cases} \text{元素の析出量} \\ \text{イオンの変化量} \end{cases} = \frac{1 \text{ mol}}{\text{価数}}$

▶電流〔A〕×時間〔s〕＝電気量〔C〕

99

[答] (1) ア；塩素　イ；水素　ウ；水酸化物イオン　エ；ナトリウムイオン　オ；水酸化ナトリウム　(2) 7.38×10^4 A

[検討] (1)エ；陽イオン交換膜は、選択的に陽イオンのみを通過させる。

(2) 陽極；$2Cl^- \longrightarrow Cl_2 + 2e^-$
陰極；$2H_2O + 2e^- \longrightarrow H_2 + 2OH^-$

2式をたし合わせて1つにまとめると、

$2Cl^- + 2H_2O \longrightarrow Cl_2 + H_2 + 2OH^-$

両辺に $2Na^+$ を加えて、

$2NaCl + 2H_2O \longrightarrow Cl_2 + H_2 + 2NaOH$

反応式の係数比から、電子1mol流れると、H_2O 1molが反応し、NaOH 1molが生成することがわかる。

1分あたりに流れる電子の物質量を a〔mol〕とすると、連続的に得られる水酸化ナトリウム水溶液が5.00 mol/kgなので、

$$\frac{a}{10.0 - \frac{18.0}{1000} \times a} = 5.00 \quad \therefore a = \frac{5000}{109} \text{ mol}$$

よって、流れる電流を x〔A〕とすると、

$$\frac{5000}{109} \times 9.65 \times 10^4 = x \times 60$$

$$\therefore x = 7.377\cdots \times 10^4 ≒ 7.38 \times 10^4 \text{ A}$$

100

[答] (1) 4825 C　(2) 2.68 A
(3) B；酸素，0.280 L　C；水素，0.560 L
D；塩素，0.560 L

[検討] A における反応式は、

$Cu^{2+} + 2e^- \longrightarrow Cu$

Aに銅が析出する。電子1molが流れたとき析出する銅の質量は、$\frac{63.6 \text{ g}}{2} = 31.8$ g

流れた電子の物質量は、$\frac{1.59}{31.8} = 0.0500$ mol

(1) $9.65 \times 10^4 \text{ C/mol} \times 0.0500 \text{ mol} = 4825$ C

(2) $\frac{4825}{60 \times 30} = 2.680\cdots ≒ 2.68$ A

(3) B；$2H_2O \longrightarrow O_2 + 4H^+ + 4e^-$

電子1mol ➡ $O^{2-} \longrightarrow O_2$ 分子 $\frac{1}{4}$ mol

$$\frac{22.4 \text{ L/mol}}{4} \times 0.0500 \text{ mol} = 0.280 \text{ L}$$

C；$2H_2O + 2e^- \longrightarrow H_2 + 2OH^-$

電子1mol ➡ $H^+ \longrightarrow H_2$ 分子 $\frac{1}{2}$ mol

$$\frac{22.4 \text{ L/mol}}{2} \times 0.0500 \text{ mol} = 0.560 \text{ L}$$

D；$2Cl^- \longrightarrow Cl_2 + 2e^-$

電子1mol ➡ $Cl^- \longrightarrow Cl_2$ 分子 $\frac{1}{2}$ mol

$$\frac{22.4 \text{ L/mol}}{2} \times 0.0500 \text{ mol} = 0.560 \text{ L}$$

101

[答] (1) ア；$Cu^{2+} + 2e^- \longrightarrow Cu$
イ；$2H_2O \longrightarrow O_2 + 4H^+ + 4e^-$
ウ；$2H_2O + 2e^- \longrightarrow H_2 + 2OH^-$
エ；$2H_2O \longrightarrow O_2 + 4H^+ + 4e^-$

(2) ア；0.200 A　ウ；0.80 A

(3) 3.24 L　(4) 0.0320 mol/L

[検討] (2)電極アに生成したCuは、

$\frac{1.27}{63.5} = 0.0200$ mol

$Cu^{2+} + 2e^- \longrightarrow Cu$ より、2molの電子が流れて1molのCuが生成するので、流れた電子は、

$0.0200 \times 2 = 0.0400$ mol

電極アに流れた電流を x〔A〕とすると,
$$x \times 1.93 \times 10^4 = 0.0400 \times 9.65 \times 10^4$$
$$\therefore x = 0.200\,\text{A}$$
電解槽 A と電解槽 B は並列に接続されているので, A と B に流れる電流の和が 1.00 A である。よって, 電極ウに流れる電流は,
$$1.00 - 0.200 = 0.80\,\text{A}$$
(3) ア；気体は発生しない。
イ；流れる電子の物質量は 0.0400 mol より, 発生した O_2 は,
$$0.0400 \times \frac{1}{4} = 0.0100\,\text{mol}$$
ウ；流れる電子の物質量は 0.160 mol より, 発生した H_2 は,
$$0.160 \times \frac{1}{2} = 0.080\,\text{mol}$$
エ；流れる電子の物質量は 0.160 mol より, 発生した O_2 は,
$$0.160 \times \frac{1}{4} = 0.040\,\text{mol}$$
よって, イ, ウ, エそれぞれから発生する気体の物質量の合計は,
$$0.0100 + 0.080 + 0.040 = 0.130\,\text{mol}$$
気体の状態方程式を利用して, 求める体積を x〔L〕とすると,
$$1.00 \times 10^5 \times x = 0.130 \times 8.31 \times 10^3 \times 300$$
$$\therefore x = 3.240\cdots ≒ 3.24\,\text{L}$$
(4) 電解後, 電解槽 A 内に生じた H^+ は, 0.0400 mol である。求める水酸化ナトリウム水溶液の濃度を x〔mol/L〕とすると,
$$0.0400 \times \frac{40.0}{500} = x \times \frac{100}{1000}$$
$$\therefore x = 0.0320\,\text{mol/L}$$

17 反応の速さと反応のしくみ

基本問題　　　　　　　本冊 p.51

102

答　(1) $1.7 \times 10^{-3}\,\text{mol/(L·s)}$
(2) $8.3 \times 10^{-4}\,\text{mol/(L·s)}$

検討　(1) ヨウ化水素の濃度の変化量は,
$$0.80 - 0.50 = 0.30\,\text{mol/L}$$
反応時間は 3 分間, すなわち 180 秒間であるから, ヨウ化水素の分解速度は,
$$\frac{0.30}{180} = 1.66\cdots \times 10^{-3} ≒ 1.7 \times 10^{-3}\,\text{mol/(L·s)}$$
(2) 化学反応式の係数の比より, ヨウ化水素と水素の変化量の比は 2:1 である。よって, 水素の濃度の変化量は,
$$0.30 \times \frac{1}{2} = 0.15\,\text{mol/L}$$
よって, 水素の生成速度は,
$$\frac{0.15}{180} = 8.33\cdots \times 10^{-4} ≒ 8.3 \times 10^{-4}\,\text{mol/(L·s)}$$

103

答　(1) $0.031\,\text{mol/(L·s)}$
(2) $0.016\,\text{mol}$

検討　(1) H_2O_2 の濃度の減少量は,
$$0.54 - 0.23 = 0.31\,\text{mol/L}$$
したがって, 1 秒あたりでは,
$$\frac{0.31}{10} = 0.031\,\text{mol/(L·s)}$$
(2) O_2 の濃度の増加量は, H_2O_2 の濃度の減少量の $\frac{1}{2}$ 倍である。
$$0.031 \times \frac{1}{2} = 0.0155\,\text{mol/(L·s)}$$
よって, 求める O_2 の発生量は,
$$0.0155 \times \frac{100}{1000} \times 10 = 0.0155 ≒ 0.016\,\text{mol}$$

104

答　エ

検討　エ；触媒は, 活性化エネルギーを変化させるが, 反応物や生成物のエネルギーには影

響がないため，反応熱は変化しない。
オ；反応が起こるためには，活性化状態とする必要がある。このときに必要なエネルギーが活性化エネルギーである。

> **テスト対策**
> ▶反応速度は濃度が大きいほど大きい。
>   ⇨ 反応物の粒子（分子など）間の衝突回数が増加するため。
> ▶反応速度は温度が高いほど大きい。
>   ⇨ 活性化エネルギー以上のエネルギーをもつ粒子（分子など）の数が増加するため。
> ▶反応速度は正触媒により大きくなる。
>   ⇨ 触媒が活性化エネルギーを小さくするため。

105
答　$x=2$, $y=3$
検討　(i)より，vは[A]の2乗に比例することがわかる。したがって，$x=2$
また(ii)より，vは[B]の3乗に比例することがわかる。したがって，$y=3$

応用問題　　本冊 p.52

106
答　(1) $0.499\,\text{mol/L}$
(2) $0.043\,\text{mol/(L·min)}$
(3) $0.086/\text{min}$

検討　過酸化水素の分解反応は，
$$2H_2O_2 \longrightarrow 2H_2O + O_2$$
(1) $\dfrac{0.542+0.456}{2} = 0.499\,\text{mol/L}$
(2) $\dfrac{0.542-0.456}{2} = 0.043\,\text{mol/(L·min)}$
(3) $v=k[H_2O_2]$ より，
$k = \dfrac{v}{[H_2O_2]} = \dfrac{0.043}{0.499}$
$= 0.08617\cdots ≒ 0.086/\text{min}$

107
答　(1) ウ　(2) エ　(3) ア　(4) イ
検討　(1)過酸化水素水に触媒として酸化マンガン(IV)を加えて酸素を発生させる。
(2)硝酸は光によって分解するので，褐色のびんに保存する。
(3)空気中の酸素は約20%であるから，空気中で燃えている線香を酸素中に入れると，濃度が約5倍となり，激しく燃える。
(4)温度が高くなり，反応が活発になる。

108
答　(1) E_1；活性化エネルギー　E_2；反応熱　X；活性化状態　(2) 吸熱反応　(3) 2.5分
(4) E_1；イ　E_2；ウ
検討　(1) Xは活性化状態であり，反応物を活性化状態にするのに必要なエネルギーE_1が活性化エネルギーである。
(2)反応物$2A_2B$ より生成物$2A_2+B_2$ のほうがエネルギーが高いから，吸熱反応である。
(3)温度が30℃上がったので，反応速度は$2^3 = 8$倍となる。よって，反応にかかる時間は，
$20 \times \dfrac{1}{8} = 2.5$分
(4)触媒は，活性化エネルギーを小さくすることによって反応速度を大きくする。反応熱そのものは変化しない。

109
答　イ，オ
検討　ア；触媒は，活性化エネルギーを小さくすることによって反応速度を大きくする。
イ；温度を上げると反応速度が大きくなるのは，活性化エネルギー以上のエネルギーをもつ粒子（分子など）が増加するからである。
ウ；濃度を小さくすると，単位体積あたりの粒子（分子など）が少なくなり，粒子の衝突回数が減少するため，反応速度が小さくなる。
エ；活性化エネルギーが非常に大きい場合，反応は容易には起こらない。
オ；活性化エネルギーは，反応物の結合エネルギーの和に比べてかなり小さい。

18 化学平衡と平衡定数

基本問題 ………… 本冊 p.55

110

[答] ウ

[検討] 可逆反応において，正反応と逆反応の速さが等しく，見かけ上は反応が停止している状態が化学平衡の状態である。よって，窒素と水素からアンモニアが生じる速さとアンモニアが分解して窒素と水素が生じる速さは等しい。反応が停止したわけではない。

111

[答] (1) $K = \dfrac{[HI]^2}{[H_2][I_2]}$　(2) $K = \dfrac{[NH_3]^2}{[N_2][H_2]^3}$

[検討] $aA + bB \rightleftarrows cC + dD$（$A \sim D$；化学式，$a \sim d$；係数）で表される可逆反応が平衡状態にあるとき，

平衡定数 K は，$K = \dfrac{[C]^c[D]^d}{[A]^a[B]^b}$

112

[答] (1) **4.0**　(2) **0.67 mol**

[検討] (1)反応前後での物質量[mol]の変化は次のようになる。

	CH_3COOH	$+$	C_2H_5OH	$\rightleftarrows$	$CH_3COOC_2H_5$	$+$	H_2O
反応前	3.0		3.0				
変化量	-2.0		-2.0		$+2.0$		$+2.0$
平衡時	1.0		1.0		2.0		2.0

ここで，溶液全体の体積を V[L]とすると，

$$K = \dfrac{[CH_3COOC_2H_5][H_2O]}{[CH_3COOH][C_2H_5OH]}$$

$$= \dfrac{\dfrac{2.0}{V} \times \dfrac{2.0}{V}}{\dfrac{1.0}{V} \times \dfrac{1.0}{V}} = 4.0$$

(2)求める酢酸エチルを x[mol]とすると，平衡時の各物質の物質量[mol]は，

	CH_3COOH	$+$	C_2H_5OH	$\rightleftarrows$	$CH_3COOC_2H_5$	$+$	H_2O
反応前	1.0		1.0				
変化量	$-x$		$-x$		$+x$		$+x$
平衡時	$1.0-x$		$1.0-x$		x		x

ここで，溶液全体の体積を V[L]とすると，

$$K = \dfrac{\dfrac{x}{V} \times \dfrac{x}{V}}{\dfrac{1.0-x}{V} \times \dfrac{1.0-x}{V}} = \dfrac{x^2}{(1.0-x)^2} = 4.0$$

$$\dfrac{x}{1.0-x} = \pm 2.0$$

$0 < x < 1.0$ より，

$x = 0.66\cdots \fallingdotseq 0.67$ mol

[テスト対策]

▶平衡定数に関する計算問題の解き方
① 可逆反応の化学反応式を書き，平衡時の各物質の物質量を求める。⇨ 物質量を求める問題では，求める物質の物質量を x[mol]とおく。
② 各物質のモル濃度を求める。⇨ 全体の体積が不明な場合は V[L]とおく。
③ 各物質のモル濃度を平衡定数の式に代入する。

113

[答] (1) N_2O_4；6.0×10^4 Pa
　NO_2；8.0×10^4 Pa
(2) 1.1×10^5 Pa

[検討] (1)容器に入れた N_2O_4 を a[mol]とすると，解離した N_2O_4 は $0.4a$[mol]である。平衡時の各物質の物質量[mol]は，

	N_2O_4	$\rightleftarrows$	$2NO_2$
反応前	a		
変化量	$-0.4a$		$+0.8a$
平衡時	$0.6a$		$0.8a$

よって，平衡時の全物質量は，
　$0.6a + 0.8a = 1.4a$[mol]
混合気体では，分圧の比は物質量の比と等しいから，

N_2O_4 の分圧；$P_1 = 1.4 \times 10^5 \times \dfrac{0.6a}{1.4a}$
　　　　　　　　$= 6.0 \times 10^4$ Pa

NO_2 の分圧；$P_2 = 1.4 \times 10^5 \times \dfrac{0.8a}{1.4a}$
　　　　　　　　$= 8.0 \times 10^4$ Pa

(2)圧平衡定数 K_P は，
$$K_P = \frac{P_2{}^2}{P_1} = \frac{(8.0\times10^4)^2}{6.0\times10^4}$$
$$= 1.06\cdots\times10^5 \fallingdotseq 1.1\times10^5\,\text{Pa}$$

📝 **テスト対策**

▶圧平衡定数の計算
混合気体では「物質量比＝分圧比」が成り立つことに着目！

応用問題　　本冊 *p.56*

114

答　(1) ヨウ化水素
(2) 73
(3) B；正　C；逆
(4) 右図

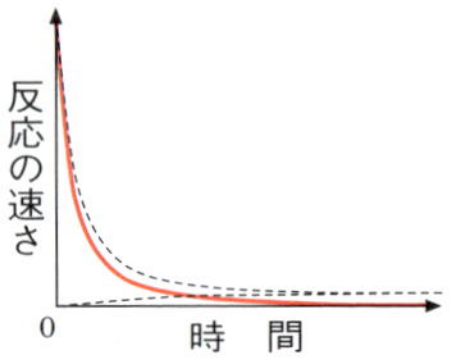

検討　この可逆反応の化学反応式は，次式で表すことができる。

$$H_2 + I_2 \rightleftarrows 2HI$$

(2)容積を V〔L〕とすると，平衡状態において，

$$[H_2] = [I_2] = \frac{0.19}{V}\,\text{〔mol/L〕}$$

$$[HI] = \frac{1.62}{V}\,\text{〔mol/L〕}$$

よって，平衡定数 K は，

$$K = \frac{[HI]^2}{[H_2][I_2]} = \frac{\left(\frac{1.62}{V}\right)^2}{\frac{0.19}{V}\times\frac{0.19}{V}} = 72.6\cdots \fallingdotseq 73$$

(3)正反応の速さは，H_2 と I_2 の濃度が減少するにつれて小さくなるので，B に入るのは「正」。一方，逆反応の速さは，はじめは0であるが，HI が生じるにつれて大きくなるので，C に入るのは「逆」。
(4)反応の見かけの速さは，正反応の速さから逆反応の速さを引いたものである。これをグラフに表すと答の図のようになる。

115

答　(1) AB；**0.50 mol**　A_2；**0.25 mol**
B_2；**0.25 mol**

(2) AB；**0.60 mol**　A_2；**0.45 mol**
B_2；**0.20 mol**

検討　(1)

	2AB	⇌	A_2	+	B_2
平衡前	1.0		0		0
変化量	$-x$		$+\frac{x}{2}$		$+\frac{x}{2}$
平衡後	$1.0-x$		$\frac{x}{2}$		$\frac{x}{2}$

体積を V〔L〕として，

$$K = \frac{[A_2][B_2]}{[AB]^2} = \frac{\frac{x}{2V}\times\frac{x}{2V}}{\left(\frac{1.0-x}{V}\right)^2}$$
$$= \frac{x^2}{4(1.0-x)^2}$$

この場合，平衡定数 K の値に体積は影響しない。$K = 0.25$ より，

$$1.0 = \frac{x^2}{(1.0-x)^2}$$

$$1.0 = \frac{x}{1.0-x}$$

∴ $x = 0.50\,\text{mol}$

よって，AB；$1.0 - x = 0.50\,\text{mol}$

A_2；$\frac{x}{2} = 0.25\,\text{mol}$

B_2；$\frac{x}{2} = 0.25\,\text{mol}$

(2)(1)の平衡時に A_2 を加えると，A_2 が減少する方向に移動する。A_2 が y〔mol〕減少したとすると，

	2AB	⇌	A_2	+	B_2
平衡前	0.50		0.50		0.25
変化量	$+2y$		$-y$		$-y$
平衡後	$0.50+2y$		$0.50-y$		$0.25-y$

温度は一定なので，平衡定数は $K = 0.25$ であるから，

$$0.25 = \frac{(0.50-y)(0.25-y)}{(0.50+2y)^2}$$

∴ $y = 0.050\,\text{mol}$

よって，AB；$0.50 + 2\times0.050 = 0.60\,\text{mol}$
A_2；$0.50 - 0.050 = 0.45\,\text{mol}$
B_2；$0.25 - 0.050 = 0.20\,\text{mol}$

116

答　(1) **0.62 mol**　(2) **$2.7\times10^2\,(\text{L/mol})^2$**

117〜119 の答え　**31**

検討　(1) **B** のはじめの物質量は，
$$\frac{2.72}{2.00} = 1.36 \text{ mol}$$
平衡時の物質量は，$\frac{0.24}{2.00} = 0.12 \text{ mol}$
よって，反応した **B** の物質量は，
$$1.36 - 0.12 = 1.24 \text{ mol}$$
反応式より，平衡状態における **C** の物質量は，
$$1.24 \times \frac{1}{2} = 0.62 \text{ mol}$$

(2) **A** のはじめの物質量は $\frac{21.84}{28.0} = 0.780 \text{ mol}$
反応前後での各物質の物質量〔mol〕の変化は次のようになる。

	A	+	2B	⇄	C
平衡前	0.78		1.36		
変化量	−0.62		−1.24		+0.62
平衡時	0.16		0.12		0.62

よって，平衡定数 K は，
$$K = \frac{[\text{C}]}{[\text{A}][\text{B}]^2} = \frac{0.62}{0.16 \times 0.12^2}$$
$$= 2.69\cdots \times 10^2$$
$$\fallingdotseq 2.7 \times 10^2 \, (\text{L/mol})^2$$

117

答　(1) **0.060 mol**　(2) **8.6×10^4 Pa**

検討　(1) 平衡状態における気体全体の物質量を n〔mol〕とすると，気体の状態方程式より，
$$2.1 \times 10^5 \times 5.0 = n \times 8.31 \times 10^3 \times 973$$
$$\therefore n = 0.129\cdots \fallingdotseq 0.13 \text{ mol}$$

平衡状態における CO の物質量を x〔mol〕とすると，反応前後での各物質の物質量〔mol〕の変化は，

	CO_2	+	C	⇄	2CO
平衡前	0.10				
変化量	$-\frac{x}{2}$				$+x$
平衡時	$0.10 - \frac{x}{2}$				x

$\left(0.10 - \frac{x}{2}\right) + x = 0.13$　$\therefore x = 0.060 \text{ mol}$

(2) 平衡時の各気体の分圧は，
CO_2 ; $P_1 = 2.1 \times 10^5 \times \frac{0.070}{0.13} = 1.13\cdots \times 10^5$
$\fallingdotseq 1.1 \times 10^5 \text{ Pa}$

CO ; $P_2 = 2.1 \times 10^5 \times \frac{0.060}{0.13} = 9.69\cdots \times 10^4$
$\fallingdotseq 9.7 \times 10^4 \text{ Pa}$

CO_2（気）+ C（黒鉛）⇄ 2CO（気）の反応では，炭素 C は固体なので平衡には関与しないから，圧平衡定数 K_p は，
$$K_p = \frac{P_2^2}{P_1} = \frac{(9.7 \times 10^4)^2}{1.1 \times 10^5} = 8.55\cdots \times 10^4$$
$$\fallingdotseq 8.6 \times 10^4 \text{ Pa}$$

118

答　(1) **3.1×10^{-2} /kPa**
(2) $NO_2 : N_2O_4 = $ **1 : 2**

検討　(1) NO_2 の分圧を P_1〔kPa〕，N_2O_4 の分圧を P_2〔kPa〕とすると，$2NO_2$ ⇄ N_2O_4 の反応式より，圧平衡定数 K_p は，
$$K_p = \frac{P_2}{P_1^2} = \frac{50}{40^2} = 3.12\cdots \times 10^{-2}$$
$$\fallingdotseq 3.1 \times 10^{-2} \text{ /kPa}$$

(2) NO_2 の分圧を x〔kPa〕とすると，N_2O_4 の分圧は $(200-x)$〔kPa〕であるから，
$$K_p = \frac{200 - x}{x^2} = 3.1 \times 10^{-2}$$
$$\therefore x = 65.7\cdots \fallingdotseq 66 \text{ kPa}$$
N_2O_4 の分圧は，$200 - 66 = 134 \text{ kPa}$
物質量比は分圧比に等しいから，
$NO_2 : N_2O_4 = 66 : 134 \fallingdotseq 1 : 2$

19　化学平衡の移動

基本問題 ●●●●●●●●●●●●● 本冊 *p.58*

119

答　(1) ア　(2) ア　(3) イ
(4) ウ　(5) ウ

検討　ルシャトリエの原理より，それぞれの変化を打ち消す方向に平衡が移動する。
(1) 平衡は，I_2 が減少する方向に移動する。
(2) 液化によって，気体の HI は減少する。平衡は，気体の HI が増加する方向に移動する。
(3) 平衡は，吸熱する方向に移動する。

(4)触媒は，平衡を移動させない。
(5)平衡は気体分子の数が増加する方向に移動するはずであるが，この反応では，反応がどちらの向きに進んでも気体分子の数は変化しない。よって，平衡は移動しない。

> **テスト対策**
>
> ▶化学平衡の移動；ルシャトリエの原理にしたがう。
> ●濃度を大きく(小さく)する。
> ⇨ 濃度を小さく(大きく)する方向に平衡移動する。
> ⇨ その物質が反応(生成)する。
> ●温度を高く(低く)する。
> ⇨ 温度を低く(高く)する方向に平衡移動する。
> ⇨ 吸熱(発熱)の反応が進む。
> ●圧力を高く(低く)する。
> ⇨ 圧力を低く(高く)する方向に平衡移動する。
> ⇨ 気体分子の数が減少(増加)する反応が進む。

120

[答] (1) ＞ (2) ＞

[検討] (1)圧力を高くするとCの割合が大きくなっていることから，圧力を高くすると平衡が右に移動することがわかる。ルシャトリエの原理より，気体分子の数が減少する方向に平衡が移動しているはずであるから，$a+b>c$ となる。
(2)温度を高くするとCの割合が小さくなっていることから，温度を高くすると平衡が左に移動することがわかる。ルシャトリエの原理より，吸熱の方向に平衡が移動しているはずであるから，$Q>0$ となる。

応用問題 ・・・・・・・・・・・・・・本冊 p.59

121

[答] (1) 移動しない。 (2) 右に移動する。
(3) 右に移動する。 (4) 移動しない。
(5) 右に移動する。 (6) 左に移動する。
(7) 移動しない。

[検討] (1)圧力が低くなる方向，すなわち気体分子の数が減る方向に平衡が移動するはずであるが，この反応では，反応がどちらの向きに進んでも気体分子の数が変化しない。そのため，平衡は移動しない。
(2)圧力が高くなる方向，すなわち気体分子の数が増加する方向に平衡が移動する。Cは固体なので，平衡の移動には関係しないことに注意する。
(3)温度が高くなる方向，すなわち発熱の方向に平衡が移動する。
(4)触媒は平衡を移動させない。
(5)温度が低くなる方向，すなわち吸熱の方向に平衡が移動する。
(6)全圧を一定に保って Ar を加えると，体積が大きくなる。そのため，平衡混合気体の圧力は低くなり，気体分子の数が増加する方向に平衡が移動する。
(7)体積が一定なので，平衡混合気体の圧力は変化しない。よって，平衡は移動しない。

122

[答] (1) ア (2) カ (3) エ

[検討] (1)SO_3 が生成するときに気体分子の数が減少することから，圧力が高いほうが生成量が多くなることがわかる。また，SO_3 が生成するときに発熱することから，温度が低いほうが生成量が多くなることがわかる。
(2)NO が生成しても気体分子の数が変化しないことから，圧力によっては生成量が変化しないことがわかる。また，NO が生成するときに吸熱することから，温度が高いほうが生成量が多くなることがわかる。
(3)CO が生成するときに気体分子の数が増加することから，圧力が低いほうが生成量が多くなることがわかる。また，CO が生成するときに吸熱することから，温度が高いほうが生成量が多くなることがわかる。

20 電離平衡と電離定数

基本問題 ……… 本冊 p.60

123

[答] (1) $K_a = \dfrac{[\text{HCOO}^-][\text{H}^+]}{[\text{HCOOH}]}$

(2) $K_a = \dfrac{[\text{C}_6\text{H}_5\text{O}^-][\text{H}^+]}{[\text{C}_6\text{H}_5\text{OH}]}$

(3) $K_b = \dfrac{[\text{C}_6\text{H}_5\text{NH}_3^+][\text{OH}^-]}{[\text{C}_6\text{H}_5\text{NH}_2]}$

[検討] (1) $\text{HCOOH} \rightleftarrows \text{HCOO}^- + \text{H}^+$

(2) $\text{C}_6\text{H}_5\text{OH} \rightleftarrows \text{C}_6\text{H}_5\text{O}^- + \text{H}^+$

(3) $\text{C}_6\text{H}_5\text{NH}_2 + \text{H}_2\text{O} \rightleftarrows \text{C}_6\text{H}_5\text{NH}_3^+ + \text{OH}^-$
[H_2O] は K_b に含めて考える。

124

[答] (1) $4.2 \times 10^{-4}\,\text{mol/L}$ (2) 4.2×10^{-2}

(3) 10.6

[検討] (1) $\text{NH}_3 + \text{H}_2\text{O} \rightleftarrows \text{NH}_4^+ + \text{OH}^-$

$K_b = \dfrac{[\text{NH}_4^+][\text{OH}^-]}{[\text{NH}_3]} = \dfrac{[\text{OH}^-]^2}{1.0 \times 10^{-2}}$

$= 1.8 \times 10^{-5}$

∴ $[\text{OH}^-] = \sqrt{18} \times 10^{-4} = 3\sqrt{2} \times 10^{-4}$
$= 4.2 \times 10^{-4}\,\text{mol/L}$

(2) $[\text{OH}^-] = c\alpha$ より,
$4.2 \times 10^{-4} = 1.0 \times 10^{-2} \times \alpha$
∴ $\alpha = 4.2 \times 10^{-2}$

[別解] $K_b \fallingdotseq c\alpha^2$ より,

$\alpha = \sqrt{\dfrac{K_b}{c}} = \sqrt{\dfrac{1.8 \times 10^{-5}}{1.0 \times 10^{-2}}} = 4.2 \times 10^{-2}$

(3) $[\text{OH}^-] = 3\sqrt{2} \times 10^{-4}\,\text{mol/L}$ より,

$[\text{H}^+] = \dfrac{1.0 \times 10^{-14}}{3\sqrt{2} \times 10^{-4}} = \dfrac{1}{3\sqrt{2}} \times 10^{-10}\,\text{mol/L}$

$\text{pH} = -\log\left(\dfrac{1}{3\sqrt{2}} \times 10^{-10}\right)$

$= 10 + \log 3 + \dfrac{1}{2}\log 2 = 10.63$

テスト対策

▶電離定数の計算問題

● 酢酸の濃度を $c\,[\text{mol/L}]$, 電離度を α とすると,

$K_a = \dfrac{[\text{CH}_3\text{COO}^-][\text{H}^+]}{[\text{CH}_3\text{COOH}]} = \dfrac{[\text{H}^+]^2}{c}$

$K_a \fallingdotseq c\alpha^2 \quad [\text{H}^+] = c\alpha$

● アンモニア水の濃度を $c\,[\text{mol/L}]$, 電離度を α とすると,

$K_b = \dfrac{[\text{NH}_4^+][\text{OH}^-]}{[\text{NH}_3]} = \dfrac{[\text{OH}^-]^2}{c}$

$K_b \fallingdotseq c\alpha^2 \quad [\text{OH}^-] = c\alpha$

125

[答] (1) イ (2) ア (3) イ (4) ア

[検討] (1) HCl を吹きこむと, 水溶液中の H^+ の濃度が大きくなる。よって, H^+ の濃度が小さくなる方向に平衡が移動する。

(2) 中和反応が起こり, H^+ の濃度が小さくなる。よって, H^+ の濃度が大きくなる方向に平衡が移動する。

(3) CH_3COONa の電離により, CH_3COO^- の濃度が大きくなる。よって, CH_3COO^- の濃度が小さくなる方向に平衡が移動する。

(4) 酢酸の電離は, 正確には次の式で表される。
$\text{CH}_3\text{COOH} + \text{H}_2\text{O} \rightleftarrows \text{CH}_3\text{COO}^- + \text{H}_3\text{O}^+$
よって, 水を加えると平衡は右に移動する。

応用問題 ……… 本冊 p.62

126

[答] (1) $1.0 \times 10^{-5}\,\text{mol/L}$ (2) 3.3 (3) 4.2

[検討] (1) $\text{HCOOH} \rightleftarrows \text{HCOO}^- + \text{H}^+$

$[\text{HCOOH}] \fallingdotseq 0.025\,\text{mol/L}$

$[\text{HCOO}^-] = [\text{H}^+] = 0.025 \times 0.020$
$= 5.0 \times 10^{-4}\,\text{mol/L}$

よって,

$K_a = \dfrac{[\text{HCOO}^-][\text{H}^+]}{[\text{HCOOH}]} = \dfrac{(5.0 \times 10^{-4})^2}{0.025}$

$= 1.0 \times 10^{-5}\,\text{mol/L}$

(2) $[\text{H}^+] = 5.0 \times 10^{-4}\,\text{mol/L}$ より,

$\text{pH} = -\log(5.0 \times 10^{-4})$

$= -\log\left(\dfrac{1}{2} \times 10^{-3}\right)$

$= 3 + \log 2$

$= 3 + 0.30 = 3.3$

(3) $[HCOOH] = 0.025 \times \dfrac{1}{50}$
$= 5.0 \times 10^{-4}$ mol/L より,
$K_a = \dfrac{[H^+]^2}{5.0 \times 10^{-4}} = 1.0 \times 10^{-5}$
∴ $[H^+] = \dfrac{1}{\sqrt{2}} \times 10^{-4}$ mol/L
pH $= -\log\left(\dfrac{1}{\sqrt{2}} \times 10^{-4}\right) = 4 + \dfrac{1}{2}\log 2 = 4.15$

127

答 A；$\dfrac{c\alpha^2}{1-\alpha}$　　B；$c\alpha^2$
a；**1**　**b**；**2.6×10^{-5}**　**c**；**2.8**
ア；温度　　イ；濃度　　ウ；酢酸

検討 A・B・a；電離平衡時の濃度〔mol/L〕をまとめると，次のようになる。

	CH₃COOH ⇌	CH₃COO⁻ +	H⁺
初期濃度	c		
電離分	$-c\alpha$	$+c\alpha$	$+c\alpha$
電離平衡時	$c(1-\alpha)$	$c\alpha$	$c\alpha$

電離定数 K_a は，
$K_a = \dfrac{[CH_3COO^-][H^+]}{[CH_3COOH]}$
$= \dfrac{c\alpha \times c\alpha}{c(1-\alpha)}$
$= \dfrac{c\alpha^2}{1-\alpha}$ 〔mol/L〕
$1 \gg \alpha$ より，$K_a \fallingdotseq c\alpha^2$ 〔mol/L〕
b；$K_a = 0.10 \times 0.016^2 = 2.56 \times 10^{-5}$ mol/L
c；$[H^+] = 0.10 \times 0.016 = 1.6 \times 10^{-3}$ mol/L
pH $= -\log(1.6 \times 10^{-3}) = 3 - 0.2 = 2.8$
ア・イ；電離定数は，温度一定のとき，濃度に関係なく一定である。
ウ；電離定数が大きいほど強い酸である。

128

答 (1) **1.0×10^{-5} mol/L**
(2) **2.5×10^{-4} mol/L**

検討 (1) CH₃COOH ⇌ CH₃COO⁻ + H⁺
pH = 3.0 より，$[H^+] = 1.0 \times 10^{-3}$ mol/L
また，$[CH_3COO^-] = [H^+]$ なので，
$K_a = \dfrac{[CH_3COO^-][H^+]}{[CH_3COOH]} = \dfrac{(1.0 \times 10^{-3})^2}{0.10}$

$= 1.0 \times 10^{-5}$ mol/L
(2) pH = 11.7，また，log 2 = 0.30 より，$10^{0.3} = 2$
$[H^+] = 1.0 \times 10^{-11.7} = 1.0 \times 10^{-12} \times 10^{0.3}$
$= 2.0 \times 10^{-12}$ mol/L
水のイオン積 $[H^+][OH^-] = \mathbf{1.0 \times 10^{-14}}$
$(\mathbf{mol/L})^2$ より，
$[OH^-] = \dfrac{1.0 \times 10^{-14}}{2.0 \times 10^{-12}} = 5.0 \times 10^{-3}$ mol/L
NH₃ + H₂O ⇌ NH₄⁺ + OH⁻
$[NH_4^+] = [OH^-]$ なので，
$K_b = \dfrac{[NH_4^+][OH^-]}{[NH_3]} = \dfrac{(5.0 \times 10^{-3})^2}{0.10}$
$= 2.5 \times 10^{-4}$ mol/L

21 電解質水溶液の平衡

基本問題 ················ 本冊 p.64

129

答 **イ，オ**

検討 緩衝液は，弱酸と弱酸の塩，または弱塩基と弱塩基の塩の混合水溶液である。塩酸，硝酸は強酸である。

130

答 **4.7**

検討 酢酸水溶液中の酢酸 CH₃COOH は，まったく電離していないものとして考えてよいから，$[CH_3COOH] = 0.20$ mol/L
また，加えた酢酸ナトリウム CH₃COONa は，すべて電離したと考えてよいから，
$[CH_3COO^-] = \dfrac{0.10}{0.50} = 0.20$ mol/L
ここで，$K_a = \dfrac{[CH_3COO^-][H^+]}{[CH_3COOH]}$ なので，
$2.0 \times 10^{-5} = \dfrac{0.20 \times [H^+]}{0.20}$
∴ $[H^+] = 2.0 \times 10^{-5}$ mol/L
∴ pH $= -\log(2.0 \times 10^{-5})$
$= 5 - 0.30$
$= 4.70$

131〜133 の答え

> 📝 **テスト対策**
> ▶緩衝液の pH
> - 弱酸(弱塩基) ⇨ まったく電離しないと考える。
> - 弱酸(弱塩基)の塩 ⇨ すべて電離すると考える。

131

答 (1) 塩基性　(2) ウ, エ, ア, イ

検討 (1)酢酸ナトリウムは, 弱酸の酢酸と強塩基の水酸化ナトリウムからなる塩で, 加水分解して塩基性を示す。

(2) CH_3COONa は, 次のように完全に電離するので,

$$CH_3COONa \longrightarrow CH_3COO^- + Na^+$$

$[CH_3COO^-]$ と $[Na^+]$ は, $[H^+]$ と $[OH^-]$ に比べてはるかに大きい。
生じた CH_3COO^- の一部は, さらに次のように水と反応する(加水分解)。

$$CH_3COO^- + H_2O \rightleftarrows CH_3COOH + OH^-$$

よって, $[Na^+] > [CH_3COO^-]$, $[OH^-] > [H^+]$ となる。

132

答 (1) ①② CH_3COOH, OH^- (順不同)
③④ $[CH_3COOH]$, $[OH^-]$ (順不同)
⑤ $[H^+]$　⑥ $[CH_3COOH]$　⑦ $\dfrac{K_w}{K_a}$

(2) **8.9**

検討 (1)⑦ $K_h = \dfrac{[CH_3COOH][OH^-]}{[CH_3COO^-]}$

$= \dfrac{[CH_3COOH][OH^-] \times [H^+]}{[CH_3COO^-] \times [H^+]}$

$= \dfrac{[CH_3COOH]}{[CH_3COO^-][H^+]} \times [H^+][OH^-]$

$= \dfrac{1}{K_a} \times K_w = \dfrac{K_w}{K_a}$

(2) $CH_3COO^- + H_2O \rightleftarrows CH_3COOH + OH^-$ より,
$[CH_3COOH] = [OH^-]$
また, $[CH_3COO^-] ≒ 0.10 \,mol/L$ である。

$K_h = \dfrac{[CH_3COOH][OH^-]}{[CH_3COO^-]} = \dfrac{K_w}{K_a}$ なので,

$\dfrac{[OH^-]^2}{0.10} = \dfrac{1.0 \times 10^{-14}}{2.0 \times 10^{-5}}$

$\therefore [OH^-] = \dfrac{1}{\sqrt{2}} \times 10^{-5} \,mol/L$

$[H^+][OH^-] = 1.0 \times 10^{-14} (mol/L)^2$ より,
$[H^+] = \sqrt{2} \times 10^{-9} \,mol/L$

$\therefore pH = -\log(\sqrt{2} \times 10^{-9}) = 8.85$

> 📝 **テスト対策**
> ▶CH_3COONa の加水分解
> $CH_3COO^- + H_2O \rightleftarrows CH_3COOH + OH^-$
> ①平衡定数 $K_h = \dfrac{K_w}{K_a}$ ←水のイオン積／酢酸の電離定数
> K_h の式に代入するとき,
> ② $[CH_3COOH] = [OH^-]$
> ③ $[CH_3COO^-] ≒ [CH_3COONa]$

133

答 (1) **4.0**　(2) $1.0 \times 10^{-14} \,mol/L$

検討 第1段階; $H_2S \rightleftarrows H^+ + HS^-$
第2段階; $HS^- \rightleftarrows H^+ + S^{2-}$

(1) $K_1 \gg K_2$ なので, 電離の第1段階のみ考えればよい。H_2S は弱酸なので, $[H_2S] = 0.10 \,mol/L$, $[H^+] = [HS^-]$ とみなせるから,

$K_1 = \dfrac{[H^+][HS^-]}{[H_2S]} = \dfrac{[H^+]^2}{0.10} = 1.0 \times 10^{-7}$

$\therefore [H^+] = 1.0 \times 10^{-4} \,mol/L$

$\therefore pH = -\log(1.0 \times 10^{-4}) = 4.0$

(2) $K_1 = \dfrac{[H^+][HS^-]}{[H_2S]}$, $K_2 = \dfrac{[H^+][S^{2-}]}{[HS^-]}$ より,

$K_1 \times K_2 = \dfrac{[H^+]^2[S^{2-}]}{[H_2S]}$ となるので,

$1.0 \times 10^{-7} \times 1.0 \times 10^{-14} = \dfrac{(1.0 \times 10^{-4})^2 \times [S^{2-}]}{0.10}$

$\therefore [S^{2-}] = 1.0 \times 10^{-14} \,mol/L$

> 📝 **テスト対策**
> ▶酸の2段階電離; H_2S 水溶液の場合
> - $[H^+]$ を求める場合
>   ⇨ K_1 のみを利用して求める。
> - $[S^{2-}]$ を求める場合
>   ⇨ $K_1 \times K_2$ を利用して求める。
> (K_1; 第1段階の電離定数, K_2; 第2段階の電離定数)

134

答 (1) $1.7 \times 10^{-10} (\text{mol/L})^2$ (2) 生じる。

検討 (1) $\text{AgCl}(固) \rightleftarrows \text{Ag}^+ + \text{Cl}^-$ より，
$[\text{Ag}^+] = [\text{Cl}^-] = 1.3 \times 10^{-5}\,\text{mol/L}$
よって，溶解度積 K_sp は，
$K_\text{sp} = (1.3 \times 10^{-5})^2 = 1.69 \times 10^{-10}$
$\qquad\qquad\qquad \fallingdotseq 1.7 \times 10^{-10}(\text{mol/L})^2$

(2) 等体積を混合したから，濃度はどちらももとの $\dfrac{1}{2}$ となる。よって，
$[\text{Ag}^+] = [\text{Cl}^-] = 1.0 \times 10^{-3} \times \dfrac{1}{2}$
$\qquad\qquad\quad = 5.0 \times 10^{-4}\,\text{mol/L}$
混合した溶液中の$[\text{Ag}^+]$と$[\text{Cl}^-]$の積は，
$(5.0 \times 10^{-4})^2 = 2.5 \times 10^{-7}(\text{mol/L})^2$
これは，溶解度積 K_sp より大きいから，塩化銀が沈殿する。

テスト対策

▶ 溶解度積と沈殿の生成
混合した溶液中の
{ イオン濃度の積 > K_sp ⇨ 沈殿が生じる。
{ イオン濃度の積 < K_sp ⇨ 沈殿が生じない。

応用問題 ……………… 本冊 p.66

135

答 ① 1.9×10^{-3} ② 1.8×10^{-5}
③ 4.7 ④ 1.8

検討 ① $K_\text{a} = \dfrac{[\text{CH}_3\text{COO}^-][\text{H}^+]}{[\text{CH}_3\text{COOH}]}$
$\qquad = \dfrac{[\text{CH}_3\text{COO}^-]^2}{0.20} = 1.8 \times 10^{-5}$
∴ $[\text{CH}_3\text{COO}^-] = \sqrt{3.6} \times 10^{-3}$
$\qquad\qquad\qquad = 1.9 \times 10^{-3}\,\text{mol/L}$

② $K_\text{a} = \dfrac{[\text{CH}_3\text{COO}^-][\text{H}^+]}{[\text{CH}_3\text{COOH}]}$
$1.8 \times 10^{-5} = \dfrac{0.20 \times [\text{H}^+]}{0.20}$
∴ $[\text{H}^+] = 1.8 \times 10^{-5}\,\text{mol/L}$

③ $\text{pH} = -\log(1.8 \times 10^{-5})$
$\qquad = -\log(2 \times 3^2 \times 10^{-6})$
$\qquad = 6 - 0.30 - 2 \times 0.48 = 4.74$

④ $\text{pH} = 5.0$ より，$[\text{H}^+] = 1.0 \times 10^{-5}\,\text{mol/L}$
$K_\text{a} = \dfrac{[\text{CH}_3\text{COO}^-][\text{H}^+]}{[\text{CH}_3\text{COOH}]}$ より，
$\dfrac{[\text{CH}_3\text{COO}^-]}{[\text{CH}_3\text{COOH}]} = \dfrac{K_\text{a}}{[\text{H}^+]}$ なので，
$[\text{CH}_3\text{COOH}] : [\text{CH}_3\text{COO}^-]$
$= [\text{H}^+] : K_\text{a}$
$= 1.0 \times 10^{-5} : 1.8 \times 10^{-5}$
$= 1 : 1.8$

136

答 (1) ① 2.9 ② 4.9 ③ 8.7 (2) ②

検討 (1) ① $K_\text{a} = \dfrac{[\text{CH}_3\text{COO}^-][\text{H}^+]}{[\text{CH}_3\text{COOH}]}$，
$[\text{CH}_3\text{COO}^-] = [\text{H}^+]$ より，
$2.0 \times 10^{-5} = \dfrac{[\text{H}^+]^2}{0.10}$
∴ $[\text{H}^+] = \sqrt{2.0} \times 10^{-3}\,\text{mol/L}$
∴ $\text{pH} = -\log(\sqrt{2.0} \times 10^{-3}) = 2.85$

② 酢酸；$0.10 \times \dfrac{25}{1000} = 2.5 \times 10^{-3}\,\text{mol}$
NaOH；$0.10 \times \dfrac{15}{1000} = 1.5 \times 10^{-3}\,\text{mol}$
$\text{CH}_3\text{COOH} + \text{NaOH} \longrightarrow \text{CH}_3\text{COONa} + \text{H}_2\text{O}$
より，混合水溶液中の物質量は，
CH_3COOH；$2.5 \times 10^{-3} - 1.5 \times 10^{-3}$
$\qquad\qquad\qquad = 1.0 \times 10^{-3}\,\text{mol}$
CH_3COONa；$1.5 \times 10^{-3}\,\text{mol}$
混合水溶液の体積は，$4.0 \times 10^{-2}\,\text{L}$ なので，
$[\text{CH}_3\text{COOH}] = \dfrac{1.0 \times 10^{-3}}{4.0 \times 10^{-2}}$
$\qquad\qquad\quad = 2.5 \times 10^{-2}\,\text{mol/L}$
$[\text{CH}_3\text{COO}^-] = \dfrac{1.5 \times 10^{-3}}{4.0 \times 10^{-2}}$
$\qquad\qquad\quad = 3.75 \times 10^{-2}\,\text{mol/L}$
電離定数の式に代入して，
$2.0 \times 10^{-5} = \dfrac{3.75 \times 10^{-2} \times [\text{H}^+]}{2.5 \times 10^{-2}}$
∴ $[\text{H}^+] = \dfrac{4}{3} \times 10^{-5}\,\text{mol/L}$
∴ $\text{pH} = -\log\left(\dfrac{4}{3} \times 10^{-5}\right)$
$\qquad = 5 - 2\log 2 + \log 3$
$\qquad = 4.88$

③ 酢酸と水酸化ナトリウムは完全に中和して，

CH$_3$COONa となっている。CH$_3$COONa は，次式のように加水分解する。

$$CH_3COO^- + H_2O \rightleftharpoons CH_3COOH + OH^-$$

ここで，

$$K_h = \frac{[CH_3COOH][OH^-]}{[CH_3COO^-]} = \frac{K_w}{K_a}$$

[CH$_3$COOH] = [OH$^-$] である。
[CH$_3$COO$^-$] は，混合水溶液の体積が2倍になったことから，

$$0.10 \times \frac{1}{2} = 5.0 \times 10^{-2} \text{ mol/L}$$

よって，$\dfrac{[OH^-]^2}{5.0 \times 10^{-2}} = \dfrac{1.0 \times 10^{-14}}{2.0 \times 10^{-5}}$

∴ [OH$^-$] = 5.0×10^{-6} mol/L
[H$^+$][OH$^-$] = 1.0×10^{-14} (mol/L)^2 より，
[H$^+$] = 2.0×10^{-9} mol/L
∴ pH = $-\log(2.0 \times 10^{-9})$
   = 8.70

(2) 弱酸と弱酸の塩の混合水溶液は緩衝液である。よって，②。③は弱酸である酢酸が完全に中和しているので，緩衝液ではない。

137

答 (1) **10.6**　(2) **9.2**　(3) **5.1**

検討 (1) NH$_3$ + H$_2$O $\rightleftharpoons$ NH$_4^+$ + OH$^-$

$$K_b = \frac{[NH_4^+][OH^-]}{[NH_3]}$$ において，

[NH$_3$] = $0.10 \times \dfrac{1}{10} = 0.010$ mol/L
[NH$_4^+$] = [OH$^-$]

よって，$1.74 \times 10^{-5} = \dfrac{[OH^-]^2}{0.010}$

∴ [OH$^-$] = $\sqrt{17.4} \times 10^{-4}$ mol/L

[H$^+$] = $\dfrac{1.0 \times 10^{-14}}{\sqrt{17.4} \times 10^{-4}}$

   = $\dfrac{1}{\sqrt{17.4}} \times 10^{-10}$ mol/L

∴ pH = $-\log\left(\dfrac{1}{\sqrt{17.4}} \times 10^{-10}\right)$

   = $10 + \dfrac{1}{2}\log 17.4$

   = 10.62

(2) [NH$_3$] = $0.10 \times \dfrac{1}{2} = 0.050$ mol/L

[NH$_4^+$] = $0.10 \times \dfrac{1}{2} = 0.050$ mol/L

電離定数の式に代入して，

$1.74 \times 10^{-5} = \dfrac{0.050 \times [OH^-]}{0.050}$

∴ [OH$^-$] = 1.74×10^{-5} mol/L

[H$^+$] = $\dfrac{1.0 \times 10^{-14}}{1.74 \times 10^{-5}}$

   = $\dfrac{1}{1.74} \times 10^{-9}$ mol/L

pH = $-\log\left(\dfrac{1}{1.74} \times 10^{-9}\right)$

   = $9 + \log 1.74$

   = 9.24

(3) 塩化アンモニウムは水溶液中で次のように加水分解する。

NH$_4^+$ $\rightleftharpoons$ NH$_3$ + H$^+$

$$K_h = \frac{[NH_3][H^+]}{[NH_4^+]} = \frac{[NH_3][H^+] \times [OH^-]}{[NH_4^+] \times [OH^-]}$$

$$= \frac{[NH_3]}{[NH_4^+][OH^-]} \times [H^+][OH^-] = \frac{K_w}{K_b}$$

また，[NH$_3$] = [H$^+$] であるから，

$\dfrac{[H^+]^2}{0.10} = \dfrac{1.0 \times 10^{-14}}{1.74 \times 10^{-5}}$

∴ [H$^+$] = $\dfrac{1}{\sqrt{1.74}} \times 10^{-5}$ mol/L

∴ pH = $-\log\left(\dfrac{1}{\sqrt{1.74}} \times 10^{-5}\right)$

   = $5 + \dfrac{1}{2}\log 1.74$

   = 5.12

138

答 (1) **4.0×10^{-6} (mol/L)^2**　(2) **0.21 g**

検討 (1) 式量；CaCO$_3$ = 100 より，CaCO$_3$ 0.020 g の物質量は，$\dfrac{0.020}{100} = 2.0 \times 10^{-4}$ mol

[Ca^{2+}] = [CO$_3^{2-}$] = $\dfrac{2.0 \times 10^{-4}}{0.10}$

   = 2.0×10^{-3} mol/L

K_{sp} = [Ca^{2+}][CO$_3^{2-}$] = $(2.0 \times 10^{-3})^2$

   = 4.0×10^{-6} (mol/L)^2

(2) $K_{sp} = 1.0 \times 10^{-3} \times [CO_3^{2-}] = 4.0 \times 10^{-6}$

∴ [CO$_3^{2-}$] = 4.0×10^{-3} mol/L

式量；Na$_2$CO$_3$ = 106，水溶液 500 mL より，

$106 \times 4.0 \times 10^{-3} \times \dfrac{500}{1000} = 0.212$

   ≒ 0.21 g

22 元素の分類と性質

基本問題 ……… 本冊 p.68

139
[答] ア；原子量　イ；周期律
　　ウ；原子番号　エ；価電子
[検討] 現在の周期表は，元素を原子番号の順に並べると，価電子の数が周期的に変化することに基づいている。

140
[答] ③
[検討] 元素数は，第1周期に2，第2周期と第3周期はいずれも8である。

141
[答] (1) A　(2) B　(3) B
　　(4) A　(5) A　(6) B
[検討] 非金属元素はすべて典型元素である。遷移元素は3族～11族(第4周期から登場)であり，すべて金属元素である。また，価電子が1～2で左右の元素の性質が類似している。

> ✏️ テスト対策
> ▶典型元素；1・2族，12～18族
> 　第1～第3周期のすべての元素
> 　金属元素および非金属元素
> ▶遷移元素；3～11族，すべて金属元素

応用問題 ……… 本冊 p.69

142
[答] (1) H　(2) He　(3) 3, Li
　　(4) 21, Sc　(5) 4, Be
[検討] (1)水素は非金属元素で，陽イオン H^+ になりやすい。
(4)遷移元素は第4周期の3族から登場する。第1・2・3周期の元素数がそれぞれ2，8，8より，原子番号は，2+8+8+3=21
原子番号21の元素はスカンジウム Sc。
(5)第1周期の元素数が2から，原子番号は
　2+2=4
原子番号4の元素はベリリウム Be。

143
[答] (1) b　(2) h　(3) g
　　(4) c　(5) d　(6) a　(7) e
[検討] (1)イオン化エネルギーは周期表の左側(1族)・下側の元素ほど小さい。
(2)希ガス(18族)が単原子分子。
(3)ハロゲン(17族)で Cl_2。
(5)遷移元素は3～11族である。
(6)アルカリ金属は1族。
(7)価電子が3個の元素で13族。

23 水素と希ガス(貴ガス)

基本問題 ……… 本冊 p.70

144
[答] (1) $Zn + H_2SO_4 \longrightarrow ZnSO_4 + H_2$
(2) $2H_2O \longrightarrow 2H_2 + O_2$
(3) $2H_2 + O_2 \longrightarrow 2H_2O$
(4) $CuO + H_2 \longrightarrow Cu + H_2O$
(5) $N_2 + 3H_2 \longrightarrow 2NH_3$
[検討] (1)亜鉛や鉄に希硫酸や希塩酸を加えると水素が発生する。これは，亜鉛のイオン化傾向が水素より大きいからである。
(2)水を電気分解すると水素と酸素が発生する。
(3)水素を燃焼させると水が発生する。
(4)水素が還元剤としてはたらき，銅が生成。

145
[答] ⑤
[検討] 水素は水に溶けにくく，また，酸性物質ではない。

146

答 ア；18　イ；電子配置　ウ；単
エ；化合　オ；ヘリウム　カ；アルゴン

テスト対策
▶希ガスの特性 ⇨ 単原子分子，
　　　　　　　ほとんど化合しない
$\begin{cases} He ⇨ 最も沸点・融点が低い。\\ Ar ⇨ 空気中に最も多く含まれる。\end{cases}$

応用問題 ●●●●●●●●●●●●●●● 本冊 p.71

147

答 ③

検討 ①鉄は水素よりイオン化傾向が大きいので，塩酸や希硫酸と反応し，水素を発生する。
②ナトリウムは水素よりはるかにイオン化傾向が大きいので，水と反応して，水素を発生する。
③銅は水素よりイオン化傾向が小さいので，希硫酸などの酸とは反応しない。

148

答 ①C　②A　③B　④B
⑤C　⑥A　⑦C　⑧B
⑨A　⑩B

検討 ②④水素 H_2 は二原子分子であり，空気中で燃えるが，ヘリウムは単原子分子であり，反応しない。
③ヘリウムは希ガスであり，ほとんど化合しない。
⑥水素は還元剤としてはたらく。
⑧ヘリウムはすべての物質のなかで最も沸点が低い（-269℃）。
⑨⑩水素は陽イオン H^+ になりやすいが，ヘリウムはイオン化エネルギーが最も大きく，陽イオンになりにくい。

24 ハロゲン

基本問題 ●●●●●●●●●●●●●●● 本冊 p.72

149

答 (1) 17　(2) 7　(3) 1　(4) 2

検討 ハロゲンは17族で，価電子の数は7個で，1価の陰イオンになりやすい。ハロゲンの単体はいずれも二原子分子である。

150

答 ア；I_2　イ；Br_2　ウ；Cl_2　エ；F_2
オ；Cl_2　カ；Br_2　キ；I_2　ク；F_2
ケ；Cl_2　コ；Br_2　サ；I_2　シ；F_2

検討 (1)分子量が大きいほど沸点・融点が高い。
(4)酸化力が最も強いフッ素は常温の水と激しく反応する。

テスト対策
▶ハロゲン単体の性質；原子番号の順に変化。
$\begin{cases} 沸点・融点 ⇨ F_2 < Cl_2 < Br_2 < I_2 \\ 酸化力（化合力）⇨ F_2 > Cl_2 > Br_2 > I_2 \end{cases}$

151

答 ①○　②×　③○　④×
⑤○

検討 ②水に少し溶け，一部水と反応して HCl と HClO となる。
④強い酸化作用があり，漂白・殺菌作用を示す。

テスト対策
▶塩素の性質
①黄緑色・刺激臭の有毒な気体。
②強い酸化作用。⇨ 漂白・殺菌作用
③検出 ⇨ ヨウ化カリウムデンプン紙を青変

152

答 ①C　②B　③A　④A
⑤C　⑥A　⑦B

検討 ハロゲン化水素のうち，HFだけ沸点が異常に高く（水素結合による），弱酸（他は強

酸)であり，また，ガラスを溶かすなど，他とは異なる性質を示す。
⑦塩化水素はアンモニアに触れると塩化アンモニウムの白煙を生じる。

テスト対策
▶HFの3つの特性
①異常に沸点が高い。
②弱酸(他のハロゲン化水素は強酸)
③ガラスを溶かす。

153
答 (1) $CaCl(ClO) \cdot H_2O + 2HCl \longrightarrow CaCl_2 + 2H_2O + Cl_2$

(2) $Cu + Cl_2 \longrightarrow CuCl_2$

(3) $NaCl + H_2SO_4 \longrightarrow NaHSO_4 + HCl$

(4) $NH_3 + HCl \longrightarrow NH_4Cl$

検討 (2)塩素は，水素や金属と激しく反応して塩化物となる。
(3)揮発性の酸の塩($NaCl$)に不揮発性の酸(H_2SO_4)を加えて加熱すると，揮発性の酸(HCl)が発生する。
(4)生じた白煙は塩化アンモニウムである。
[参考] さらし粉のかわりに，高度さらし粉 $Ca(ClO)_2 \cdot 2H_2O$ を使用することがある。
$Ca(ClO)_2 \cdot 2H_2O + 4HCl \longrightarrow CaCl_2 + 4H_2O + 2Cl_2$

応用問題 ……… 本冊 p.74

154
答 ④

検討 酸化力は $F_2 > Cl_2 > Br_2 > I_2$ であるから，④のように KF に F_2 より酸化力の弱い Cl_2 を作用させても変化しない。

155
答 (1) A：濃塩酸 B：酸化マンガン(Ⅳ)
C：水 D：濃硫酸

(2) $MnO_2 + 4HCl \longrightarrow MnCl_2 + 2H_2O + Cl_2$

(3) Cの水：塩素に混じって出てくる塩化水素を吸収する。 Dの濃硫酸：塩素に混じっている水分を吸収する。

(4) ウ

検討 (2)酸化マンガン(Ⅳ)が酸化剤としてはたらき，塩素が生じる。
(3)酸化マンガン(Ⅳ)と濃塩酸を加熱すると，塩素が発生するとともに塩化水素も出てくる。塩化水素は塩素に比べて水によく溶けるので，水で吸収させて除く。
(4)塩素は水に少し溶け，また，空気より重い(分子量71)から，下方置換で捕集する。

156
答 (1) ①, ④ (2) ② (3) ③

検討 (1)① $CaCl(ClO) \cdot H_2O + 2HCl \longrightarrow CaCl_2 + 2H_2O + Cl_2 \uparrow$
④陽極で塩素が発生する。
$2Cl^- \longrightarrow Cl_2 + 2e^-$
なお，陰極では水素を発生する。
(2)②揮発性の酸の塩に不揮発性の酸を加えて加熱すると，揮発性の酸が発生する。
$NaCl + H_2SO_4 \longrightarrow NaHSO_4 + HCl \uparrow$
HCl の水溶液は塩酸で強酸。HF は弱酸。
(3)③ $CaF_2 + H_2SO_4 \longrightarrow CaSO_4 + 2HF \uparrow$
HF の水溶液はガラスを溶かす。

157
答 (1) Br_2 (2) HF (3) HCl
(4) F_2 (5) Cl_2 (6) I_2

検討 (2)フッ化水素酸はガラスを溶かすので，**ガラス容器に保存できない**。保存するときは，ポリエチレン容器に保存する。
(3)塩化水素はアンモニアに触れると固体の塩化アンモニウムが生成して白煙となる。
$NH_3 + HCl \longrightarrow NH_4Cl$
(4)酸化力は $F_2 > Cl_2 > Br_2 > I_2$
(6)ヨウ素デンプン反応のことである。

158
答 (1) 固体 (2) At_2 (3) HAt

(4) 気体　　(5) 強酸性

検討　(1)ハロゲン単体は，原子番号が大きいほど沸点・融点が高く，I_2が固体であるから固体。
(2)ハロゲン単体は二原子分子であるからAt_2。
(3)ハロゲン原子は，いずれも価電子が7個で，1価の陰イオンになりやすい。
(4)ハロゲン化水素は，常温・常圧で気体。
(5)ハロゲン化水素はHFを除いて強酸である。

159

答　③，⑥

検討　①ハロゲンのなかには化合力が強く，天然に単体として存在しないものもある。
②I_2は固体。
④フッ化水素酸はガラスを溶かすので，ガラス製容器内で保管してはいけない。
⑤漂白作用は酸化力による。
⑥ $Cl_2 + H_2O \rightleftarrows HCl + HClO$
⑦酸化力；$Cl_2 > Br_2$
⑧ HF は弱酸。

25 酸素と硫黄

基本問題　　　　　　　　　　本冊 p.76

160

答　(1) エ　(2) ウ　(3) エ

検討　(1)いずれも16族元素で価電子が6個であり，2価の陰イオンになりやすい。硫黄は空気中で燃えるが，酸素は燃えない（ものを燃やす手助けをする）。
(2)酸素は無色・無臭であるが，オゾンは淡青色・特有のにおいがあり，また，ヨウ化カリウムデンプン紙を青変する。どちらも酸化物をつくる。
(3)斜方硫黄とゴム状硫黄は色・分子式など互いに異なるが，どちらも空気中で燃えて二酸化硫黄になる。CS_2 に対して斜方硫黄は溶けるが，ゴム状硫黄は溶けない。

161

答　ア；二酸化硫黄　イ；還元　ウ；触媒
エ；三酸化硫黄　オ；硫酸　カ；接触
キ；硫化水素　ク；酸　ケ；硫化物
コ；硫化銅（Ⅱ）

検討　エ；$2SO_2 + O_2 \longrightarrow 2SO_3$
オ；$SO_3 + H_2O \longrightarrow H_2SO_4$
ク；$H_2S \rightleftarrows H^+ + HS^-$　$HS^- \rightleftarrows H^+ + S^{2-}$
コ；$Cu^{2+} + S^{2-} \longrightarrow CuS\downarrow$

162

答　(1) $2H_2O_2 \longrightarrow 2H_2O + O_2$
(2) $2NaHSO_3 + H_2SO_4 \longrightarrow Na_2SO_4 + 2H_2O + 2SO_2$
(3) $FeS + 2HCl \longrightarrow FeCl_2 + H_2S$
(4) $Cu + 2H_2SO_4 \longrightarrow CuSO_4 + 2H_2O + SO_2$

検討　(1)酸化マンガン（Ⅳ）は触媒として作用するので，化学反応式には書かない。
(2)(3)弱酸の塩に強酸を加えると，弱酸が遊離する。
(4)熱濃硫酸が酸化剤として作用する。

応用問題　　　　　　　　　　本冊 p.77

163

答　① C　② C　③ B　④ A
⑤ C　⑥ C　⑦ A　⑧ B　⑨ B

検討　SO_2とH_2Sは，無色であることや有毒であること，水に溶けて弱い酸性を示すこと，還元性を示すことなどは共通しているが，においや燃えること，金属イオンの沈殿反応などでは異なる。
⑧ $2H_2S + 3O_2 \longrightarrow 2H_2O + 2SO_2$
⑨ $Cu^{2+} + S^{2-} \longrightarrow CuS\downarrow$

> **テスト対策**
> ▶ SO_2 と H_2S の共通点；
> 　無色，有毒，還元性，水に溶けて弱酸性
> ▶ H_2S の特性；
> 　腐卵臭，燃える，金属イオンとの沈殿

164

答 ① エ　② ア　③ イ　④ ウ

検討 ①銅は水素よりイオン化傾向が小さいが，濃硫酸と加熱すると，その酸化作用によって次のように反応する。

$Cu + 2H_2SO_4 \longrightarrow CuSO_4 + 2H_2O + SO_2 \uparrow$

②亜鉛は水素よりイオン化傾向が大きく，希硫酸と反応して水素を発生する。

③濃硫酸は**不揮発性**であり，塩酸は**揮発性**であるから，NaClと加熱するとHClが生成する。

④スクロースに濃硫酸を加えると，脱水して炭化する。$C_{12}H_{22}O_{11} \longrightarrow 12C + 11H_2O$

テスト対策
▶濃硫酸と希硫酸の性質の違い
濃硫酸の3つの特性 ⇨ ①不揮発性，②吸湿・脱水，③加熱で酸化作用
希硫酸 ⇨「強い酸性」のみ

26 窒素とリン

基本問題　　　　　　　　　本冊 p.78

165

答 ① NO_2　② NO　③ N_2　④ NO　⑤ NO_2　⑥ N_2

検討 ②無色のNOが空気に触れると，赤褐色のNO_2となる。$2NO + O_2 \longrightarrow 2NO_2$

④銅に希硝酸を加えるとNOが発生する。$3Cu + 8HNO_3 \longrightarrow 3Cu(NO_3)_2 + 4H_2O + 2NO$

⑤NO_2を水に溶かすとHNO_3を生成して酸性を示す。$3NO_2 + H_2O \longrightarrow 2HNO_3 + NO$

⑥$NH_4NO_2 \longrightarrow N_2 + 2H_2O$

テスト対策
▶NOとNO_2の違い
NO ⇨ 無色，水に難溶，空気中でNO_2に，銅と希硝酸で生成。
NO_2 ⇨ 赤褐色，水に溶けてHNO_3，銅と濃硝酸で生成。

166

答 (1) ③　(2) ②

検討 (1)アンモニアは水に非常によく溶けて，弱塩基性を示す。$NH_3 + H_2O \rightleftarrows NH_4^+ + OH^-$
またアンモニアは冷却して加圧すると容易に液化する。

(2)濃硝酸は鉄やアルミニウムを不動態とする。

テスト対策
▶アンモニアと硝酸の特性
NH_3 ⇨ 容易に液化する。水によく溶けて弱塩基性。HClと白煙。
HNO_3 ⇨ 強い酸化力をもつ強酸，濃硝酸はFeやAlには不動態。

167

答 ア；赤リン　イ；同素体　ウ；淡黄　エ；水　オ；十酸化四リン　カ；乾燥剤　キ；リン酸

検討 黄リンと赤リンは，色や毒性，自然発火をする・しないなどの違いがあるが，空気中で燃焼させるといずれも次のように反応して，十酸化四リンとなる。

$4P + 5O_2 \longrightarrow P_4O_{10}$

さらに，水と加熱するとリン酸となる。
$P_4O_{10} + 6H_2O \longrightarrow 4H_3PO_4$

応用問題　　　　　　　　　本冊 p.79

168

答 (1) $2NH_4Cl + Ca(OH)_2$
　　　　　$\longrightarrow CaCl_2 + 2H_2O + 2NH_3$

(2) ウ　(3) イ

検討 (1)弱塩基の塩に強塩基を加えると，弱塩基が生じる反応である。

(2)アンモニアは塩基性の気体であるから，乾燥剤として酸性物質である十酸化四リンや濃硫酸は不適当であり，また，塩化カルシウムもアンモニアと反応するから不適当である。ソーダ石灰はNaOHとCaOからなる塩基性の乾燥剤である。

(3) 濃塩酸を近づかせると次のように反応して白煙を生じる。
$$NH_3 + HCl \longrightarrow NH_4Cl$$

> **テスト対策**
> ▶アンモニアの製法
> 乾燥剤 ⇨ ソーダ石灰
> 捕集 ⇨ 上方置換
> 検出 ⇨ 濃塩酸による白煙

169
答 (1) (a) $4NH_3 + 5O_2 \longrightarrow 4NO + 6H_2O$
(b) $2NO + O_2 \longrightarrow 2NO_2$
(c) $3NO_2 + H_2O \longrightarrow 2HNO_3 + NO$
(2) オストワルト法 (3) 34 g

検討 (3)(a)〜(c)の化学反応式を1つにまとめると, $NH_3 + 2O_2 \longrightarrow HNO_3 + H_2O$ これより, NH_3 1 mol(17 g/mol)からは HNO_3 1 mol(63 g/mol)得られることがわかる。63%の硝酸200 g 中の HNO_3 の質量は,
$$200 g \times 0.63 = 126 g$$
よって要する NH_3 の質量は,
$$17 g \times \frac{126}{63} = 34 g$$

27 炭素とケイ素

基本問題 ・・・・・・・・・・・・・・・・・・・・・ 本冊 p.80

170
答 (1) A (2) C (3) B
(4) A (5) C (6) B

検討 (1)(3)(4)(6)ダイヤモンドは無色透明で非常に硬く,電気を通さない。対して,黒鉛は黒色不透明で軟らかく,電気を通す。
(2)(5)ダイヤモンドも黒鉛も炭素からなる単体で,ともに炭素原子が共有結合によって連続して結合してできた結晶(共有結合の結晶)。

171
答 ① CO_2 ② CO ③ 両方
④ CO_2 ⑤ CO

検討 ① CO_2 は酸性酸化物としての性質を示す(CO は示さない)。水に溶けて弱酸性。
$$CO_2 + H_2O \rightleftharpoons H^+ + HCO_3^-$$
④石灰水を白濁;塩基と中和反応。
$$Ca(OH)_2 + CO_2 \longrightarrow CaCO_3\downarrow + H_2O$$

> **テスト対策**
> ▶CO_2 と CO の性質の違い
> ●共通点 ⇨ 無色・無臭
> CO_2 ⇨ 水に溶けて弱酸性,無毒,燃えない,石灰水を白濁。
> CO ⇨ 水に難溶,有毒,燃える。

172
答 ア;単体 イ;酸素 ウ;半導体
エ;石英 オ;ケイ酸ナトリウム
カ;水ガラス

検討 オ;$SiO_2 + 2NaOH \longrightarrow Na_2SiO_3 + H_2O$
カ;ケイ酸ナトリウム Na_2SiO_3 を水と加熱すると水ガラスが得られる。

応用問題 ・・・・・・・・・・・・・・・・・・・・・ 本冊 p.81

173
答 (1) ア;一酸化炭素 イ;二酸化炭素
ウ;炭酸カルシウム
(2) (a) $HCOOH \longrightarrow CO + H_2O$
(b) $CaCO_3 + 2HCl \longrightarrow CaCl_2 + CO_2 + H_2O$
(c) $2CO + O_2 \longrightarrow 2CO_2$
(d) $Ca(OH)_2 + CO_2 \longrightarrow CaCO_3 + H_2O$
(e) $CaCO_3 + CO_2 + H_2O \longrightarrow Ca(HCO_3)_2$

検討 (a)濃硫酸は脱水作用をもつ。
(b)弱酸の塩に強酸を加えると弱酸が遊離する反応である。
(e) CO_2 を過剰に通じると,$CaCO_3$ の白濁は反応して $Ca(HCO_3)_2$ が発生する。$Ca(HCO_3)_2$ は水に溶ける。

174

[答] (1) ×　(2) ○　(3) ○
　　(4) ×　(5) ○

[検討] (1) CO_2 は分子からなり，常温では気体である。これに対して，SiO_2 は共有結合の結晶で融点が高く（水晶は1550℃），硬い。
(2) CO_2 は酸性酸化物で，塩基と中和して吸収される。$2NaOH + CO_2 \longrightarrow Na_2CO_3 + H_2O$
(4)同素体は単体の場合である。

28 気体の製法と性質

基本問題 ●●●●●●●●●●●●●●●● 本冊 p.83

175

[答] (1) エ，ク　(2) ア，カ　(3) イ，ケ
　　(4) オ，カ　(5) ア，ウ　(6) エ，キ

[検討] (1)酸化マンガン(Ⅳ)は触媒。
(2)熱濃硫酸が銅に対して酸化剤としてはたらき，二酸化硫黄が生成する。
(3)弱塩基の塩に強塩基を加えると弱塩基が生じる反応。
(4)揮発性の酸の塩に不揮発性の酸を加えると，揮発性の酸が生じる反応。
(6)酸化マンガン(Ⅳ)が酸化剤としてはたらく。

176

[答] (1) $CaCl(ClO) \cdot H_2O + 2HCl$
$\longrightarrow CaCl_2 + 2H_2O + Cl_2$　ウ
(2) $3Cu + 8HNO_3$
$\longrightarrow 3Cu(NO_3)_2 + 4H_2O + 2NO$　ア
(3) $2NH_4Cl + Ca(OH)_2$
$\longrightarrow CaCl_2 + 2H_2O + 2NH_3$　イ
(4) $CaCO_3 + 2HCl$
$\longrightarrow CaCl_2 + CO_2 + H_2O$　ウ
(5) $FeS + H_2SO_4 \longrightarrow FeSO_4 + H_2S$　ウ

[検討] 水に溶けにくい気体 ➡ 水上置換，
水に溶け，空気より軽い気体 ➡ 上方置換，
水に溶け，空気より重い気体 ➡ 下方置換。

テスト対策

▶重い気体 ⇨ 分子量が29（空気の平均分子量）より大きい気体
▶軽い気体 ⇨ 分子量が29（空気の平均分子量）より小さい気体

177

[答] (1) オ　(2) キ　(3) コ　(4) ケ
　　(5) カ　(6) ア　(7) ウ　(8) エ　(9) ク

テスト対策

▶気体の性質
①色　　黄緑色 ⇨ Cl_2　赤褐色 ⇨ NO_2
　　　　淡青色 ⇨ O_3　淡黄色 ⇨ F_2
②におい　腐卵臭 ⇨ H_2S　特異臭 ⇨ O_3
　　　　　他の有臭の気体 ⇨ 刺激臭
③水溶液が塩基性 ⇨ NH_3
④水溶液が強い酸性 ⇨ HCl，NO_2
⑤ヨウ化カリウムデンプン紙を青変
　　　　　　　　⇨ Cl_2，O_3

応用問題 ●●●●●●●●●●●●●●●● 本冊 p.84

178

[答] (1) a；$Na_2CO_3 + 2HCl$
$\longrightarrow 2NaCl + H_2O + CO_2$
b：$2NH_4Cl + Ca(OH)_2$
$\longrightarrow CaCl_2 + 2H_2O + 2NH_3$
c；$Cu + 4HNO_3$
$\longrightarrow Cu(NO_3)_2 + 2H_2O + 2NO_2$
d：$FeS + H_2SO_4 \longrightarrow FeSO_4 + H_2S$
e；$NaCl + H_2SO_4 \longrightarrow NaHSO_4 + HCl$
(2) ① b　② d　③ a　④ e　⑤ c

[検討] (2) b；$NH_3 + H_2O \rightleftharpoons NH_4^+ + OH^-$
よって水溶液は弱い塩基性を示す。
c；$3NO_2 + H_2O \longrightarrow 2HNO_3 + NO$　強酸の硝酸が生成するから，強い酸性を示す。
e；HClの水溶液は塩酸であり，強い酸性を示す。

179〜182 の答え   45

179

答 (1) A；②，酸化マンガン(Ⅳ)
B；①，濃硫酸　　C；②，炭酸カルシウム
（石灰石）　　D；①，水酸化カルシウム
E；②，希硝酸
(2) A；ウ　B；ウ　C；ウ　D；イ
E；ア
(3) A；カ　B；オ　C；エ　D；イ
E；ア

検討 (2) A；塩素は水に少し溶け，空気より重い気体（分子量71）であるから下方置換。
B；塩化水素は水によく溶け，空気より重い気体（分子量36.5）であるから下方置換。
C；二酸化炭素は水に少し溶け，空気より重い気体（分子量44.0）であるから下方置換。
D；アンモニアは水によく溶け，空気より軽い気体（分子量17.0）であるから上方置換。
E；一酸化窒素は水に溶けにくいから水上置換。
(3) A；塩素は酸化作用が強く，ヨウ化カリウムデンプン紙を青変する。
B；塩化水素はアンモニア水を近づけると白煙が生成する。➡ $NH_3 + HCl \longrightarrow NH_4Cl$
C；二酸化炭素は石灰水に通じると白濁する。
➡ $Ca(OH)_2 + CO_2 \longrightarrow CaCO_3\downarrow + H_2O$
D；アンモニアは濃塩酸を近づけると白煙が生成する。➡ B と同じ。
E；一酸化窒素を空気に触れさせると，赤褐色の二酸化窒素となる。➡ $2NO + O_2 \longrightarrow 2NO_2$

29 典型元素の金属とその化合物

基本問題 ……………………… 本冊 p.86

180

答 ア；1　イ；アルカリ　ウ；価電子
エ；陽　オ；小さ　カ；軟らか
キ；酸化　ク；水素　ケ；石油

検討 エ；$Na \longrightarrow Na^+ + e^-$
オ；Na と K の密度は水より小さい。
ク；$2Na + 2H_2O \longrightarrow 2NaOH + H_2\uparrow$

181

答 (1) オ　(2) イ　(3) カ
(4) ア　(5) エ

検討 (1) 空気中でべとべとになることから潮解性で，KOH か NaOH。炎色反応が黄色であるから NaOH。
(2) 風解性より $Na_2CO_3 \cdot 10H_2O$。
(3) $NaHCO_3$ は水に少し溶け，加熱すると容易に分解する。
　$2NaHCO_3 \longrightarrow Na_2CO_3 + CO_2 + H_2O$
(4) $Na_2CO_3 + 2HCl \longrightarrow 2NaCl + CO_2\uparrow + H_2O$
(5) KOH は強塩基で，炎色反応は赤紫色。

┌─ テスト対策 ─────────────
▶Na と K の単体；
　密度が小さく，柔らかい。空気中で直ちに酸化，水と激しく反応 ⇨ 石油中に保存
▶Na と K の化合物
　NaOH, KOH ⇨ 強塩基，潮解性
　Na_2CO_3 ⇨ 水によく溶け，塩基性。
　$Na_2CO_3 \cdot 10H_2O$ ⇨ 風解性
　$NaHCO_3$ ⇨ 水に少し溶け，弱塩基性。
　　　　加熱で容易に分解する。
▶炎色反応 ⇨ Li；赤，Na；黄，K；赤紫
└──────────────────

182

答 (1) MC　(2) C　(3) M
(4) C　(5) M

検討 (1) どちらも2族で，価電子が2個。よってどちらも2価の陽イオンになりやすい。
(2) Ca は常温の水と反応する。Mg は常温の水と反応しないが，沸騰水とは反応する。
(3) 水に対して $Mg(OH)_2$ は溶けにくいが，$Ca(OH)_2$ は少し溶ける。
(4) 水に対して $CaSO_4$ は溶けにくいが，$MgSO_4$ は溶ける。

(5) Ca は炎色反応が橙赤色であるが，Mg は炎色反応を示さない。

📝 **テスト対策**
▶ Be・Mg とアルカリ土類金属(Ca, Sr, Ba)の性質の違い

①水との反応 { Mg ⇨ 沸騰水と反応
              Ca, Ba ⇨ 常温の水と反応

②水溶性
　水酸化物 { Mg(OH)$_2$ ⇨ 難溶
　　　　　 Ca(OH)$_2$ ⇨ やや可溶
　　　　　 Ba(OH)$_2$ ⇨ 可溶

　硫酸塩 { MgSO$_4$ ⇨ 可溶
　　　　 CaSO$_4$, BaSO$_4$ ⇨ 難溶

③炎色反応　Be, Mg；なし
　　Ca；赤橙，Sr；紅，Ba；黄緑

183

答 (1) $CaCO_3 \longrightarrow CaO + CO_2$
(2) $CaO + H_2O \longrightarrow Ca(OH)_2$
(3) $Ca(OH)_2 + CO_2 \longrightarrow CaCO_3 + H_2O$
(4) $CaCO_3 + CO_2 + H_2O \longrightarrow Ca(HCO_3)_2$
(5) $CaCO_3 + 2HCl \longrightarrow CaCl_2 + H_2O + CO_2$

検討 (5)弱酸の塩に強酸を加えると弱酸を生成する反応である。

184

答 ②，④

検討 ①③ Al, Zn は，水素よりイオン化傾向が大きいので酸と反応する。また，両性元素であるから，NaOH のような強塩基とも反応する。
②濃硝酸を加えると Al は不動態となるので反応しない。
④アンモニア水を加えると，どちらも沈殿するが，過剰に加えると亜鉛から生じた沈殿だけが溶ける。

$Al^{3+} \xrightarrow{OH^-} Al(OH)_3 \downarrow$
$Zn^{2+} \longrightarrow Zn(OH)_2 \downarrow \xrightarrow{NH_3} [Zn(NH_3)_4]^{2+}$

[参考] Al^{3+}, Zn^{2+} は両性元素のイオンであるから，これらを含む水溶液に NaOH のような強塩基を加えると，はじめに沈殿し，過剰に加えると溶ける。

$Al^{3+} \xrightarrow{OH^-} Al(OH)_3 \downarrow \xrightarrow{OH^-} [Al(OH)_4]^-$
$Zn^{2+} \longrightarrow Zn(OH)_2 \downarrow \longrightarrow [Zn(OH)_4]^{2-}$

📝 **テスト対策**
▶ Al, Zn (両性元素)の単体の反応
　①酸・強塩基の溶液 ⇨ H_2 を発生して溶ける。
　②濃硝酸 ⇨ Al は不動態となる。
▶ Al^{3+}, Zn^{2+} (両性元素のイオン)の反応
　①強塩基溶液；はじめ ⇨ 沈殿(水酸化物)
　　過剰で ⇨ 溶ける $[Al(OH)_4]^-$, $[Zn(OH)_4]^{2-}$
　②アンモニア水；
　　はじめ ⇨ 沈殿 $Al(OH)_3$, $Zn(OH)_2$
　　過剰で ⇨ 変化なし $Al(OH)_3$
　　　　溶ける $Zn(OH)_2 \longrightarrow [Zn(NH_3)_4]^{2+}$

185

答 ウ

検討 ア・エ；$Pb^{2+} + 2Cl^- \longrightarrow PbCl_2 \downarrow$
イ；$Pb^{2+} + SO_4^{2-} \longrightarrow PbSO_4 \downarrow$
ウ；硝酸鉛(Ⅱ)は水に溶けやすい。
オ；$Pb^{2+} + S^{2-} \longrightarrow PbS \downarrow$
カ；$Pb^{2+} + CrO_4^{2-} \longrightarrow PbCrO_4 \downarrow$

応用問題　　　　　　　　　　本冊 p.88

186

答 (1) アンモニアソーダ法(ソルベー法)
(2) (a) $NaCl + CO_2 + NH_3 + H_2O$
　　　　　　$\longrightarrow NaHCO_3 + NH_4Cl$
(b) $2NaHCO_3 \longrightarrow Na_2CO_3 + H_2O + CO_2$
(c) $2NH_4Cl + Ca(OH)_2$
　　　　　　$\longrightarrow CaCl_2 + 2NH_3 + 2H_2O$

(3) **9.06 kg**

検討 (3)(a)〜(c)の化学反応式をまとめると，

187〜192 の答え　47

$2NaCl + CaCO_3 \longrightarrow Na_2CO_3 + CaCl_2$

これより，NaCl 2 mol から Na_2CO_3 1 mol が得られることがわかる。NaCl 10.0 kg から得られる Na_2CO_3 は，

$$10.0 \text{ kg} \times \frac{106}{58.5 \times 2} = 9.059\cdots ≒ 9.06 \text{ kg}$$

187

答　(1) K, Na　(2) Mg　(3) Ca
(4) Na, K　(5) Mg

検討　(1)アルカリ金属は石油中に保存する。
(2) Na, K, Ca は冷水と反応するが，Mg は沸騰水と反応する。
(3) $CaSO_4$ は水に溶けにくいが，Na, K, Mg の硫酸塩は水に溶ける。
(4) Na_2CO_3 や K_2CO_3 は水に溶けるが，$MgCO_3$ や $CaCO_3$ は水に溶けにくい。
(5) Na…黄色，K…赤紫色，Ca…橙赤色，Mg…示さない。

188

答　A；Hg　B；Mg　C；Al
D；Pb　E；Sn　F；Zn

検討　①水素よりイオン化傾向が小さく，両性元素でもない。よって A は Hg。なお，両性元素は Zn, Al, Sn, Pb である（「ああ，すんなり」と覚えるとよい）。
②水素よりイオン化傾向が大きく，両性元素ではない。よって B は Mg。
③両性元素であり，濃硝酸と不動態となる。よって C は Al。
④両性元素であり，塩酸に溶けにくい（難溶性の $PbCl_2$ をつくるため）ことから D は Pb。
⑤水素よりイオン化傾向が大きく，2価と4価の陽イオン（Sn^{2+}, Sn^{4+}）になることから，E は Sn。
⑥ $Zn^{2+} \longrightarrow Zn(OH)_2\downarrow \longrightarrow [Zn(NH_3)_4]^{2+}$

189

答　A；Pb^{2+}　B；Ba^{2+}　C；Zn^{2+}

検討　① $Pb^{2+} + 2Cl^- \longrightarrow PbCl_2\downarrow$（白色）
$Pb^{2+} + SO_4^{2-} \longrightarrow PbSO_4\downarrow$（白色）

② $Ba^{2+} + SO_4^{2-} \longrightarrow BaSO_4\downarrow$（白色）
③ NaOH 水溶液；
$Zn^{2+} \longrightarrow Zn(OH)_2\downarrow \longrightarrow [Zn(OH)_4]^{2-}$
アンモニア水；
$Zn^{2+} \longrightarrow Zn(OH)_2\downarrow \longrightarrow [Zn(NH_3)_4]^{2+}$

190

答　A；カ　B；ア　C；キ　D；エ
E；オ　F；ウ　G；イ

検討　①水に溶けないのは $BaSO_4$ と $CaCO_3$ である。
② A と G のうち塩酸と反応するのは $CaCO_3$。
$CaCO_3 + 2HCl \longrightarrow CaCl_2 + H_2O + CO_2\uparrow$
③水溶液に塩酸を加えて気体が発生するのは $CaCO_3$ と Na_2CO_3 である。
$Na_2CO_3 + 2HCl \longrightarrow 2NaCl + H_2O + CO_2\uparrow$
④ D, E, F は両性金属イオンを含む化合物であり，C は $MgCl_2$ である。
$Mg^{2+} + 2OH^- \longrightarrow Mg(OH)_2$
⑤両性水酸化物の沈殿のうち，アンモニア水で溶けるのは $Zn(OH)_2$ で，$[Zn(NH_3)_4]^{2+}$ となる。よって D は $ZnCl_2$ である。
⑥ $Pb^{2+} + CrO_4^{2-} \longrightarrow PbCrO_4\downarrow$（黄色）
よって F は $Pb(NO_3)_2$ であり，E がミョウバン $AlK(SO_4)_2\cdot12H_2O$ である。

191

答　(1) ア；$Na[Al(OH)_4]$　イ；$Al(OH)_3$
ウ；Al^{3+}　エ；O^{2-}　オ；CO

検討　ボーキサイトから純粋なアルミナ Al_2O_3 とし，これを融解塩電解する。なお，氷晶石はアルミナの融点を下げるために入れる。

30 遷移元素とその化合物

基本問題 ……………………… 本冊 *p.91*

192

答　②, ⑥

[検討] ②遷移元素はすべて金属元素である。
⑥遷移元素の価電子の数は1～2個。価電子が4個の原子は14族で，典型元素である。

193
[答] ア；石灰石　イ；一酸化炭素
ウ；還元　エ；銑鉄　オ；炭素　カ；銅
[検討] 鉄鉱石は赤鉄鉱 Fe_2O_3 や磁鉄鉱 Fe_3O_4 を含む。溶鉱炉に熱風を送ると，コークス C は次のように反応して一酸化炭素 CO になる。
$$C + O_2 \longrightarrow CO_2, \quad CO_2 + C \longrightarrow 2CO$$
この CO が鉄鉱石を次のように還元して銑鉄が得られる。
$$Fe_2O_3 + 3CO \longrightarrow 2Fe + 3CO_2$$
$$Fe_3O_4 + 4CO \longrightarrow 3Fe + 4CO_2$$

194
[答] (1) $Fe + 2HCl \longrightarrow FeCl_2 + H_2$
(2) Fe^{2+} が Fe^{3+} に変化したから。
(3) $Fe(OH)_3$，赤褐色　　(4) ②
[検討] (1)水溶液中の Fe^{2+} は淡緑色である。
(2)次のように反応して Fe^{2+} が Fe^{3+} に変化する。$2FeCl_2 + Cl_2 \longrightarrow 2FeCl_3$
なお，水溶液中の Fe^{3+} は黄色～黄褐色。
(3) $Fe^{3+} + 3OH^- \longrightarrow Fe(OH)_3\downarrow$
(4) Fe^{3+} に $[Fe(CN)_6]^{4-}$ を加えると濃青色の沈殿が生じる。

[テスト対策]
▶鉄イオンの反応（水溶液中）
① 酸化 ⇨ Fe^{2+}（淡緑色）
　　　　　　　$\longrightarrow Fe^{3+}$（黄～黄褐色）
② $OH^- $ ⇨ $Fe(OH)_3\downarrow$（赤褐色）
　$\begin{cases} Fe^{3+} + [Fe(CN)_6]^{4-} \\ Fe^{2+} + [Fe(CN)_6]^{3-} \end{cases}$ ⇨ 濃青色沈殿

195
[答] (1) (a) $Cu + 2H_2SO_4$
　　　　　$\longrightarrow CuSO_4 + 2H_2O + SO_2$
(e) $Cu(OH)_2 \longrightarrow CuO + H_2O$

(2) (b) $CuSO_4\cdot 5H_2O$　(c) $CuSO_4$
(d) $Cu(OH)_2$
(3) ア；深青　イ；$[Cu(NH_3)_4]^{2+}$
[検討] (2) $CuSO_4$ の水溶液を濃縮すると青色の結晶 $CuSO_4\cdot 5H_2O$ が得られ，これを加熱すると，白色の粉末 $CuSO_4$ となる。
$$CuSO_4\cdot 5H_2O \longrightarrow CuSO_4 + 5H_2O$$
水溶液に NaOH 水溶液を加えると，青白色の沈殿 $Cu(OH)_2$ となる。
$$Cu^{2+} + 2OH^- \longrightarrow Cu(OH)_2\downarrow$$

[テスト対策]
▶銅の化合物と色
$CuSO_4\cdot 5H_2O$ ⇨ 青色の結晶
$CuSO_4$ ⇨ 白色の粉末
$Cu(OH)_2$ ⇨ 青白色
CuO ⇨ 黒色
$[Cu(NH_3)_4]^{2+}$ ⇨ 深青色の溶液

196
[答] ① $Ag^+ + Cl^- \longrightarrow AgCl$
② $2Ag^+ + 2OH^- \longrightarrow Ag_2O + H_2O$
③ $Ag_2O + 4NH_3 + H_2O$
　　$\longrightarrow 2[Ag(NH_3)_2]^+ + 2OH^-$
[検討] アンモニア水は次のように電離している。
$NH_3 + H_2O \rightleftarrows NH_4^+ + OH^-$ より，はじめは②のように OH^- が反応して褐色の Ag_2O が生成し，さらに加えると③のように NH_3 が反応して，沈殿が溶ける。

[テスト対策]
▶Ag^+ の反応（水溶液中）
① $Ag^+ \begin{array}{l} \xrightarrow{Cl^-} AgCl\downarrow（白色沈殿） \\ \xrightarrow{Br^-} AgBr\downarrow（淡黄色沈殿） \end{array}$
② $Ag^+ \xrightarrow{OH^-} Ag_2O\downarrow \xrightarrow{NH_3} [Ag(NH_3)_2]^+$
　　　　　　　褐色　　　　　無色溶液

応用問題　　　　　　　　　　　　　　　本冊 p.92
197
[答] (1) ア；水素　イ；水酸化鉄(Ⅲ)

198〜201 の答え

(2) (a) $Fe + H_2SO_4 \longrightarrow FeSO_4 + H_2$
(b) $FeSO_4 + 2NaOH \longrightarrow Fe(OH)_2 + Na_2SO_4$
(c) $2Fe(OH)_2 + H_2O_2 \longrightarrow 2Fe(OH)_3$
(d) $Fe(OH)_3 + 3HCl \longrightarrow FeCl_3 + 3H_2O$
(3) (a) $FeSO_4 \cdot 7H_2O$, 淡緑色
(d) $FeCl_3 \cdot 6H_2O$, 黄褐色

検討 (2)(a)鉄は水素よりイオン化傾向が大きいので，鉄片を酸に加えると水素が発生する。
(b)(c) $Fe(OH)_2$ は緑白色の沈殿であり，過酸化水素 H_2O_2 は $Fe(OH)_2$ を酸化して赤褐色の沈殿の $Fe(OH)_3$ とする。

198

答 (1) ウ　(2) カ　(3) オ
(4) エ　(5) ア　(6) イ

検討 (1)(6)塩酸や希硫酸に溶けないが，硝酸に溶けるのはCuとAg。このとき生じる水溶液中の Cu^{2+} は青色，Ag^+ は無色である。
(2) AgBrは淡黄色の結晶で，水に溶けないが，アンモニア水に溶ける。
　　$AgBr + 2NH_3 \longrightarrow [Ag(NH_3)_2]^+ + Br^-$
(3) CuOは黒色の粉末で，水に溶けないが，酸に溶ける。
　　$CuO + H_2SO_4 \longrightarrow CuSO_4 + H_2O$
(4) Fe_2O_3 は赤褐色であり，酸と反応して黄〜黄褐色の Fe^{3+} の水溶液となる。
　　$Fe_2O_3 + 6HCl \longrightarrow 2FeCl_3 + 3H_2O$
(5) $Fe + H_2SO_4 \longrightarrow FeSO_4 + H_2\uparrow$

199

答 (1) A；Ag^+　B；Al^{3+}　C；Cu^{2+}　D；Fe^{3+}
(2) AgCl　(3) $Fe(OH)_3$，赤褐色

検討 (1)① $Ag^+ + Cl^- \longrightarrow AgCl\downarrow$
②③はじめの沈殿は②・③とも次のとおり。
$Fe^{3+} + 3OH^- \longrightarrow Fe(OH)_3\downarrow$ （赤褐色）
$Cu^{2+} + 2OH^- \longrightarrow Cu(OH)_2\downarrow$ （青白色）
$Al^{3+} + 3OH^- \longrightarrow Al(OH)_3\downarrow$ （白色）
$2Ag^+ + 2OH^- \longrightarrow Ag_2O\downarrow$ （褐色） + H_2O
　過剰のNaOH水溶液で溶けるのは両性水酸化物 ➡ $Al(OH)_3 + OH^- \longrightarrow [Al(OH)_4]^-$

過剰のアンモニア水で溶けるのは ➡
$Cu(OH)_2 + 4NH_3 \longrightarrow [Cu(NH_3)_4]^{2+} + 2OH^-$
$Ag_2O + 2NH_3 + H_2O \longrightarrow [Ag(NH_3)_2]^+ + 2OH^-$

200

答 (1) カ　(2) オ　(3) エ　(4) ア

検討 (1) $Cu^{2+} \xrightarrow{OH^-} Cu(OH)_2\downarrow$ （青白色）
　　$\xrightarrow{NH_3} [Cu(NH_3)_4]^{2+}$ （深青色）
(2) $Al_2(SO_4)_3 \longrightarrow 2Al^{3+} + 3SO_4^{2-}$ より，
$BaCl_2$ 水溶液 ➡ $Ba^{2+} + SO_4^{2-} \longrightarrow BaSO_4\downarrow$
NaOH水溶液 ➡ $Al^{3+} + 3OH^- \longrightarrow Al(OH)_3\downarrow$
　過剰で $Al(OH)_3 + OH^- \longrightarrow [Al(OH)_4]^-$
(3) $Fe^{3+} + 3OH^- \longrightarrow Fe(OH)_3\downarrow$
(4) $Ag^+ \xrightarrow{OH^-} Ag_2O \xrightarrow{NH_3} [Ag(NH_3)_2]^+$
　　　　　褐色　　　　　　無色

31　金属イオンの分離と確認

基本問題　本冊 p.94

201

答 (1) イ　(2) ウ　(3) ア

検討 (1) $Ag^+ + Cl^- \longrightarrow AgCl\downarrow$
(2) $Cu^{2+} + S^{2-} \longrightarrow CuS\downarrow$　H_2S を通じたとき，Zn^{2+} は塩基性または中性溶液では沈殿するが，酸性溶液では沈殿しない。
(3) $Fe^{3+} + 3OH^- \longrightarrow Fe(OH)_3\downarrow$
過剰のアンモニア水で Zn^{2+} は溶ける。
少量で，$Zn^{2+} + 2OH^- \longrightarrow Zn(OH)_2\downarrow$
過剰で，$Zn(OH)_2 + 4NH_3$
　　　　$\longrightarrow [Zn(NH_3)_4]^{2+} + 2OH^-$

テスト対策

▶金属イオンの沈殿反応
● Cl^- で沈殿 ⇨ Ag^+(AgCl)，Pb^{2+}($PbCl_2$)
● H_2S で沈殿 ⇨ ①つねに（酸性でも）；
Cu^{2+}(CuS)，Pb^{2+}(PbS)，Hg^{2+}(HgS)
②塩基性で；Zn^{2+}(ZnS)，Fe^{2+}(FeS)

202

答 (1) イ　(2) エ　(3) ア

検討 (1)どちらも塩酸に溶けるが，NaOH水溶液には両性水酸化物である$Al(OH)_3$のみ溶ける。
$$Al(OH)_3 + OH^- \longrightarrow [Al(OH)_4]^-$$
(2)どちらも塩酸に溶け，また，どちらも両性水酸化物であるからNaOH水溶液に溶けるが，アンモニア水には亜鉛の水酸化物のみ溶ける。
$$Zn(OH)_2 + 4NH_3 \longrightarrow [Zn(NH_3)_4]^{2+} + 2OH^-$$
(3) $PbCl_2$は熱湯に溶ける。なお，AgClはアンモニア水に溶ける。

テスト対策
▶金属の水酸化物の反応
- 金属の水酸化物 ⇨ 酸に溶ける。
- 両性水酸化物 ⇨ NaOH溶液に溶ける。
- Zn，Cuの水酸化物 ⇨ NH_3水に溶ける。

203

答 (1) ウ　(2) オ　(3) ア
(4) エ　(5) イ

検討 (1)アンモニア水を加えると，
$$Ag^+ \longrightarrow \underset{褐色}{Ag_2O\downarrow} \longrightarrow \underset{無色の溶液}{[Ag(NH_3)_2]^+}$$
(2)過剰のアンモニア水を加えると，
$$Cu^{2+} \longrightarrow [Cu(NH_3)_4]^{2+}(深青色)$$
(3) $Fe^{3+} + 3OH^- \longrightarrow Fe(OH)_3$(赤褐色)
(4) $Zn^{2+} + S^{2-} \longrightarrow ZnS\downarrow$(白色)
(5) Caは橙赤色の炎色反応を示す。

テスト対策
▶金属イオンの検出
- 過剰のアンモニア水で**深青色溶液**
  ⇨ $Cu^{2+}([Cu(NH_3)_4]^{2+})$
- NaOH溶液・アンモニア水で**赤褐色沈殿**
  ⇨ $Fe^{3+}(Fe(OH)_3)$
- H_2Sを通じると**白色沈殿** ⇨ $Zn^{2+}(ZnS)$

応用問題　　　本冊 p.95

204

答 (1) 煮沸することによって，溶液中のH_2Sを追い出し，H_2Sの還元性によってFe^{3+}がFe^{2+}となったのを酸化剤である硝酸によってFe^{3+}に戻すため。
(2) A：$PbCl_2$　B：CuS　C：$Fe(OH)_3$
(3) ア：クロム酸カリウム　イ：アンモニア水
ウ：ヘキサシアノ鉄(Ⅱ)酸カリウム　エ：黄

検討 (2)沈殿A：$Pb^{2+} + 2Cl^- \longrightarrow PbCl_2\downarrow$
沈殿B：$Cu^{2+} + S^{2-} \longrightarrow CuS\downarrow$
沈殿C：$Fe^{3+} + 3OH^- \longrightarrow Fe(OH)_3\downarrow$
(3)① $Pb^{2+} + CrO_4^{2-} \longrightarrow PbCrO_4\downarrow$(黄色)
② $CuS + 2HNO_3 \longrightarrow Cu(NO_3)_2 + H_2S$
　$Cu^{2+} + 4NH_3 \longrightarrow [Cu(NH_3)_4]^{2+}$(深青色)
③ $Fe(OH)_3 + 3HCl \longrightarrow FeCl_3 + 3H_2O$
　Fe^{3+}は$K_4[Fe(CN)_6]$によって濃青色沈殿。
④ Naは黄色の炎色反応を示す。

32 金　属

基本問題　　　本冊 p.96

205

答 ① ウ　② エ　③ ア　④ イ

検討 ①金Auはイオン化傾向が小さいので，空気中で酸化されにくく，安定している。
②銅Cuは，湿った空気中に長く放置すると，淡緑色の緑青が生じる。なお，緑青は銅のさびで，主成分は$CuCO_3\cdot Cu(OH)_2$である。
③アルミニウムAlは，表面に緻密な酸化物Al_2O_3が生じて，内部を保護する。
④鉄Feは表面から内部へとさびていく。

206

答 (1) アルミニウム　(2) 硫化銅(Ⅰ)
(3) 粗銅　(4) 純銅

207〜210 の答え

検討 (1)ボーキサイトを処理して得られたアルミナ Al_2O_3 に氷晶石を加えて加熱し，融解塩電解すると，アルミニウムが得られる。
(2)黄銅鉱 $CuFeS_2$，コークス，石灰石を溶鉱炉に入れて，熱風を送りながら反応させると，硫化銅(Ⅰ)Cu_2S が得られる。

$$4CuFeS_2 + 9O_2 \longrightarrow 2Cu_2S + 2Fe_2O_3 + 6SO_2$$

(3)硫化銅(Ⅰ)を転炉に入れて，熱風を送りながら燃焼させると粗銅が得られる。

$$Cu_2S + O_2 \longrightarrow 2Cu + SO_2$$

(4)粗銅を陽極板，純銅を陰極板として，硫酸銅(Ⅱ)水溶液中で電解精錬すると，純銅が陰極板に析出する。

207

答 ① エ   ② イ   ③ ア   ④ ウ

検討 ①ジュラルミンは，Al に少量の Cu や Mg，Mn を加えた合金で，軽くて強いので，航空機の機体に用いられる。
②はんだは，Sn と Pb からなる低融点の合金で，金属の接合に用いられる(最近では Sn に Ag，Cu を加えた無鉛はんだがおもに使われる)。
③ステンレス鋼は，Fe に Cr，Ni を加えた合金で，さびにくく，台所用品などに用いられる。
④黄銅は，しんちゅうともよばれ，黄金色で美しく，加工しやすいことから，古くから装飾品や美術品に用いられてきた。

応用問題　本冊 p.97

208

答 ① エ   ② イ

検討 ①イオン化傾向の大きい K，Ca，Na，Mg，Al の製法は，融解塩電解による。
②イオン化傾向が①の次に大きい Zn，Fe，Sn，Pb の製法は，コークスの還元作用による。

テスト対策
▶イオン化傾向の大きい金属の製法
　K，Ca，Na，Mg，Al ⇨ 融解塩電解

209

答 (1) Fe   (2) Al   (3) Cu
(4) CO   (5) C

検討 (1)ステンレス鋼は，鉄のさびる欠点をなくした合金である。
(2)ジュラルミンは，軽金属であるアルミニウムを機械的に強くした合金である。
(3)しんちゅうは黄銅ともいい，銅と亜鉛の合金である。また，ブロンズは青銅ともいい，銅とスズの合金である。
(4) $Fe_2O_3 + 3CO \longrightarrow 2Fe + 3CO_2$
　　$2Fe_2O_3 + 3C \longrightarrow 4Fe + 3CO_2$
(5)銑鉄は炭素を約 4 % 含む。

テスト対策
▶おもな合金の成分元素
　●黄銅；Cu に Zn
　●青銅；Cu に Sn
　●ジュラルミン；Al に Cu，Mg，Mn
　●ステンレス鋼；Fe に Cr，Ni
　●はんだ；Sn と Pb

33 セラミックス

基本問題　本冊 p.98

210

答 ① 陶器   ② 土器   ③ 磁器

検討 土器；原料は粘土で，焼成温度は700〜900℃。多孔質なので吸湿性は大きいが，機械的強度に劣る。植木鉢やレンガ，瓦などに利用される。
陶器；原料は粘土と石英で，焼成温度は1100〜1300℃。土器と磁器の中間の性質をもつ。食器やタイルなどに利用される。
磁器；原料は粘土と石英，長石で，焼成温度は1300〜1500℃。緻密な構造なので機械的強度には優れるが，吸湿性はない。また，たたくと澄んだ音がする。高級食器や装飾品などに利用される。

211
答 ①ウ ②ア ③イ

検討 ①鉛ガラスは屈折率が大きく,光学機器のレンズや装飾品に用いられる。
②ソーダ石灰ガラスは,最も広く用いられているガラスである。
③ホウケイ酸ガラスは,膨張率が小さく,軟化温度が高いので,耐熱ガラスに用いられる。

212
答 ウ

検討 陶磁器,ガラス,セメントのように,粘土や岩石を高熱処理して得られる製品をセラミックス(窯業製品)という。それに対し,酸化アルミニウム Al_2O_3 や窒化ケイ素 Si_3N_4,窒化ホウ素 BN,炭化ケイ素 SiC などの無機物質を原料として高熱処理して得られる製品がファインセラミックスである。

応用問題 ・・・・・・・・・・・・・・本冊 p.99

213
答 ア,ウ,オ,キ,コ,サ

検討 ア:タイルは磁器で,粘土や石英などケイ素の化合物を原料とする。
イ:アルミナは酸化アルミニウム Al_2O_3 である。
ウ:石英は,二酸化ケイ素 SiO_2 からなる。
エ:ドライアイスは二酸化炭素 CO_2 である。
オ:カーボランダムは炭化ケイ素 SiC である。
カ:黒鉛ともいい,炭素 C からなる。
キ:鉛ガラスは,ケイ砂,炭酸ナトリウム,酸化鉛(Ⅱ)を原料とし,ケイ素を含む。
ク:石灰石の成分は炭酸カルシウム $CaCO_3$。
ケ:カーバイドは炭化カルシウム CaC_2 である。
コ:レンガは粘土を原料とし,ケイ素を含む。
サ:ポルトランドセメントは,粘土や石灰石を原料とし,ケイ素を含む。

214
答 ①○ ②× ③○ ④× ⑤○ ⑥×

検討 ①レンガや瓦は土器で,粘土を水でこねて焼いてつくる。
②ソーダ石灰ガラスは,ケイ砂と炭酸ナトリウム,石灰石を原料とし,粘土は用いない。
③ガラスはアモルファス(非晶質)で,決まった融点をもたない。
④ファインセラミックスは,粘土やケイ砂を原料としない。
⑥ファインセラミックスには,窒化ケイ素や炭化ケイ素などケイ素を含むものがある。

34 有機化合物の化学式の決定

基本問題 ・・・・・・・・・・・・・・本冊 p.100

215
答 組成式:CH_2O 分子式:$C_2H_4O_2$

検討 C=40.0%,H=6.6%,O=53.4%なので,原子数の比は,

$$C:H:O = \frac{40.0}{12} : \frac{6.6}{1.0} : \frac{53.4}{16}$$

$$= 3.33\cdots : 6.6 : 3.33\cdots ≒ 1:2:1$$

組成式は CH_2O 式量30,分子量60なので,
$30 \times n = 60$ ∴ $n=2$
よって,分子式は,$C_2H_4O_2$

テスト対策
▶試料中の C,H,O の質量が p [mg],q [mg],r [mg],または質量%をそれぞれ p' [%],q' [%],r' [%] とすると,

$$原子数比 \quad C:H:O = \frac{p}{12.0} : \frac{q}{1.0} : \frac{r}{16.0}$$
$$= \frac{p'}{12.0} : \frac{q'}{1.0} : \frac{r'}{16.0}$$

216
答 組成式;C_3H_8 分子量;43.9
分子式;C_3H_8

検討 C=81.82%,H=18.18%で,原子数比は,

$C : H = \dfrac{81.82}{12.0} : \dfrac{18.18}{1.0} = 6.81\cdots : 18.18 \fallingdotseq 3 : 8$

よって，組成式は，C_3H_8（式量=44.0）
また，この気体の分子量は，$1.96 \times 22.4 \fallingdotseq 43.9$
式量と分子量が一致するので，分子式 C_3H_8

応用問題　　　　　　　　　　本冊 *p.101*

217
答 C_4H_6

検討 塩化カルシウム管，ソーダ石灰管の増加量は，生成した水および二酸化炭素の質量にあたる。分子量は $CO_2 = 44.0$，$H_2O = 18.0$ より，

C の質量 $= 1.760 \times \dfrac{12.0}{44.0} = 0.480\,\mathrm{g}$

H の質量 $= 0.540 \times \dfrac{2 \times 1.0}{18.0} = 0.060\,\mathrm{g}$

原子数比　$C : H = \dfrac{0.480}{12.0} : \dfrac{0.060}{1.0} = 2 : 3$

よって，組成式は C_2H_3（式量；$C_2H_3 = 27.0$）
分子量54.0より，

$27.0 \times n = 54.0$　∴ $n = 2$

したがって，分子式　C_4H_6

218
答 C_2H_4

検討 反応後の物質は，CO_2，O_2，H_2O であり，H_2O を取り除いた $CO_2 + O_2 = 6.72\,\mathrm{L}$，
さらに CO_2 を取り除いた $O_2 = 4.48\,\mathrm{L}$。
したがって，生成した CO_2 は，

$6.72 - 4.48 = 2.24\,\mathrm{L}$，

反応した O_2 は，$7.84 - 4.48 = 3.36\,\mathrm{L}$。
また，反応した炭化水素は，$1.12\,\mathrm{L}$ なので，
炭化水素：$O_2 : CO_2 = 1.12 : 3.36 : 2.24$
　　　　　　　　　　　　　　$= 1 : 3 : 2$

の気体の体積の割合で反応しているので，炭化水素を C_xH_y とすると，

$C_xH_y + 3O_2 \longrightarrow 2CO_2 + \dfrac{y}{2}H_2O$

と反応式が書ける。よって，

$\begin{cases} C について　x = 2, \\ O について　3 \times 2 = 2 \times 2 + \dfrac{y}{2} \quad ∴ y = 4 \end{cases}$

分子式は，C_2H_4

35　脂肪族炭化水素

基本問題　　　　　　　　　　本冊 *p.103*

219
答 ① アルカン　② アルキン
③ アルケン　④ アルカン
⑤ シクロアルカン　⑥ アルケン

脱色するもの；②，③，⑥

検討 一般式　アルカン；C_nH_{2n+2}，
アルケン；C_nH_{2n}，アルキン；C_nH_{2n-2}
シクロアルカン；C_nH_{2n}
二重結合，三重結合の不飽和結合は，臭素と付加反応を起こす。このとき，臭素水の赤褐色が脱色される。

　　$CH_2 = CH_2 + Br_2 \longrightarrow CH_2BrCH_2Br$
　　　　　　赤褐色　　　　　　　　無色

> **テスト対策**
> ▶不飽和結合の検出
> 　二重結合，三重結合は，臭素と付加反応を起こし，臭素水の赤褐色を脱色する。⇨
> 二重結合，三重結合の検出反応として利用。
> 　　$CH_2 = CH_2 + Br_2 \longrightarrow CH_2BrCH_2Br$
> 　　　　　　赤褐色　　　　　　　無色

220
答 ① $CH_4 + 2Cl_2 \longrightarrow CH_2Cl_2 + 2HCl$
② $CH_2=CHCH_3 + Br_2$
　　　　　　$\longrightarrow CH_2BrCHBrCH_3$
③ $C_2H_5OH \longrightarrow C_2H_4 + H_2O$
④ $C_2H_2 + HCl \longrightarrow CH_2=CHCl$
⑤ $CaC_2 + 2H_2O \longrightarrow C_2H_2 + Ca(OH)_2$
⑥ $C_2H_2 + H_2O \longrightarrow CH_3CHO$

検討 ①メタンと塩素の混合物に紫外線を照射すると，次のように次々と置換反応を起こす。

$CH_4 \xrightarrow{Cl_2} CH_3Cl \xrightarrow{Cl_2} CH_2Cl_2$
　　　　　　$\xrightarrow{Cl_2} CHCl_3 \xrightarrow{Cl_2} CCl_4$

③分子内で脱水が起こり，エチレンが生成。
④アセチレンは，HCl，CH_3COOH と付加反

応をして，ビニル化合物をつくる。

$$CH \equiv CH + HCl \longrightarrow CH_2 = CHCl \text{（塩化ビニル）}$$

⑥アセチレンに水を付加すると，不安定なビニルアルコールを経て，アセトアルデヒドが生成する。

$$CH \equiv CH + H_2O \longrightarrow (CH_2 = CHOH) \text{ ビニルアルコール}$$
$$\longrightarrow CH_3CHO \text{ アセトアルデヒド}$$

221

答 C_nH_{2n-2}

検討 二重結合を含まないアルカンの一般式は C_nH_{2n+2} で，二重結合1つ含むごとにHが2個減少するので，
求める一般式は，C_nH_{2n-2}

222

答 これ以降，構造式は，略式で示す。

① $CH_3-CH_2-CH_2-CH_2-CH_3$

$CH_3-CH-CH_2-CH_3$
　　　$|$
　　 CH_3

$CH_3-\underset{\underset{CH_3}{|}}{\overset{\overset{CH_3}{|}}{C}}-CH_3$

② $CHCl_2-CH_2-CH_3$　　$CH_3-CCl_2-CH_3$

$CH_2Cl-CHCl-CH_3$

$CH_2Cl-CH_2-CH_2Cl$

検討 ① C_nH_{2n+2} にあてはまるので，アルカン。主鎖（最も長い炭素鎖）の炭素数の多いものから少ないものの順で書く。
なお，C-C-C-C-C　C-C-C-C
　　　　$|$　　　　　　　$|$
　　　C-C　　　　　　C-C
　　　　$|$
　　　C-C-C
などは同じ炭素骨格である。
②プロパン C_3H_8 の二塩素置換体。
$CHCl_2-CH_2-CH_3$ と $CH_3-CH_2-CHCl_2$
また，$CH_2Cl-CHCl-CH_3$ と
$CH_3-CHCl-CH_2Cl$ は，同じ物質である。

223

答 ① $\begin{array}{c} H_2C-CH_2 \\ | \quad | \\ H_2C-CH_2 \end{array}$　$\begin{array}{c} H_2 \\ C \\ H_2C-CH-CH_3 \end{array}$

② $CH_2 = CH-CH_2-CH_3$

$\underset{H_3C}{\overset{H}{\diagdown}}C=C\underset{CH_3}{\overset{H}{\diagup}}$　$\underset{H_3C}{\overset{H_3C}{\diagdown}}C=C\underset{CH_3}{\overset{H}{\diagup}}$

$CH_2=C-CH_3$
　　　$|$
　　CH_3

検討 ①シクロアルカンなので，飽和の環構造を1つもつ化合物。答えのように，**3員環**と**4員環**がある。
②次の(ア)と(イ)の場合がある。
(ア)主鎖C4（C原子4個）。二重結合の位置により，二種類の構造異性体が存在する。そのうち $CH_3-CH=CH-CH_3$ には，シス-トランス異性体が存在する。
(イ)主鎖C3（C原子3個）。1種類が存在。

応用問題 …… 本冊 p.104

224

答 2

検討 アルケン C_nH_{2n}（分子量 $12n+2n = 14n$）に臭素が反応すると，$C_nH_{2n}Br_2$（分子量 $14n+160$）になる。

$$C_nH_{2n} + Br_2 \longrightarrow C_nH_{2n}Br_2$$
$$14n\text{（g）} \qquad\qquad 14n+160\text{（g）}$$
$$5.60\text{ g} \qquad\qquad 37.6\text{ g}$$

よって，$\dfrac{14n}{5.60} = \dfrac{14n+160}{37.6}$

$\therefore n = 2$

225

答 11

検討 炭素数40のアルカンは，$C_{40}H_{40\times 2+2} = C_{40}H_{82}$ で，Hが82個ある。アルカンから1つの二重結合または，1つの環構造が形成されると，Hが2個減少する。この色素 $C_{40}H_{56}$ は，アルカンより $82-56 = 26$ 個のHが少ないので，二重結合と環構造を合わせて，$\dfrac{26}{2} = 13$ 個をもつことがわかる。この色素は両端に2個の環構造をもつので，二重結合の数は，$13-2 = 11$ 個である。

226

答 $CH_2=CH-CH_2-CH_2-CH_3$

$\underset{H}{\overset{CH_3}{C}}=\underset{H}{\overset{CH_2-CH_3}{C}}$ $\underset{H}{\overset{CH_3}{C}}=\underset{CH_2-CH_3}{\overset{H}{C}}$

$CH_2=CH-\underset{CH_3}{\overset{|}{CH}}-CH_3$ $CH_2=\underset{CH_3}{\overset{|}{C}}-CH_2-CH_3$

$CH_3-\underset{CH_3}{\overset{|}{C}}=CH-CH_3$

検討 臭素水を脱色するので C_5H_{10} は二重結合を1つもつアルケンで，次の(ア)と(イ)の場合がある。
(ア)主鎖 C 5。二重結合の位置により，2種類の構造異性体が存在する。そのうち，
  $CH_3-CH=CH-CH_2-CH_3$ はシス-トランス異性体が存在する。
(イ)主鎖 C 4。3種類が存在。

227

答 (1) ア；アセチレン $CH\equiv CH$
イ；エチレン $CH_2=CH_2$ ウ；エタン CH_3CH_3
エ；ビニルアルコール $CH_2=CH$
$\;|$
OH

オ；アセトアルデヒド
$CH_3-C\overset{\displaystyle O}{\underset{\displaystyle H}{\diagdown\!\!\!/}}$

カ；塩化ビニル $CH_2=CHCl$
キ；酢酸ビニル $CH_2=CHOCOCH_3$
ク；ポリ塩化ビニル $\left[\begin{array}{c}CH_2-CH\\ |\\ Cl\end{array}\right]_n$

ケ；ポリ酢酸ビニル $\left[\begin{array}{c}CH_2-CH\\ |\\ OCOCH_3\end{array}\right]_n$

コ；ベンゼン ⌬

(2) $CaC_2+2H_2O \longrightarrow Ca(OH)_2+C_2H_2$

検討 カ，キ，ク，ケ；ビニル化合物は，適当な触媒を用いると，付加重合が起こる。

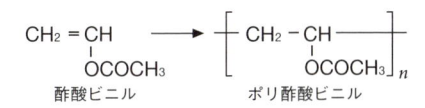

$\underset{\text{塩化ビニル}}{CH_2=CH\atop|\atopCl} \longrightarrow \underset{\text{ポリ塩化ビニル}}{\left[CH_2-CH\atop|\atopCl\right]_n}$

$\underset{\text{酢酸ビニル}}{CH_2=CH\atop|\atopOCOCH_3} \longrightarrow \underset{\text{ポリ酢酸ビニル}}{\left[CH_2-CH\atop|\atopOCOCH_3\right]_n}$

36 アルコールとアルデヒド・ケトン

基本問題 ……… 本冊 p.106

228

答 ア；ヒドロキシ イ；第一級
ウ；第二級 エ；第三級 オ；還元
カ；銀 キ；銀鏡 ク；酸化銅(Ⅰ)

検討 第一級アルコールは，酸化されてアルデヒドに，第二級アルコールは，酸化されてケトンになる。第三級アルコールは，酸化されにくい。
アルデヒドは還元性を有し，銀鏡反応を呈し，フェーリング液を還元するが，ケトンには還元性はない。

> **テスト対策**
>
> ▶アルコールの酸化
> 第一級アルコール ⇨ 酸化され ⇨ アルデヒド
> 第二級アルコール ⇨ 酸化され ⇨ ケトン
> 第三級アルコール ⇨ 酸化されにくい。

229

答 第一級；ⓐ, ⓒ, ⓓ, ⓔ 第二級；ⓑ
第三級；ⓕ, ⓖ

検討 ヒドロキシ基が結合している炭素に，炭化水素基が0または1個結合しているアルコールが第一級アルコール，2個結合しているものが第二級アルコール，3個結合しているものが第三級アルコールである。

ⓐ $CH_3CH_2CH_2OH$　　ⓑ $CH_3-\underset{\underset{\displaystyle OH}{\displaystyle |}}{CH}-CH_3$

ⓒ CH_3OH（炭化水素基0個）

ⓓ CH_3CH_2OH　　ⓔ $\underset{CH_3}{\overset{CH_3}{\diagdown\!\!\!/}}CHCH_2OH$

ⓕ CH₃−C(CH₃)(OH)−CH₃
ⓖ CH₃−C(CH₃)(OH)−CH₂−CH₃

230

答 (1) ⓒ (2) ⓕ (3) ⓐ (4) ⓓ

検討 (1) グリセリン $C_3H_5(OH)_3$
−OH 基を3個もつのが3価アルコール。
(2) $C_2H_5OH \xrightarrow{(O)} CH_3CHO$
　　エタノール　　　　アセトアルデヒド
(3) エチレングリコール $C_2H_4(OH)_2$
−OH 基を2個もつのが2価アルコール。
(4) $CH_3\text{-}CHOH\text{-}CH_3 \xrightarrow{(O)} CH_3\text{-}CO\text{-}CH_3$
　　2-プロパノール　　　　　　アセトン

231

答 ⓐ, ⓒ, ⓖ

検討 アルデヒドが銀鏡反応を示す。

232

答 ⓑ, ⓒ, ⓔ, ⓕ

検討 CH_3CO- アセチル基をもつアルデヒドとケトンおよび $CH_3CH(OH)-$ の部分構造をもつアルコールが, ヨードホルム反応を示す。

233

答
(1) $CH_3OH + CuO \longrightarrow HCHO + Cu + H_2O$
(2) $2C_2H_5OH \longrightarrow C_2H_5OC_2H_5 + H_2O$
(3) $C_2H_5OH \longrightarrow C_2H_4 + H_2O$
(4) $(CH_3COO)_2Ca \longrightarrow CH_3COCH_3 + CaCO_3$
(5) $2C_2H_5OH + 2Na \longrightarrow 2C_2H_5ONa + H_2$

検討 (2)(3) エタノールと濃硫酸の混合物を約130℃（低温）で加熱すると, 分子間で脱水反応が起こり, $C_2H_5OC_2H_5$ が生成する。一方, 約170℃（高温）で加熱すると, 分子内で脱水反応が起こり, C_2H_4 を生成する。

234

答 (1) A : $CH_3-CH_2-CH_2-OH$
　　1-プロパノール
B : $CH_3-CH(OH)-CH_3$　2-プロパノール
C : $CH_3-CH_2-O-CH_3$
　　エチルメチルエーテル
D : CH_3-CH_2-CHO　プロピオンアルデヒド
E : $CH_3-CO-CH_3$　アセトン
(2) **B** と **E**

検討 C_3H_8O はアルコールかエーテル。
A, B ― Na で H₂ 発生 ― アルコール
C ― Na で H₂ 発生せず ― エーテル
C は, $CH_3-CH_2-O-CH_3$
A を酸化すると, 銀鏡反応を呈する D が生成することから, A は第一級アルコール, D はアルデヒド。B は第二級アルコール, E はケトン。

$CH_3-CH_2-CH_2-OH + (O)$
　　　A
　　$\longrightarrow CH_3-CH_2-CHO + H_2O$
　　　　　　　　　　　D

$CH_3\text{-}CHOH\text{-}CH_3 \xrightarrow{(O)} CH_3\text{-}CO\text{-}CH_3$
　　　B　　　　　　　　　　　E

B は $CH_3CH(OH)-$ の部分構造をもち, E には CH_3CO- アセチル基があるので, それぞれヨードホルム反応を呈する。

> **テスト対策**
> ▶ $C_nH_{2n+2}O$ には, アルコールとエーテルの異性体がある。

応用問題　本冊 p.108

235

答 ② と ③

検討 ①正；$CO + 2H_2 \longrightarrow CH_3OH$
②誤；水溶液は中性である。
③誤；エタンではなく, C_2H_5ONa と H_2 が生成。
④正；第二級アルコールの2-ブタノールは, 第三級アルコールの2-メチル-2-ブタノールより酸化されやすい。
⑤正；$CH_3CH(OH)-$ の部分構造をもつ。

236 ～ **241** の答え

236
[答] ① C ② A ③ B ④ A ⑤ C
[検討] ②金属ナトリウムと反応して水素を発生するのは，アルコールであるエタノール。
③アルデヒドは還元性をもつ。
④エタノールが分子内で脱水して，エチレンが生成する。

237
[答] (1) $CH_3-CH_2-CH_2-CH_2-OH$

$CH_3-CH(CH_3)-CH_2-OH$

(2) $CH_3-CH(OH)-CH_2-CH_3$

(3) $CH_3-C(CH_3)(OH)-CH_3$

(4) $CH_3-O-CH_2-CH_2-CH_3$
$CH_3-CH_2-O-CH_2-CH_3$
$CH_3-OCH(CH_3)CH_3$ (CH₃-O-CH(CH₃)₂)

[検討] 分子式が $C_4H_{10}O$ で表される化合物には，アルコールとエーテルがあり，アルコール4種類，エーテル3種類の計7種類の異性体が存在する。
(1) Na と反応し，酸化されるとアルデヒドを生じるので，第一級アルコール。全部で2種類。
(2) Na と反応し，酸化されるとケトンを生じるので，第二級アルコール。
(3) Na と反応し，酸化されにくいので，第三級アルコール。
(4) Na と反応しないのでエーテル。全部で3種類。

37 カルボン酸とエステル

基本問題 ・・・・・・・・・・ 本冊 p.109

238
[答] (1) ⓒ (2) ⓔ (3) ⓐ (4) ⓑ
(5) ⓓ

239
[答] ア；エステル（酢酸エチル）
イ；CH_3COOH ウ；C_2H_5OH
エ；$CH_3COOC_2H_5$ オ；エステル化
カ；酢酸ナトリウム   キ；けん化

[検討] カルボン酸とアルコールから水がとれる反応によってできる芳香のある化合物を**エステル**という。

$R^1COOH + R^2OH \longrightarrow R^1COOR^2 + H_2O$
カルボン酸　アルコール　　エステル

カ；化学反応式は以下のとおり。
$CH_3COOC_2H_5 + NaOH$
$\longrightarrow CH_3COONa + C_2H_5OH$

240
[答] (1) ギ酸エチル
$HCOOC_2H_5 + NaOH$
$\longrightarrow HCOONa + C_2H_5OH$
(2) 酢酸メチル
$CH_3COOCH_3 + NaOH$
$\longrightarrow CH_3COONa + CH_3OH$
(3) 酢酸エチル
$CH_3COOC_2H_5 + NaOH$
$\longrightarrow CH_3COONa + C_2H_5OH$

[検討] エステルを NaOH 水溶液と加熱すると，脂肪酸の塩とアルコールに分解する。この反応を**けん化**という。

241
[答] ⓑ, ⓒ, ⓔ

[検討] (1) ギ酸は液体で，ホルミル基をもち，還元性を示す。

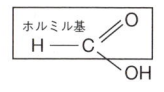

ホルミル基 $H-C(=O)-OH$

(2) 乳酸。*C は**不斉炭素原子**で，**鏡像異性体**をもつ。

$H-C^*(COOH)(OH)-CH_3$

(4) ステアリン酸 $C_{17}H_{35}COOH$
高級脂肪酸は，水に溶けにくい。

[検討] 4つの異なる原子あるいは原子団が結合した炭素原子を**不斉炭素原子**といい，不斉炭

素原子をもつ化合物には，鏡像異性体が存在する。ⓑ，ⓒは左から2番目，ⓔは一番左の炭素原子が不斉炭素原子である。

242

答　カルボン酸；$CH_3-CH_2-CH_2-COOH$

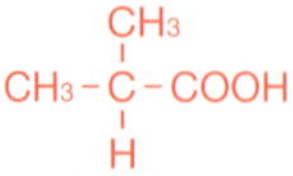

$$CH_3-\underset{\underset{H}{|}}{\overset{\overset{CH_3}{|}}{C}}-COOH$$

エステル；$CH_3-CH_2-COO-CH_3$
$CH_3-COO-CH_2-CH_3$
$HCOO-CH_2-CH_2-CH_3$

$$HCOO-\underset{\underset{H}{|}}{\overset{\overset{CH_3}{|}}{C}}-CH_3$$

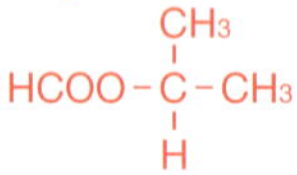

検討　カルボン酸；C_3H_7COOH において，C_3H_7- 基には，$CH_3CH_2CH_2-$ と $(CH_3)_2CH-$ の2つがあるから，$CH_3CH_2CH_2-COOH$ と $(CH_3)_2CH-COOH$ の2種類。
エステル；$CH_3CH_2COOCH_3$，$CH_3COOCH_2CH_3$，
$HCOOC_3H_7$ には，カルボン酸と同様に，$HCOOCH_2CH_2CH_3$ と $HCOOCH(CH_3)_2$ の2種類。エステルは計4種類。

テスト対策
▶ $C_nH_{2n}O_2$ は，カルボン酸とエステルが重要。

応用問題　　　　　　　　　　　本冊 p.110

243

答　A；ⓐ　　B；ⓔ　　C；ⓑ　　D；ⓓ
E；ⓒ
ア：シス-トランス（幾何）　　イ：シス
ウ：不斉　　エ：鏡像（光学）

検討　(1) A は，1価のカルボン酸で還元性があるので，ギ酸。B は，酢酸か乳酸。
(2) C と D は2価であるので，マレイン酸かフマル酸。C は酸無水物をつくるので，シス形のマレイン酸。よって，D はフマル酸。

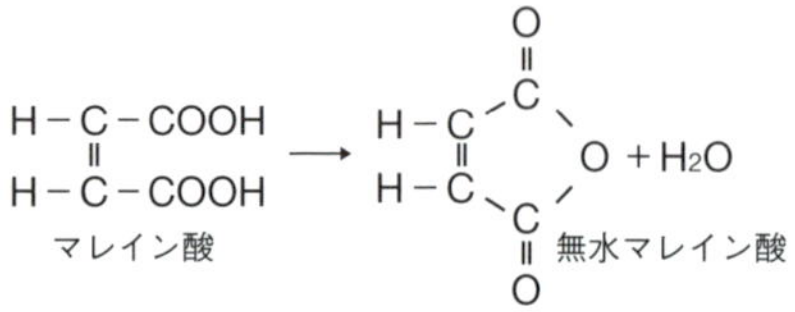

$$\begin{matrix}H-C-COOH\\H-C-COOH\end{matrix} \longrightarrow \begin{matrix}H-C\\H-C\end{matrix}\begin{matrix}C\\ \\C\end{matrix}O + H_2O$$

マレイン酸　　　　無水マレイン酸

(3) E はヒドロキシ基をもつので，乳酸。乳酸は図のように，不斉炭素原子（*で示してある）をもち，鏡像異性体が存在する。したがって，B は酢酸。

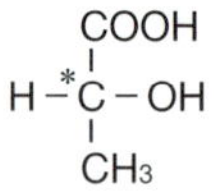

$$H-\overset{\overset{COOH}{|}}{\underset{\underset{CH_3}{|}}{C^*}}-OH$$

244

答　(1) イ-(c)　　(2) ウ-(e)　　(3) エ-(b)
(4) アー(a)　　(5) オ-(d)　　(6) カ-(f)

検討　(a) $2R-OH \longrightarrow R-O-R + H_2O$
(b) 還元作用を示すのは，アルデヒド $R-CHO$
(c) $R-CHO + (O) \longrightarrow R-COOH$
(d) $R^1-COOH + R^2-OH \longrightarrow R^1-COO-R^2 + H_2O$
(e) $2R-OH + 2Na \longrightarrow 2R-ONa + H_2$
(f) $\begin{matrix}R^1\\R^2\end{matrix}CHOH \xrightarrow{(O)} \begin{matrix}R^1\\R^2\end{matrix}C=O$

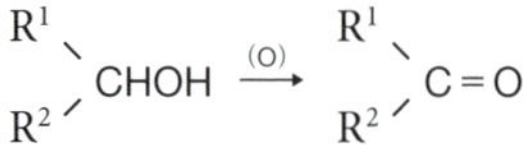

245

答　A；
$$HCOO-\underset{\underset{H}{|}}{\overset{\overset{CH_3}{|}}{C}}-CH_3$$

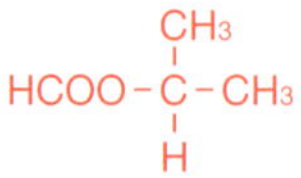

B；$HCOO-CH_2-CH_2-CH_3$
C；$CH_3-CH_2-COO-CH_3$
D；$CH_3-COO-CH_2-CH_3$

検討　A ⟶ E + F　　B ⟶ E + G
　　　C ⟶ H + I　　D ⟶ J + K
E, H, J は酸性なのでカルボン酸，E は還元性を示すので，ギ酸 HCOOH。F, G, I, K は中性なのでアルコールである。F と G は炭素数から C_3H_7OH。F はヨードホルム反応を呈するから，$CH_3CH(OH)CH_3$

$$よって，A は HCOO-\underset{\underset{H}{|}}{\overset{\overset{CH_3}{|}}{C}}-CH_3$$

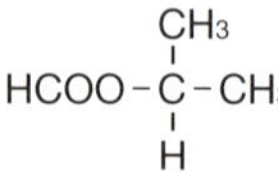

また，G は $CH_3CH_2CH_2OH$ であり，B は $HCOOCH_2CH_2CH_3$
　K はヨードホルム反応を呈するので，CH_3CH_2OH となり，J は CH_3COOH
よって，D は，$CH_3COOCH_2CH_3$
以上より，H は CH_3CH_2COOH，I は CH_3OH で，C は，$CH_3CH_2COOCH_3$

246

[答] (1) **A**；CH_3-CH_2-COOH
B；$HCOO-CH_2-CH_3$
C；$CH_3-COO-CH_3$ (2) **D**

[検討] (1) $C_3H_6O_2$ は，$C_nH_{2n}O_2$ で表されるので，カルボン酸とエステルが考えられる。**A** は，酸性を示すのでカルボン酸で，CH_3CH_2COOH
B → **D** の塩 + **E**， **C** → **F** の塩 + **G**
B と **C** は，NaOH で分解されるので，エステルであり，CH_3COOCH_3 と $HCOOCH_2CH_3$ のいずれかである。**E** はヨードホルム反応を呈するので，CH_3CH_2OH で，したがって，分解生成物 **E** を含む **B** は，$HCOOCH_2CH_3$ である。よって，**C** は，CH_3COOCH_3
(2) **D**～**G** のうち，銀鏡反応を呈するのは，**D** のギ酸($HCOOH$)。

38 油脂とセッケン

基本問題 …………… 本冊 *p.112*

247

[答] ア；高級脂肪酸 イ；3
ウ；エステル エ；不飽和脂肪酸
オ；液 カ；固 キ；脂肪油 ク；脂肪
ケ；水素 コ；硬化油 サ；けん化
シ；3

[検討] 高級脂肪酸とグリセリンのエステルを**油脂**という。
脂肪 ➡ 常温で固体の油脂。飽和脂肪酸を多く含む。
脂肪油 ➡ 常温で液体の油脂。不飽和脂肪酸を多く含む。
硬化油 ➡ 液体の油脂に水素を付加して，固体とした油脂。
油脂を NaOH などで，高級脂肪酸の塩とグリセリンに分解する反応を**けん化**という。

248

[答] 油脂の示性式；

$CH_2OCOC_{17}H_{35}$　　　$C_{17}H_{35}COOCH_2$
$CHOCOC_{17}H_{35}$ または $C_{17}H_{35}COOCH$
$CH_2OCOC_{17}H_{35}$　　　$C_{17}H_{35}COOCH_2$

化学反応式；$CH_2OCOC_{17}H_{35}$
　　　　　　$CHOCOC_{17}H_{35}$ + 3NaOH
　　　　　　$CH_2OCOC_{17}H_{35}$
　　　→ $3C_{17}H_{35}COONa + C_3H_5(OH)_3$

[検討] 油脂1分子中には3個のエステル結合があり，油脂1molをけん化するのに，NaOH 3molを要する。

> **テスト対策**
> ▶ 油脂のけん化
> 油脂：NaOH = 1 mol：3 mol

249

[答] (1) **3個** (2) **201.6 L**

[検討] (1) アルカン C_nH_{2n+2} の H 1個を -COOH 基で置き換えた化合物は，飽和脂肪酸で，その一般式は，$C_nH_{2n+1}COOH$ である。リノレン酸 $C_{17}H_{29}COOH$ は飽和脂肪酸のステアリン酸 $C_{17}H_{35}COOH$ より，H が6個少ないので，リノレン酸1分子中，3個の二重結合がある。
(2) この油脂はリノレン酸3分子からなるので，油脂1分子中に9個の二重結合を含む。したがって，油脂1molには9molの水素が付加する。よって，$9 \times 22.4 = 201.6$ L

250

[答] (1) **189 mg** (2) **878**

[検討] (1) 油脂：KOH = 1mol：3mol で反応するので，油脂890g と KOH 3×56.0g と反応する。この油脂1.00g と反応する KOH を x (g) とすると，
　　$890 : 3 \times 56.0 = 1.00 : x$
　∴ $x = 0.1887\cdots g = 189$ mg
(2) この油脂の分子量を M とすると，油脂 M (g) と 3×56.0 g の KOH とが反応するので，
　　$M : 3 \times 56.0 = 8.00 : 1.53$
　∴ $M = 878.4\cdots ≒ 878$

251

答 ア；高級脂肪酸　イ；疎水(親油)
ウ；親水　エ；弱塩基　オ；硬

検討 セッケンは，疎水性の炭化水素基の部分と親水性の$-COO^-$基の部分からなる。
セッケンの欠点：①水溶液は弱塩基性を示し，動物性繊維の洗浄には不向き。
② Ca^{2+}，Mg^{2+} と難溶性の塩をつくるため，硬水での使用はできない。

252

答 (1) B　(2) A　(3) C　(4) A
(5) C

検討 セッケンも合成洗剤も疎水性の炭化水素基と親水性の基をもち，ともに洗浄作用を有する。セッケンと合成洗剤では，親水性の基の部分が異なり，セッケンは水溶液中で加水分解し，塩基性を示すが，合成洗剤は加水分解せず，ほぼ中性を示す。

応用問題　本冊 p.114

253

答 (1) $8.4×10^2$　(2) 15 g

検討 (1)油脂 A と反応した KOH は，0.50mol/L 水酸化カリウム水溶液10.0mLに相当する分である。
油脂：KOH = 1：3 の物質量比で反応するので，油脂の分子量を M とすると，
$$\frac{1.4}{M} : 0.50 × \frac{10.0}{1000} = 1 : 3$$
$$∴ M = 840$$
(2)水酸化ナトリウムの必要量を x〔g〕とすると，
$$840 : 3×40.0 = 100 : x$$
$$∴ x = 14.28… ≒ 14.3 g$$
よって，95％水酸化ナトリウムは，
$$\frac{14.3}{0.95} = 15.0… ≒ 15 g$$

254

答 (1) ステアリン酸；0個　オレイン酸；1個
リノール酸；2個　(2) $C_{57}H_{110}O_6$
(3) 5個　(4) 2個
$C_{17}H_{33}-COO-CH_2$
$C_{17}H_{31}-COO-CH$
$C_{17}H_{31}-COO-CH_2$

検討 (1)飽和脂肪酸は $C_nH_{2n+1}COOH$ の一般式で表され，$C_{17}H_{35}COOH$ ステアリン酸は，一般式にあてはまり，飽和脂肪酸であり，二重結合は0個。ステアリン酸に比べ，オレイン酸，リノール酸はH原子がそれぞれ2個，4個少ないので，二重結合の数はそれぞれ1個，2個である。
(2)ステアリン酸3分子とグリセリン1分子から水3分子がとれ，エステルをつくる。
(3)油脂 B 0.10 mol あたり 11.2L すなわち，$\frac{11.2}{22.4} = 0.50$ mol の水素が付加するので，油脂 B 分子には，5個の二重結合が存在する。
(4)5個の二重結合となる組み合わせは，オレイン酸1個，リノール酸2個の組み合わせだけである。この組み合わせでは，次の2種類の構造異性体がある。

$C_{17}H_{33}-COO-CH_2$　　$C_{17}H_{31}-COO-CH_2$
$C_{17}H_{31}-COO-\overset{*}{C}H$　　$C_{17}H_{33}-COO-CH$
$C_{17}H_{31}-COO-CH_2$　　$C_{17}H_{31}-COO-CH_2$

*C；不斉炭素原子

255

答 ア；高級脂肪　イ；ナトリウム
ウ；弱塩基　エ；疎水(親油)　オ；親水
カ；分散　キ；乳化　ク；乳濁
ケ；Ca^{2+} や Mg^{2+}　コ；硬　サ；難溶
シ；合成洗剤　ス；表面張力　セ；可溶
ソ；微生物

検討 合成洗剤には以下のものがある。
硫酸水素アルキルの Na 塩 $C_{12}H_{25}OSO_3Na$
アルキルベンゼンスルホン酸の Na 塩

$CH_3-(CH_2)_n-\langle benzene \rangle-SO_3Na$

39 芳香族炭化水素

基本問題 ……………………… 本冊 p.115

256
[答] ⑤

[検討] ベンゼンは正六角形で、炭素原子間距離は等しく（①）、すべての原子が同一平面上にある（②）。ベンゼン環の二重結合は、脂肪族のものと異なり、酸化されにくく、また、付加反応も起こりにくい。むしろ、ベンゼンは置換反応を起こしやすい（④）。なお、ベンゼンは、揮発性の引火しやすい有機溶媒である（③）。

257
[答] ア；付加　イ；置換
ウ：ブロモベンゼン　エ；（構造式）
オ：ニトロベンゼン　カ；（構造式）
キ：ベンゼンスルホン酸　ク；（構造式）
ケ：ヘキサクロロシクロヘキサン
コ：（構造式）

[検討] ベンゼン分子中の不飽和結合は、アルケンの二重結合と異なり、付加反応を起こしにくい。ベンゼンは、付加反応より、置換反応を起こしやすい。条件によっては、付加反応も起こす。次の反応は、付加反応および置換反応による塩素化である。条件に注意すること。

$C_6H_6 + Cl_2 \xrightarrow{Fe} C_6H_5Cl + HCl$

$C_6H_6 + 3Cl_2 \xrightarrow{紫外線照射下} C_6H_6Cl_6$

テスト対策
▶ベンゼンは、付加反応より、置換反応を起こしやすい。

258
[答] ②，③，⑤

[検討] 側鎖の炭化水素基が、その炭素数に関わらず、カルボキシ基-COOHになる。④はフタル酸になる。

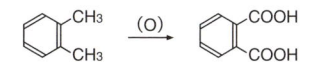

（反応式図）

テスト対策
▶芳香族炭化水素の酸化
⇨ 側鎖が酸化され、-COOH基になる。

259
[答] (1) 3種類　(2) 4種類

[検討] (1)ベンゼンの二置換体には、置換位置により、下図の左からオルト、メタ、パラの3種類がある。

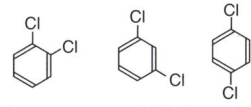

(2)ベンゼンの二置換体の3種類と一置換体の1種類の計4種類。一置換体を忘れないように注意すること。

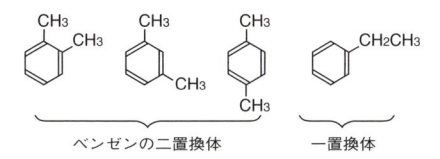

応用問題 ……………………… 本冊 p.116

260
[答] ① 付加　② 置換　③ 付加
④ 置換　⑤ 置換

[検討] ①アセチレン3分子が付加重合して、ベンゼン1分子が生成する。

$3C_2H_2 \longrightarrow C_6H_6$

② $C_6H_6 + Br_2 \longrightarrow C_6H_5Br + HBr$

③ $C_6H_6 + 3Cl_2 \longrightarrow C_6H_6Cl_6$

④ $C_6H_6 + HNO_3 \longrightarrow C_6H_5NO_2 + H_2O$

⑤ $C_6H_6 + H_2SO_4 \longrightarrow C_6H_5SO_3H + H_2O$

261

答 ① A ② B ③ B ④ C

検討 ④以外は，ベンゼンに関して正しい記述である。以下の①，②はシクロヘキサンについての記述である。

① シクロヘキサンもメタンなどと同様に，光の照射下で塩素と反応させると置換反応を起こす。

② シクロヘキサンは平面構造ではなく，「いす形構造」とよばれる構造をとる。

④ $2C_6H_6 + 15O_2 \longrightarrow 12CO_2 + 6H_2O$
$C_6H_{12} + 9O_2 \longrightarrow 6CO_2 + 6H_2O$

各 10.0 g (分子量；$C_6H_6 = 78.0$，$C_6H_{12} = 84.0$) を完全燃焼するのに必要な酸素量は，

C_6H_6 ; $\dfrac{10.0}{78.0} \times \dfrac{15}{2} \times 22.4 = 21.53\cdots \fallingdotseq 21.5 \text{ L}$

C_6H_{12} ; $\dfrac{10.0}{84.0} \times 9 \times 22.4 = 24.0 \text{ L}$ ➡ 不足

262

答 (1) 4つ (2) 3つ (3) 2つ

検討 (1) ベンゼン環に結合した H 原子を置換した o-, m-, p- のベンゼンの二置換体と $-CH_3$ 基の H 原子を置換したベンゼンの一置換体の計4種類。

(2) 次の3種類。

(3) a 位置にある H 原子を Br 原子で置換したものは，同一の物質である。b の位置についても同様に同一の物質になる。したがって，答えは次の2種類である。

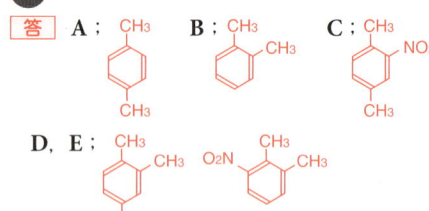

263

答 A : CH_3 (para-xylene) B : CH_3, CH_3 (ortho-xylene) C : CH_3, NO_2, CH_3

D, E : CH_3, CH_3, NO_2 と O_2N, CH_3, CH_3

検討 A, B 1 mol あたり 1 mol の硝酸が消費されるので，A と B のベンゼン環に直接結合した水素原子1個がニトロ基で置換されたことになる。芳香族炭化水素 C_8H_{10} には，次に示した4個の異性体が存在し，x, y, z の位置で置換が起こったときに，同種の文字で表されるものは，同一物質になる。

(a), (b), (c), (d) の構造式

それぞれ置換体の数は，(a) が2，(b) が3，(c) が1，(d) が3であるので，A は(c)，B は(a)である。

264

答 ③

検討 側鎖が酸化されるので，それぞれの生成物は，次のようになる。〔 〕内の数値は，分子量である。

① ② C_6H_5COOH 〔122.0〕
③ $C_6H_4(COOH)_2$ 〔166.0〕
④ $C_6H_3(COOH)_3$ 〔210.0〕

カルボン酸 B の分子量を M，価数を n とすると，以下の式が成り立つ。

$\dfrac{1.00}{M} \times n = 1.00 \times \dfrac{12.0}{1000}$ ∴ $M = \dfrac{n}{0.012}$

$n = 1$ のとき，$M = 83.3\cdots \fallingdotseq 83$
$n = 2$ のとき，$M = 166.6\cdots \fallingdotseq 167$
$n = 3$ のとき，$M = 250$

この関係を満たしているのは，
③の $C_6H_4(COOH)_2$ 〔166.0〕である。

40 フェノールと芳香族カルボン酸

基本問題 ……………… 本冊 p.118

265
答 ②と④

検討 フェノールは右図のような構造式をしており, **塩化鉄(Ⅲ)水溶液で, 青紫～赤紫色に呈色**する(①)。水にはわずかに溶け, 酸性を示し, 水酸化ナトリウム水溶液には, 塩をつくって溶ける(③)。フェノールは, 炭酸(CO_2+H_2O)より弱い酸なので, 炭酸水素ナトリウム水溶液とは反応しないが, ナトリウムフェノキシド水溶液に二酸化炭素を吹き込むとフェノールが遊離する(⑤)。

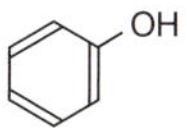

266
答 ②

検討 ベンゼン環に直接 $-OH$ 基が結合した化合物を**フェノール類**といい, 塩化鉄(Ⅲ)水溶液と反応し, 青紫～赤紫色に呈色する。②は, 直接 $-OH$ 基がベンゼン環に結合しておらず, アルコールなので塩化鉄(Ⅲ)と反応しない。

267
答 A；③   B；④

検討

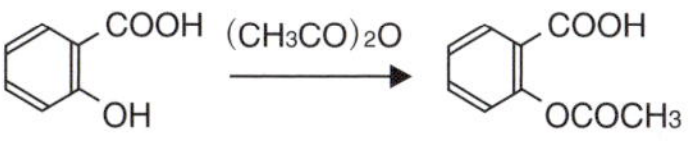

A アセチルサリチル酸

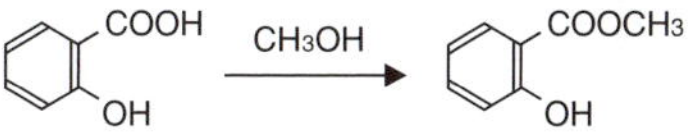

B サリチル酸メチル

268
答 ①

検討 弱酸の塩にそれより強い酸を作用させると, 弱酸が遊離する。

「弱酸の塩」+「強い酸」
　　　　⟶「弱酸」+「強い酸の塩」
$NaHCO_3 + CH_3COOH$
　　　　⟶ $CO_2 + H_2O + CH_3COONa$
よって, 酢酸＞炭酸
$C_6H_5ONa + CO_2 + H_2O$
　　　　⟶ $C_6H_5OH + NaHCO_3$
よって, 炭酸＞フェノール
したがって, 酢酸＞炭酸＞フェノール

> **テスト対策**
> ▶酸の強さ
> 硫酸, 塩酸＞カルボン酸＞炭酸＞フェノール類
> 「弱酸の塩」+「強い酸」
> 　　　　⟶「弱酸」+「強い酸の塩」

269
答 ① A   ② B   ③ C   ④ A
⑤ B   ⑥ B   ⑦ C

検討 エタノールは, 水によく溶け(①), 中性を示す(④)。フェノールは, 水にわずかに溶けて, 弱い酸性を示す(⑥)ので, 水酸化ナトリウムと中和反応し, 塩を生じる(②)。塩化鉄(Ⅲ)とは, エタノールは反応しないが, フェノールは反応して青紫～赤紫色に呈色する(⑤)。両者ともエステルをつくり(⑦), ナトリウムと反応して水素を発生する(③)。

> **テスト対策**
> ▶エタノールとフェノールの相違点
>
> | | 水溶性 | 液性 | $FeCl_3$ |
> |---|---|---|---|
> | エタノール | よく溶ける | 中性 | 呈色しない |
> | フェノール | 少し溶ける | 弱酸性 | 呈色 |

応用問題 ……………… 本冊 p.120

270
答 A；⑤   B；③   C；②   D；①
E；④

検討 B；ニトロベンゼン $C_6H_5NO_2$ は, 淡黄色・油状の液体で, 水に溶けにくく, 水より重い。

C；安息香酸 C_6H_5COOH はカルボン酸の1つであり，弱酸。炭酸よりは強い酸なので，炭酸水素ナトリウム水溶液と反応する。
E；ベンゼンスルホン酸 $C_6H_5SO_3H$ は，水に溶け，強い酸性を示す。

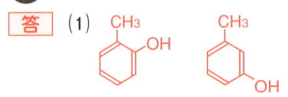

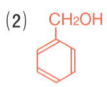

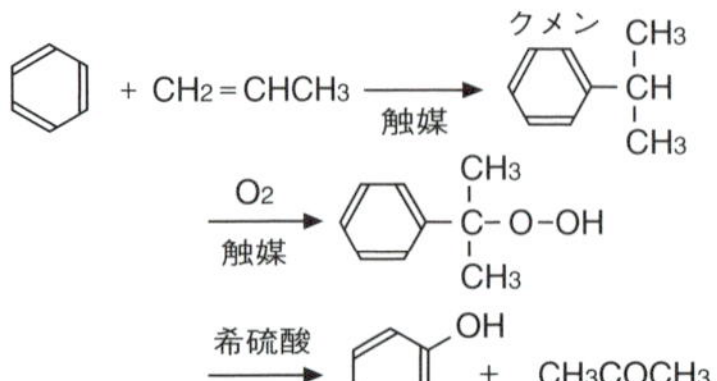

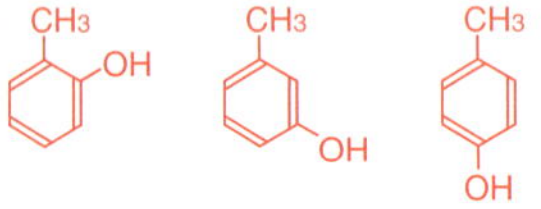

> **テスト対策**
> ▶クメン法 ⇨ ベンゼンとプロペンを原料に，クメンを経由してフェノールとアセトンを得るフェノールの工業的製法。

❷⓻❶

答 (1) CH₃ がついたOH（o-クレゾール），CH₃ がついたOH（m-クレゾール），CH₃ がついたOH（p-クレゾール）
(2) CH₂OH のベンジルアルコール
(3) OCH₃ のメチルフェニルエーテル

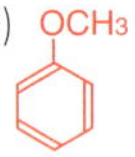

検討 (1)塩化鉄(Ⅲ)との反応から，フェノールで，C_7H_8O から $-CH_3$ と $-OH$ によるベンゼンの二置換体。$o-$，$m-$，$p-$ の3種類のクレゾール。
(2)アルコールで，ベンゼンの一置換体のベンジルアルコール。
(3)Na と反応しないので，エーテルで，ベンゼンの一置換体のメチルフェニルエーテル。ベンゼンの一置換体を忘れないこと。および，アルコールがあるときは，エーテルの存在を忘れないこと。

❷⓻❷

答 (1) ② (2) ⑧ (3) ④ (4) ⑥
(5) ⑦ (6) ⑤ (7) ③ (8) ①

検討 (2) C₆H₅Cl + NaOH水溶液（高温・高圧）→ C₆H₅ONa
(5) C₆H₅SO₃H + NaOH固体（アルカリ融解）→ C₆H₅ONa
(6)(7)(8) C はクメン法とよばれ，ベンゼンとプロペンを原料にフェノールをつくる方法である。このとき，アセトンも副生する。

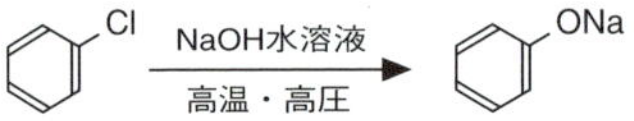

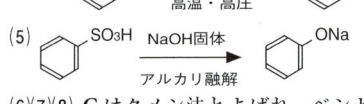

ベンゼン + CH₂=CHCH₃ →(触媒) クメン C₆H₅CH(CH₃)₂
→(O₂, 触媒) C₆H₅C(CH₃)₂-O-OH
→(希硫酸) C₆H₅OH + CH₃COCH₃

41 ニトロ化合物と芳香族アミン

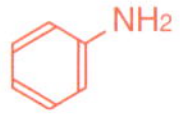

基本問題 ……………… 本冊 p.121

❷⓻❸

答 ア；還元　イ；アニリン
ウ；アミノ　エ；アニリン塩酸塩
オ；C₆H₅NH₂（アニリン）　カ；C₆H₅NH₃⁺Cl⁻

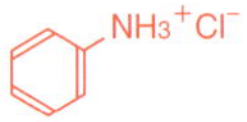

検討 ニトロベンゼンを還元すると，アニリンを生じる。アニリンは塩基性の物質であり，塩酸と反応してアニリン塩酸塩という塩をつくる。

[参考] アニリンは，無水酢酸とアミド結合 $-NHCO-$ を有するアセトアニリドをつくる。アミド結合 $-NHCO-$ をもつ化合物をアミドという。

$C_6H_5NH_2 + (CH_3CO)_2O$
$\longrightarrow C_6H_5NHCOCH_3 + CH_3COOH$
アセトアニリド

❷⓻❹

答 ア；HNO_3 濃硝酸，H_2SO_4 濃硫酸
イ；C₆H₅NH₂ アニリン
ウ；C₆H₅N₂Cl 塩化ベンゼンジアゾニウム
エ；C₆H₅-N=N-C₆H₄-OH
$p-$ヒドロキシアゾベンゼン

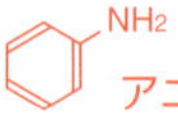

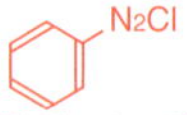

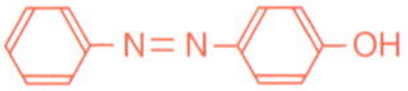

検討 ジアゾ化とジアゾカップリングの反応の条件の違いを整理し，正しく反応式が書けるようにしておくこと。

テスト対策

▶ベンゼンからアゾ化合物までの反応経路

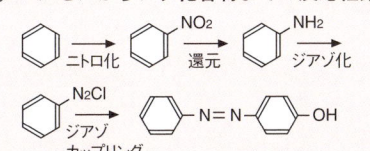

ベンゼン →(ニトロ化)→ ニトロベンゼン(NO₂) →(還元)→ アニリン(NH₂) →(ジアゾ化)→ 塩化ベンゼンジアゾニウム(N₂Cl) →(ジアゾカップリング)→ p-ヒドロキシアゾベンゼン(⟨⟩-N=N-⟨⟩-OH)

275

答 ②, ③, ④, ①

ジアゾ化；③　ジアゾカップリング；①

検討 塩化ベンゼンジアゾニウムは不安定なので，ジアゾ化(③)して合成するときから，氷冷し，ジアゾ化してできた塩化ベンゼンジアゾニウムは，単離せずに，直接①のジアゾカップリングに用いる。

応用問題 ……… 本冊 p.123

276

答 ①, ④

検討 ①誤；硝酸ではなく，亜硝酸ナトリウムと反応して，塩化ベンゼンジアゾニウムを生成。
②正。
③正；アニリンブラックという黒色の染料ができる。
④誤；塩化鉄(Ⅲ)で青紫～赤紫色になるのは，フェノール類。
⑤正；アニリン塩酸塩は，弱塩基の塩で，強塩基の水酸化ナトリウムを加えると，弱塩基であるアニリンが遊離する。
$C_6H_5\text{-}NH_3Cl + NaOH \longrightarrow C_6H_5NH_2 + NaCl + H_2O$
⑥正；さらし粉により酸化され，赤紫色になる。この反応は，アニリンの検出に用いられる。

277

答 (1) **1.2 kg**　(2) **1.7 kg**

検討 (1)ベンゼン(分子量；78) 1 mol からアニリン(分子量；93) 1 mol が生成するので，生成するアニリンを x [kg] とすると，

$C_6H_6 \longrightarrow C_6H_5NH_2$
　78 g　　　　93 g
　1.0 kg　　　x [kg]　　　$\dfrac{78}{1.0} = \dfrac{93}{x}$

∴ $x = 1.19\cdots ≒ 1.2$ kg

(2)理論上，ニトロベンゼン(分子量；123) 1 mol からアニリン(分子量；93) 1 mol が生成する。必要とするニトロベンゼンを x [kg] とすると，変化するニトロベンゼンは，$0.80x$ [kg] である。

$C_6H_5NO_2 \longrightarrow C_6H_5NH_2$
　123 g　　　　93 g
　$0.80x$ [kg]　1.0 kg

$\dfrac{123}{0.80x} = \dfrac{93}{1.0}$　∴ $x = 1.65\cdots ≒ 1.7$ kg

42　有機化合物の分離

基本問題 ……… 本冊 p.124

278

答 (1) ①, ②, ③, ④, ⑤, ⑨
(2) ②, ③, ⑨　(3) ⑧　(4) ⑥, ⑦

検討 (1)酸性物質であるフェノール類およびカルボン酸が塩をつくり，水層に抽出される。⑥, ⑦, ⑧以外の物質がこれに該当する。
(2)炭酸($CO_2 + H_2O$)より強い酸は，炭酸水素ナトリウムを加えると，塩となり水層に抽出される。酸の強さは，
「カルボン酸」＞「炭酸」＞「フェノール類」
したがって，該当する化合物は，カルボン酸で，②, ③, ⑨が水層に抽出される。
(3)塩酸には，塩基性物質の⑧アニリンが，水層に抽出される。
(4)中性物質である，⑥トルエン，⑦ニトロベンゼンが該当する。

テスト対策

▶エーテル溶液から水層への抽出

NaOH 水溶液 ⇨ カルボン酸，フェノール類
　　　　　　　　　(酸性物質)

NaHCO₃ 水溶液 ⇨ カルボン酸
　　　　　　　　（炭酸より強い酸）
希塩酸 ⇨ アニリン（塩基性物質）
NaOH 水溶液にも希塩酸にも抽出されない
もの ⇨ トルエン，ニトロベンゼン
　　　　　（中性物質）

279

答 (1) a；④　　b；③　　c；②
(2) 水層 A：　　　水層 C：

（構造式：アニリン塩酸塩 $NH_3^+Cl^-$、安息香酸ナトリウム COO^-Na^+）

エーテル層 B：　　エーテル層 C：

（構造式：ベンゼン、フェノール OH）

検討 操作 a；エーテル混合溶液に希塩酸を加えると，塩基であるアニリンは塩となり，水層 A に抽出される。
操作 b；エーテル層 A に希水酸化ナトリウム水溶液を加えると，酸であるフェノールと安息香酸は塩となり水層に抽出され，ベンゼンはエーテル層に残る。
操作 c；水層 B に CO_2 を吹き込み，エーテルを加えて振り混ぜると，CO_2 より弱い酸であるフェノールが遊離し，エーテル層 C に抽出され，安息香酸のナトリウム塩は水層 C にとどまる。

応用問題 ●●●●●●●●●● 本冊 p.125

280

答 (1) (b)と(c)　　(2) (d)

検討 (1)塩基性物質は希塩酸と反応して塩を生成し，ジエチルエーテルに抽出されない。よって，塩基性物質と中性物質の組み合わせである。(b)と(c)が分離できる。
(2)(d)において，炭酸より強い酸である安息香酸を分離できる。

281

答 A：COOH / OCOCH₃　　B：COOCH₃ / OH
C：NH₂　　D：NHCOCH₃

検討 ① A は NaHCO₃ 水溶液で抽出されるので，−COOH 基をもつアセチルサリチル酸。
② B は①において NaHCO₃ 水溶液で抽出されず，NaOH 水溶液で抽出されるので，フェノール類で，サリチル酸メチル。
③ C はうすい塩酸で抽出されるので，塩基で，アニリン。
④ D は，つねにエーテル層にあるので，中性物質のアセトアニリド。

43　染料と洗剤

基本問題 ●●●●●●●●●● 本冊 p.126

282

答 (1) イ，ウ，エ

検討 ア；アゾ染料は，アゾ基 −N=N− をもつ染料で，広く用いられている合成染料である。
イ・ウ；アリザリンはアカネの根から，インジゴはアイの葉から得られる天然染料である。なお，アリザリンもインジゴも現在は合成できる。
エ；カルミン酸は，コチニール虫から得られる天然染料である。
オ；1856年，イギリスのパーキンがはじめて染料の合成に成功した。これがモーブである。

283

答 ① A　　② C　　③ B　　④ B
⑤ A　　⑥ A

検討 ①セッケンは，弱酸である脂肪酸と強塩基である NaOH からなる塩であるから，水

溶液は加水分解して塩基性を示す。一方，合成洗剤は，強酸と強塩基からなる塩やエステルであるから，水溶液は加水分解せず，ほぼ中性を示す。
②ともに疎水性の部分と親水性の部分をもち，界面活性剤である。
③セッケンは，硬水中のCa^{2+}やMg^{2+}と沈殿を生じるが，合成洗剤は，これらのイオンによって沈殿を生じない。
④セッケンは水溶液中で塩基性を示すため，絹や羊毛の洗濯に適していないが，合成洗剤はほぼ中性であるから適している。
⑤セッケンは，油脂に NaOH 水溶液を加えてつくる。
⑥セッケンに塩酸を加えると，脂肪酸が遊離して白濁する。
　　$RCOONa + HCl \longrightarrow NaCl + RCOOH$

テスト対策
▶セッケンと合成洗剤
　共通点；疎水性の部分と親水性の部分をもつ。⇨ **界面活性剤**
　相違点；①水溶液の液性 ⇨ 絹・羊毛の洗濯の適・不適。
　　　　　②Mg^{2+}やCa^{2+}との反応 ⇨ 硬水での洗濯の適・不適。

応用問題　　　　　　　　　　本冊 *p.127*

284
答　① インジゴ　② 還元　③ 酸化
　　④ 青　⑤ 建染

検討　①アイの成分色素はインジゴである。
②インジゴを還元すると，インジゴ分子中のカルボニル基がヒドロキシ基に変わり，水溶性になる。
　　　　　　C=O ⟶ C-OH
③④水に可溶な構造にして染着した後，空気中で酸化すると，もとの水に不溶な構造に戻り，青色となる。
⑤色素を還元して染着した後，酸化して発色させる染料を**建染染料**という。

285
答　ウ，オ

検討　ア；油脂を水酸化ナトリウム水溶液と加熱すると，けん化して，高級脂肪酸のナトリウム塩であるセッケンが生成する。
イ；セッケン分子 RCOONa のアルキル基 R が疎水性，COO^-Na^+ が親水性である。
ウ；合成洗剤は，強酸と強塩基からなる塩であるから，水溶液は中性を示す。絹や羊毛は，タンパク質を成分とするが，中性を示す合成洗剤は洗濯に適している。
エ；セッケン水溶液に油を入れて振ると，セッケン分子は R を油滴に，COO^-Na^+ を水に向けて油滴をとり囲み，コロイド溶液となる。セッケンのこのような作用を**乳化作用**という。
オ；硬水にセッケンを入れると Ca^{2+} や Mg^{2+} と反応して$(RCOO)_2Ca$ や $(RCOO)_2Mg$ の沈殿を生じ，洗浄力が低下する。合成洗剤は硬水中でも洗浄力は低下しない。

44 医薬品の化学

基本問題　　　　　　　　　　本冊 *p.129*

286
答　① サルファ剤　　② ペニシリン
　③ アセチルサリチル酸（アスピリン）
　④ アセトアニリド
　⑤ アセトアミノフェン

検討　① *p*-スルファニルアミド
$H_2N-\bigcirc-SO_2NH_2$ を基本構造とする化学療法薬がサルファ剤である。
②フレミングによってアオカビから発見された抗生物質はペニシリンである。
③サリチル酸をアセチル化すると，解熱鎮痛剤であるアセチルサリチル酸（アスピリン）が得られる。

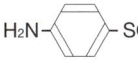

④⑤アニリンをアセチル化すると，解熱鎮痛剤であるアセトアニリドが得られる。アセトアニリドから発展改良したものがアセトアミノフェンである。

④ともに対症療法薬であり，エステルである。ニトログリセリンは硝酸とグリセリンのエステルである。
⑤ともにアミノ基$-NH_2$をもつ。
⑥ともに対症療法薬であり，フェノール類である。

応用問題　……　本冊 p.129

287

答 (1)

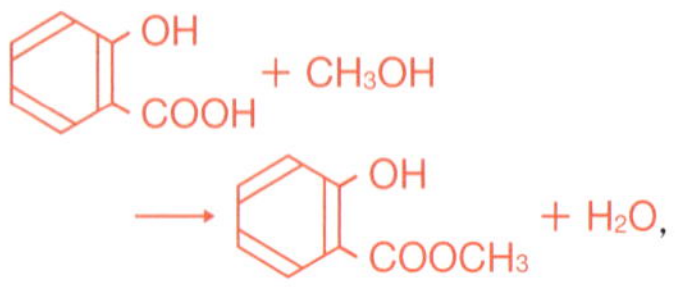

サリチル酸メチル，消炎鎮痛作用

(2)

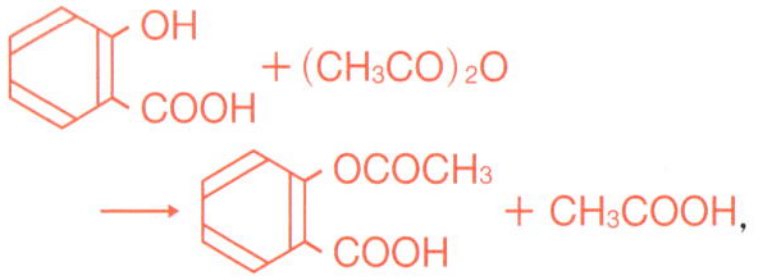

アセチルサリチル酸，解熱鎮痛作用

(3)

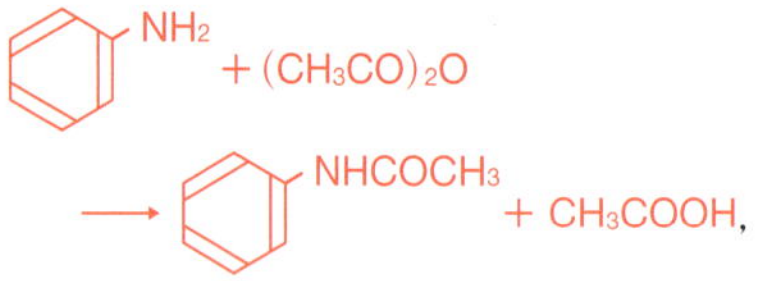

アセトアニリド，解熱鎮痛作用

検討 (1)サリチル酸の COOH 基とメタノールの OH 基のエステル化の反応で，サリチル酸メチル(消炎鎮痛剤)が生成する。
(2)サリチル酸の OH 基のアセチル化の反応で，生成物はアセチルサリチル酸(アスピリン；解熱鎮痛剤)と酢酸である。
(3)アニリンのアセチル化の反応で，生成物はアセトアニリド(解熱鎮痛剤)と酢酸である。

288

答 ① イ，オ　② ア　③ イ，カ
　　④ イ，オ　⑤ エ　⑥ イ，ウ

検討 ①ともに対症療法薬であり，また，ともにエステルである。
②ともに化学療法薬である。
③ともに対症療法薬である。また，ともにアミド結合$-NH-CO-$をもつ。

45　高分子化合物と重合の種類

基本問題　……　本冊 p.130

289

答 ① ウ，ク　② キ，シ
　　③ オ，ス　④ イ，コ

検討 イ・コ；ナイロンやフェノール樹脂は，2種類の有機物の単量体の縮合重合によって生じる合成高分子化合物である。→④
ウ；アスベストは石綿ともよばれ，繊維状のケイ酸塩からなる天然高分子化合物である。→①
オ・ス；ガラスやシリカゲルは，ケイ素と酸素からなる合成高分子化合物である。→③
キ・シ；セルロースやデンプンは多糖類で，天然に多量に存在する。→②
ク；石英は組成式SiO_2で表される共有結合の結晶で，天然に存在する無機高分子化合物である。→①

290

答 ① 縮合重合　② 付加重合
　　③ 付加重合　④ 縮合重合

検討 ①デンプンは，多数のグルコース分子からH_2O分子がとれて縮合重合してできた構造となっている。
$$nC_6H_{12}O_6 \longrightarrow (C_6H_{10}O_5)_n + nH_2O$$
②エチレンが付加重合してポリエチレンが合成される。
$$nCH_2=CH_2 \longrightarrow \{CH_2-CH_2\}_n$$

③塩化ビニルが付加重合してポリ塩化ビニルが合成される。
$$n\text{CH}_2=\text{CHCl} \longrightarrow -(\text{CH}_2-\text{CHCl})_n-$$
④タンパク質は多数のアミノ酸から H_2O 分子がとれて縮合重合してできた構造となっている。

応用問題 ●●●●●●●●●●●● 本冊 p.131

291

[答] ① $HOOC-(CH_2)_4-COOH$,
　　　$H_2N-(CH_2)_6-NH_2$

② $CH_2=CHCN$

③ $HO-(CH_2)_2-OH$,
　　$HOOC-\bigcirc-COOH$

④ $CH_2=CHCH_3$

[検討] ①アミド結合 $-CO-NH-$ は, $-COOH$ と $-NH_2$ から H_2O がとれて縮合したものである。
②④単量体の成分の二重結合を忘れないようにすること。
③エステル結合 $-O-CO-$ は, $-OH$ と $-COOH$ から H_2O がとれて縮合したものである。

292

[答] (1) 重合度；1.0×10^3　分子量；4.4×10^4
(2) 10

[検討] (1) $-CH_2-CH(OCOCH_3)-$ の式量は86であるから, ポリ酢酸ビニルの重合度を n とすると,
　　$86n = 8.6\times10^4$ ∴ $n=1.0\times10^3$
ポリビニルアルコールの重合度は, ポリ酢酸ビニルの重合度と同じである。また, $-CH_2-CH(OH)-$ の式量は44であるから, 分子量は,
　　$44\times1.0\times10^3 = 4.4\times10^4$
(2) デキストリンの重合度を n とすると, 分子式(示性式)は $H(C_6H_{10}O_5)_nOH$ と表される。分子量；$C_6H_{10}O_5 = 162$ より,
　　$162n + 18 = 1640$ ∴ $n = 10.0\cdots ≒ 10$

46 糖 類

基本問題 ●●●●●●●●●●●● 本冊 p.133

293

[答] エ

[検討] ア・イ；単糖類(六炭糖)の分子式は $C_6H_{12}O_6$ で, $-OH$ を5個もつので水に溶けやすい。
ウ・エ；単糖類は還元性をもつのでフェーリング液を還元するが, 還元性を示す部分の構造は糖によって異なる。グルコースやガラクトースでは $-CHO$ の部分であるが, フルクトースでは $-CO-CH_2OH$ の部分である。

294

[答] ウ, エ

[検討] 分子式が $C_{12}H_{22}O_{11}$ なので二糖類である。よって, 単糖類であるグルコースとフルクトースは不適。また, 銀鏡反応を示すことから, この糖には還元性があることがわかる。二糖類のうち, スクロースには還元性がない。

295

[答] (1) A　(2) A　(3) C　(4) B

[検討] (1)デンプンは冷水には溶けにくいが, 温水には溶けてコロイド溶液となる。セルロースは水に溶けない。
(2)デンプンは, ヨウ素により青紫色を呈する(ヨウ素デンプン反応)。セルロースはヨウ素によって呈色しない。
(3)デンプンもセルロースも加水分解するとグルコースを生じる。
(4)植物の細胞壁はセルロースからなる。

296

[答] (1) ア, イ, ウ, エ, ク
(2) エ, オ, ク　(3) エ, カ, キ
(4) ア, イ

[検討] (1)単糖類かスクロース以外の二糖類が還元性をもつ。
(2)二糖類である。

297

答 ア，ウ，オ

検討 イ；デンプンを希硫酸と加熱すると，デキストリンやマルトースとなり，ヨウ素デンプン反応の色が減退する。

ウ；スクロースは還元性を示さないが，加水分解するとグルコースやフルクトースを生じ，還元性を示す。

エ；マルトース1分子を加水分解すると，グルコース2分子を生じる。

カ；フルクトースは，水溶液中でヒドロキシケトン基をもつ鎖状構造となり，還元性を示す。

テスト対策

▶糖類の着目点

●水溶性
 単糖類・二糖類；よく溶ける。
 デンプン；温水には溶ける。
 セルロース；溶けない。

●還元性
 単糖類；示す。
 二糖類；スクロース以外は示す。
 多糖類；示さない。
 ⇨ 加水分解すると，すべて示す。

●単糖類の還元性を示す基
 グルコース；$-CHO$
 フルクトース；$-CO-CH_2OH$

●多糖類の構成成分
 デンプン；α-グルコース
 セルロース；β-グルコース

応用問題　本冊 p.134

298

答 (1) ① デキストリン　② マルトース　③ グルコース　④ ホルミル(アルデヒド)　⑤ 鎖状　⑥ Cu^{2+}　⑦ Cu_2O　⑧ C_2H_5OH

(2) A；$C_{12}H_{22}O_{11} + H_2O \longrightarrow 2C_6H_{12}O_6$

B；$C_6H_{12}O_6 \longrightarrow 2C_2H_5OH + 2CO_2$

(3) a；

b；

検討 (1)⑥⑦フェーリング液には Cu^{2+} の錯イオンが含まれており，還元されると Cu_2O の赤色沈殿が生じる。

⑧グルコースなどの単糖類は，酵母を加えるとエタノール C_2H_5OH と二酸化炭素 CO_2 に分解する。これをアルコール発酵という。

(3) a は鎖状構造，b は β-グルコースである。

299

答 (1) A；デンプン　B；グルコース　C；セルロース　(2) アミロース

(3) ① 縮合　② ヨウ素デンプン

③ アルコール発酵

(4) ホルミル基(アルデヒド基)

検討 (1) A；穀物に多く含まれる多糖類はデンプンである。

B；デンプンは，多数の α-グルコースが縮合重合してできている。

C；セルロースは多数の β-グルコースが縮合重合してできたもので，植物の細胞壁などの主成分である。

(2)直鎖状の構造をしたのがアミロース，枝分かれ状の構造をしたのがアミロペクチンである。

(4)グルコースは，水溶液中では α-グルコース，β-グルコース，鎖状のグルコースの3つの状態が平衡状態となっている。このうち，鎖状のグルコースはホルミル基 $-CHO$ をもつので，還元性を示す。

300

答 900 g

検討 $(C_6H_{10}O_5)_n + nH_2O \longrightarrow nC_6H_{12}O_6$

1 mol のデンプンから n[mol]のグルコースが得られるので，必要なデンプンを x[g]とすると，

$$\frac{x}{162n} \times n = \frac{1000}{180} \quad \therefore\ x = 900\,\text{g}$$

301

答 **17.1 g**

検討 $C_{12}H_{22}O_{11} + H_2O \longrightarrow 2C_6H_{12}O_6 \quad \cdots ①$

グルコース水溶液中にはホルミル基をもつ構造が存在し，還元性を示す。

$R-CHO + 3OH^-$
$\longrightarrow R-COO^- + 2H_2O + 2e^- \quad \cdots ②$

フェーリング液中の Cu^{2+} は還元されて，Cu_2O の赤色沈殿を生じる。

$2Cu^{2+} + 2OH^- + 2e^-$
$\longrightarrow Cu_2O + H_2O \quad \cdots ③$

①〜③式より，マルトース 1 mol が反応して Cu_2O 2 mol が生じることがわかる。
マルトースの質量を x[g]とすると，分子量；
$C_{12}H_{22}O_{11} = 342$，$Cu_2O = 143$ より，

$$\frac{x}{342} \times 2 = \frac{14.3}{143} \quad \therefore\ x = 17.1\,\text{g}$$

302

答 グルコース；**13.0 g** デンプン；**7.54 g**

検討 100 mL の A に含まれるグルコースを x[g]，デンプンを y[g]とする。

デンプンには還元性はなく，A にフェーリング液を反応させると，グルコースだけが反応する。

分子量；$C_6H_{12}O_6 = 180$，$Cu_2O = 144$，
グルコース：Cu_2O = 1：1（物質量の比）より，

$$x = \frac{10.4}{144}\,\text{mol} \times 180\,\text{g/mol}$$
$$= 13.0\,\text{g}$$

デンプン（分子量；$162n$）の加水分解の反応式は次のようになる。

$(C_6H_{10}O_5)_n + nH_2O \longrightarrow nC_6H_{12}O_6$

y[g]のデンプンから生じるグルコースの質量は，

$$\frac{y\,[\text{g}]}{162n\,[\text{g/mol}]} \times n \times 180\,[\text{g/mol}]$$
$$= \frac{180y}{162}\,[\text{g}]$$

グルコースの物質量は，

$$\frac{180y}{162}\,[\text{g}] \div 180\,\text{g/mol} = \frac{y}{162}\,[\text{mol}]$$

に相当する。加水分解後は，もとのグルコースと加水分解で生じたグルコースが，フェーリング液と反応することになる。

$$\frac{10.4}{144}\,\text{mol} + \frac{y}{162}\,[\text{mol}] = \frac{17.1}{144}\,\text{mol}$$
$$\therefore\ y = 7.537\cdots \fallingdotseq 7.54\,\text{g}$$

47 アミノ酸とタンパク質

基本問題 ●●●●●●●●●●●●● 本冊 *p.138*

303

答 **イ**

検討 イ；グリシンは鏡像異性体をもたない。グリシン以外のアミノ酸には，鏡像異性体が存在する。

ウ；アミノ酸は**双性イオン**となっているため，イオン結晶のように融点が比較的高く，水に溶けやすい。

エ；酸性のカルボキシ基と塩基性のアミノ基の両方をもつので，塩基とも酸とも中和反応をする。

> **テスト対策**
>
> ▶アミノ酸
> ①タンパク質から生じるアミノ酸
> ⇨ すべて α-アミノ酸。
> ②グリシン以外 ⇨ **鏡像異性体**が存在。
> ③**双性イオン** ⇨ 比較的融点が高く，水に溶けやすい。
> ④酸・塩基のいずれとも中和。
> ⑤**ニンヒドリン反応** ⇨ 赤紫〜青紫色に呈色。
> アミノ酸の検出。

304

答 ① 単純タンパク質　② 複合タンパク質　③ 変性　④ 水素　⑤ 黄　⑥ キサントプロテイン反応　⑦ ベンゼン環　⑧ 黒　⑨ 硫黄

検討 ①②加水分解したときに，アミノ酸だけを生じるタンパク質を**単純タンパク質**，アミノ酸以外に糖類や色素なども生じるタンパク質を**複合タンパク質**という。

③④タンパク質に熱や酸，塩基，アルコール，重金属イオンなどを加えると，分子間の水素結合が変化し，タンパク質の**変性**が起こる。

⑤～⑦ベンゼン環をもつタンパク質に濃硝酸を加えて加熱すると，ベンゼン環がニトロ化され，黄色に呈色する。これを**キサントプロテイン反応**という。

⑧⑨硫黄原子を含むタンパク質溶液に水酸化ナトリウムを加えて加熱し，酢酸鉛(II)水溶液を加えると，硫化鉛(II)の黒色沈殿が生じる。

✏️ テスト対策

▶ タンパク質の種類
- 単純タンパク質 ⇨ アミノ酸のみ。
- 複合タンパク質 ⇨ アミノ酸以外も含む。

▶ タンパク質の変性；熱，酸，塩基，重金属イオン，アルコールを加えると凝固し，もとにもどらない。
　⇨ 水素結合の変化が原因。

▶ タンパク質の検出反応
- ビウレット反応；NaOH 水溶液と少量の $CuSO_4$ 水溶液を加えると赤紫色。
　⇨ 2つ以上のペプチド結合をもつ物質
- キサントプロテイン反応；濃硝酸と加熱すると黄色，塩基を加えると橙黄色。
　⇨ 濃硝酸による黄色はベンゼン環のニトロ化が原因。

▶ タンパク質の成分元素の検出
- S の検出；NaOH の固体を加えて加熱，酢酸鉛(II)水溶液を加えると，黒色沈殿。
　⇨ $Pb^{2+} + S^{2-} \longrightarrow PbS \downarrow$
- N の検出；NaOH の固体を加えて加熱，発生する気体が赤色リトマス紙を青変。
　⇨ NH_3 の発生。塩基性の気体は NH_3 のみ。

305

答 ウ

検討 ア；この反応はビウレット反応であり，ペプチド結合を2つ以上もつ物質に起こる反応である。

イ；この反応は**キサントプロテイン反応**であり，タンパク質中のベンゼン環がニトロ化されるために起こる。

ウ；タンパク質の**変性**は，分子間の水素結合が切れることが原因である。ペプチド結合が切れるわけではない。

エ；発生した気体はアンモニアである。この反応から，タンパク質が成分元素として窒素を含んでいることがわかる。

応用問題　本冊 p.140

306

答 (1) ① **89**　② $CH_3-CH-COOH$
　　　　　　　　　　　　　　　$|$
　　　　　　　　　　　　　　NH_2

③ $CH_3-CH-COOH$
　　　　$|$
　　　NH_3^+

④ $CH_3-CH-COO^-$
　　　　$|$
　　　NH_2

(2) アミノ酸は双性イオンとなっているので，静電気的な引力がはたらくため。

検討 (1)①原子量；N = 14 より，分子量は，
$14 \times \dfrac{100}{15.7} = 89.1 \cdots \fallingdotseq 89$

②アミノ酸の化学式を $R-CH-COOH$ とする。
　　　　　　　　　　　　　　　$|$
　　　　　　　　　　　　　　NH_2

α-アミノ酸の一般式において，R の式量を m とすると，
$m + 74 = 89$　∴ $m = 15$
よって，R は CH_3 である。

③ $CH_3-CH(NH_3^+)-COO^- + H^+ \longrightarrow CH_3-CH(NH_3^+)-COOH$

④ $CH_3-CH(NH_3^+)-COO^- + OH^- \longrightarrow CH_3-CH(NH_2)-COO^- + H_2O$

(2)アミノ酸は双性イオンとなっているため,静電気的な引力がはたらき,融点が高い。

テスト対策

▶双性イオン(中性アミノ酸の場合)

酸性溶液中　　$R-CH(NH_3^+)-COOH$

　　　　　　　　　$\updownarrow$

中性溶液中　　$R-CH(NH_3^+)-COO^-$　双性イオン

　　　　　　　　　$\updownarrow$

塩基性溶液中　$R-CH(NH_2)-COO^-$

307

答 ウ

検討 ア:α-アミノ酸のうち,鏡像異性体をもたないのはグリシンだけである。
イ:キサントプロテイン反応では,ベンゼン環のニトロ化により呈色する。
ウ:アミノ酸が赤紫〜青紫色に呈色する反応は,ニンヒドリン溶液との反応である。
エ:ビウレット反応は,ペプチド結合を2つ以上もつ物質に起こる反応であるから,すべてのタンパク質で起こる。
オ:OH^-がアミノ酸の$-NH_3^+$と反応し,アミノ酸は陰イオンとなる。

308

答 ① ペプチド　② ポリペプチド　③ 水素　④ α-ヘリックス　⑤ β-シート　⑥ 変性

検討 ①②アミノ酸分子がペプチド結合で結びついた構造をもつ物質を**ペプチド**といい,多数のアミノ酸分子が結合したものを**ポリペプチド**という。
③〜⑤タンパク質のポリペプチド鎖は,らせん構造(α-ヘリックス)やシート状構造(β-シート)をとるが,これはポリペプチド鎖のペプチド結合間に形成される水素結合により保持されている。
⑥タンパク質を加熱したり,強酸や強塩基を加えたりすると,水素結合が切れて立体構造に変化が起こる。これがタンパク質の変性である。

309

答 (1) **X**:グリシン　**Y**:フェニルアラニン　**Z**:アラニン　(2) **6種類**

検討 (1)アミノ酸 **X** は,不斉炭素原子をもたないことから,グリシンである。
アミノ酸 **Y** の原子数比は,

$C:H:O:N = \dfrac{65.4}{12} : \dfrac{6.7}{1.0} : \dfrac{19.4}{16} : \dfrac{8.5}{14}$

$\fallingdotseq 9:11:2:1$

分子量が165より,分子式は $C_9H_{11}O_2N$ であり,示性式は $C_7H_7-CH(NH_2)COOH$ である。
また,キサントプロテイン反応を示すことからベンゼン環をもつので,アミノ酸 **Y** は $C_6H_5CH_2-CH(NH_2)COOH$ である。
窒素ガス18.0 mL 中の N 原子の物質量は,

$\dfrac{18.0 \times 10^{-3}}{22.4} \times 2 = 1.607\cdots \times 10^{-3}$

$\fallingdotseq 1.61 \times 10^{-3}$ mol

アミノ酸 **Z** の1分子中の N 原子は1個なので,**Z** の分子量は,$\dfrac{0.144}{1.61 \times 10^{-3}} = 89.4\cdots \fallingdotseq 89$

Z の化学式を $RCH(NH_2)COOH$, R の式量を m とすると,

$m + 74 = 89$　∴ $m = 15$

よって,R は CH_3 となり,アミノ酸 **Z** はアラニンであることがわかる。

(2)化合物 **A** の構造は,次の6種類である。
X–Y–Z, X–Z–Y, Y–X–Z,
Y–Z–X, Z–X–Y, Z–Y–X

310

答 (1) 赤紫〜青紫色を示す。　(2) 示さない。

(3) 陽極側；アスパラギン酸　陰極側；リシン

検討 (1)ビウレット反応は，ペプチド結合を2個以上もつ物質の場合に起こる。トリペプチドAは2個のペプチド結合をもつから，ビウレット反応により赤紫〜青紫色を呈する。
(2)濃硝酸と加熱して黄色を示すのは，**キサントプロテイン反応**であり，ベンゼン環のニトロ化が原因である。いずれのアミノ酸にもベンゼン環が含まれていないから，キサントプロテイン反応は起こらない。
(3)アラニンは，水溶液中では次のような正電荷と負電荷が等しい状態で存在するから，どちらの極にも移動しない。

$$CH_3-CH(NH_3^+)COO^-$$

アスパラギン酸は酸性アミノ酸であり，等電点が酸性側にある。よって，ほぼ中性の水溶液中では全体として陰イオンの状態で存在するから，陽極側に移動する。

$$OOC^- -CH_2-CH(NH_3^+)COO^-$$

リシンは塩基性アミノ酸であり，等電点が塩基性側にある。よって，ほぼ中性の水溶液中では全体として陽イオンの状態で存在するから，陰極側に移動する。

$$H_3N^+-(CH_2)_4-CH(NH_3^+)COO^-$$

48 生命体を構成する物質

基本問題　本冊 p.143

311
答 (1)① 縮合　② 二重らせん
(2) ヌクレオチド
(3) RNA：リボース，$C_5H_{10}O_5$
　　DNA：デオキシリボース，$C_5H_{10}O_4$

検討 (1)②塩基部分に水素結合が生じるためである。
(3)RNA(リボ核酸)を構成する五炭糖はリボース，DNA(デオキシリボ核酸)を構成する五炭糖はデオキシリボースである。

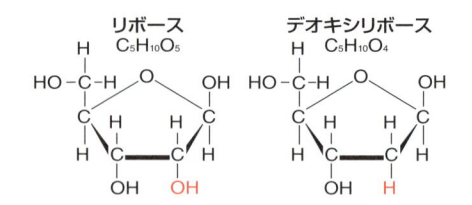

リボース　　　　　　デオキシリボース
$C_5H_{10}O_5$　　　　　　$C_5H_{10}O_4$

応用問題　本冊 p.143

312
答 ① C　② A　③ A　④ B
　　⑤ C　⑥ B

検討 ②DNAは2本鎖による二重らせん構造，RNAは1本鎖の構造である。
③④DNAは遺伝子の本体である。一方，RNAはタンパク質の合成を手助けするはたらきをもつ。
⑤DNAもRNAも4種類の有機塩基をもつ。そのうちの3種類は共通(アデニン，グアニン，シトシン)で，1種類のみ異なる(DNAはチミン，RNAはウラシル)。
⑥DNAを構成する糖はデオキシリボース$C_5H_{10}O_4$，RNAを構成する糖はリボース$C_5H_{10}O_5$である。

テスト対策

▶DNAとRNAの違い

	DNA	RNA
糖	$C_5H_{10}O_4$	$C_5H_{10}O_5$
構造	二重らせん構造	1本の鎖状構造
はたらき	遺伝子の本体	タンパク質合成の手助け

313
答 ① ×　② ○　③ ×　④ ×
　　⑤ ○　⑥ ○

検討 ①RNAはおもに細胞質に存在している。
②核酸を構成している物質のうち，糖の成分元素はC, H, Oの3種類，塩基の成分元素はC, H, O, Nの4種類，リン酸の成分元素はH, O, Pの3種類である。

③ DNA も RNA も4種類の塩基からなるが，4種類のうちの1種類が異なる。
④ DNA と RNA を構成する糖，塩基が異なるので，互いに異性体の関係ではない。

49 化学反応と酵素

基本問題 ……………… 本冊 *p.145*

314
答 ウ，キ
検討 ア：アミラーゼはデンプンには作用するがセルロースには作用しない。
イ：酵素の主成分はタンパク質である。
エ：酵素の最適温度は35〜40℃のものが多い。高温になると，酵素のタンパク質は変性し，酵素はそのはたらきを失う。
オ：酵素は，pH が7〜8のときによくはたらくものが多い。
カ：マルトースとスクロースは両方とも$C_{12}H_{22}O_{11}$で表されるが，マルトースに作用する酵素はマルターゼ，スクロースに作用する酵素はスクラーゼ(インベルターゼ)である。

応用問題 ……………… 本冊 *p.145*

315
答 (1)① アミラーゼ　② マルターゼ
③ スクラーゼ(インベルターゼ)
(2) a；フルクトース　b；二酸化炭素
(3) 転化糖　(4) アルコール発酵
検討 (2) b；$C_6H_{12}O_6 \longrightarrow 2C_2H_5OH + 2CO_2$
(3) スクロースを加水分解すると生じる，グルコースとフルクトースの混合物を**転化糖**という。

316
答 (1)① ウ　② イ
(2)① ウ　② ア　③ イ
検討 (1)デンプン水溶液に希硫酸を加えて加熱すると，デンプンは加水分解されてマルトースとなり，さらにグルコースとなる。
デンプン水溶液に酵素アミラーゼを作用させると，デンプンは加水分解されてマルトースとなるが，グルコースにはならない。
(2)ホルモンと酵素は体内で合成されるが，ビタミンは合成されないので食物からとる必要がある。酵素はおもにタンパク質からなる。

50 生体内の化学反応

基本問題 ……………… 本冊 *p.146*

317
答 ウ
検討 イ：ATP は，塩基が結合したリボースとリン酸3分子からなるエステルである。
ウ：ADP とリン酸がエネルギーを吸収して ATP が生じる。

318
答 (1) $ADP + H_3PO_4 \longrightarrow ATP + H_2O$, 吸熱反応
(2) $C_6H_{12}O_6 + 6O_2 \longrightarrow 6CO_2 + 6H_2O$, 発熱反応
(3) $C_6H_{12}O_6 \longrightarrow 2C_2H_5OH + 2CO_2$, 発熱反応
(4) $6CO_2 + 6H_2O \longrightarrow C_6H_{12}O_6 + 6O_2$, 吸熱反応
検討 (1) ADP とリン酸がエネルギーを吸収して ATP の形でエネルギーを蓄える。
(2)呼吸によるグルコースの酸化は，グルコースの燃焼と同じ反応である。
(3)グルコースが分解するときに発生するエネルギーが，微生物の生命活動を支えている。
(4)緑色植物は，太陽光のエネルギーを吸収して CO_2 と H_2O から $C_6H_{12}O_6$ を合成し，酸素 O_2 を発生させる。

応用問題 ……………… 本冊 *p.147*

319
答 ① ×　② ○　③ ×　④ ○
⑤ ○

320〜325 の答え

検討 ①ATPを構成する塩基にはNが含まれる。
③酸素を使わない呼吸で生じるエネルギーはATPの合成に使われる。
⑤ATPとしてエネルギーを蓄積し，ADPとなるときにエネルギーを放出する。

320
答 (1) **91 mol**　(2) **70 kJ**　(3) **281 kJ**
検討 (1)グルコース1.0 molが酸化されるときに発生するエネルギーは2810 kJであり，ATP 1.0 molが生成するときに吸収する熱量は31 kJであるから，
$$\frac{2810}{31} = 90.6\cdots ≒ 91 \text{ mol}$$
(2)エネルギー図で示すと次のようになる。

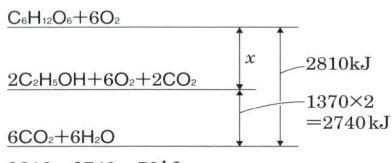

$C_6H_{12}O_6 + 6O_2$
$2C_2H_5OH + 6O_2 + 2CO_2$ ……2810 kJ
$6CO_2 + 6H_2O$ ……$1370 \times 2 = 2740$ kJ
x
$2810 - 2740 = 70$ kJ

(3)分子量；$C_6H_{12}O_6 = 180$より，
$$2810 \times \frac{18}{180} = 281 \text{ kJ}$$

51 化学繊維

基本問題　　　　　本冊 p.149

321
答 ア：ビスコース　イ：ビスコースレーヨン　ウ：シュバイツァー試薬
エ：銅アンモニアレーヨン(キュプラ)
オ：トリアセチルセルロース
カ：ジアセチルセルロース
キ：アセテート繊維

322
答 (1) ヘキサメチレンジアミン
$H_2N(CH_2)_6NH_2$，
アジピン酸 $HOOC(CH_2)_4COOH$

(2) $-\overset{O}{\underset{\|}{C}}-\overset{H}{\underset{|}{N}}-$　(3) 縮合重合

検討 (2)ナイロン66はアミド結合によってつながっている。

323
答 (1) ○　(2) ×　(3) ×　(4) ○
検討 (2)縮合重合ではなく開環重合。
(3)フタル酸ではなくテレフタル酸。

324
答 (1) オ　(2) エ　(3) ウ　(4) イ
(5) ア
検討 (1)ポリビニルアルコールはポリ酢酸ビニルを加水分解してつくる。
(2)エチレン $CH_2=CH_2$ を付加重合するとポリエチレンが生じる。
(3)スチレンを付加重合するとポリスチレンが生じる。
(4)アクリロニトリルを付加重合するとポリアクリロニトリルが生じる。
(5)酢酸ビニルを付加重合するとポリ酢酸ビニルが生じる。

> **テスト対策**
> ▶単量体と付加重合体の関係
> 単量体　　　　　付加重合体
> $CH_2=CH$　付加重合　$\{CH_2-CH\}_n$
> 　　$|$　　　　　　　　　$|$
> 　　X　　　　　　　　　X
> $X \Rightarrow H, CH_3, CN, OCOCH_3, Cl$ など

325
答 A：酢酸ビニル　B：ポリ酢酸ビニル
C：ポリビニルアルコール
D：ホルムアルデヒド
検討 A：アセチレンに酢酸を付加させると，酢酸ビニルが生成する。
B：酢酸ビニルを付加重合させると，ポリ酢酸ビニルとなる。

326〜329 の答え　77

C；ポリ酢酸ビニルを加水分解すると，ポリビニルアルコールが生成する。
D；ポリビニルアルコールにホルムアルデヒドを作用させてアセタール化すると，ビニロンが得られる。

応用問題　本冊 p.150

326
答 イ，オ

検討 ア；絹，羊毛などの動物繊維の成分はタンパク質である。
イ；レーヨンは再生繊維で，成分はセルロースである。一方，アセテートは半合成繊維で，成分は酢酸とセルロースからなるエステルである。
ウ；ナイロン66を加水分解すると，その単量体であるヘキサメチレンジアミンとアジピン酸が得られる。
エ；ポリエチレンテレフタラートを加水分解すると，その単量体であるテレフタル酸とエチレングリコールが得られる。
オ；ポリ酢酸ビニルを加水分解すると，その単量体ではなく，ポリビニルアルコールと酢酸が得られる。

327
答 (1) A；ナイロン6　B；ナイロン66
(2) アミド結合　(3) A；$H_2N(CH_2)_5COOH$
B；$H_2N(CH_2)_6NH_2$，$HOOC(CH_2)_4COOH$
C；$CH_2(NH_2)COOH$,
　$CH_3CH(NH_2)COOH$,
　$HOCH_2CH(NH_2)COOH$
(4) $\left[\begin{array}{l}(CH_2)_5\\ CO-NH\end{array}\right]$

検討 (1) A；ε-カプロラクタムが開いた構造が成分単位であるから，ナイロン6である。
B；ヘキサメチレンジアミンとアジピン酸が縮合重合した構造であるから，ナイロン66である。

(2) Cのような，アミノ酸の縮合によって生じたアミド結合は，特にペプチド結合という。
(3) 加水分解するとアミド結合が切れ，カルボキシ基 $-COOH$ とアミノ基 $-NH_2$ が生じる。
(4) ナイロン6は，ε-カプロラクタムの開環重合によって合成する。

328
答 (1) $n\ HO-(CH_2)_2-OH$
$+ n\ HOOC-\!\!\bigcirc\!\!-COOH \longrightarrow$
$H-[O-(CH_2)_2-O-CO-\!\!\bigcirc\!\!-CO-]_n OH$
$+ (2n-1)H_2O$

(2) **52個**

検討 (1) エチレングリコール分子 n 個とテレフタル酸分子 n 個から水分子 $(2n-1)$ 個がとれて縮合重合する。
(2) ポリエチレンテレフタラートの分子の構造式は，次のとおりである。

$H-[O-(CH_2)_2-O-CO-\!\!\bigcirc\!\!-CO-]_n OH$

繰り返し部分1単位あたり，テレフタル酸の単位が1個含まれている。繰り返し部分1単位の式量は192であるから，
$192n + 18 = 10000$　∴ $n = 51.9\cdots ≒ 52$

329
答 (1) ① 付加　② 加水分解(けん化)
③ ヒドロキシ　④ ホルムアルデヒド
(2) $5.3×10^2 g$

検討 (2) ポリ酢酸ビニルがポリビニルアルコールになる変化は次の通り。

$\left[\begin{array}{l}CH_2-CH\\ \ \ \ \ \ \ OCOCH_3\end{array}\right]_n \longrightarrow \left[\begin{array}{l}CH_2-CH\\ \ \ \ \ \ \ OH\end{array}\right]_n$

また，ポリビニルアルコールがアセタール化されるときの変化は次の通り。

$\left[\begin{array}{l}CH_2-CH-CH_2-CH\\ \ \ \ \ \ OH\ \ \ \ \ \ \ \ \ \ \ \ \ OH\end{array}\right]_n$
$\longrightarrow \left[\begin{array}{l}CH_2-CH-CH_2-CH\\ \ \ \ \ \ \ O\ \ -\ CH_2-O\end{array}\right]_n$

よって，ポリ酢酸ビニルの変化は次のようにまとめられる。

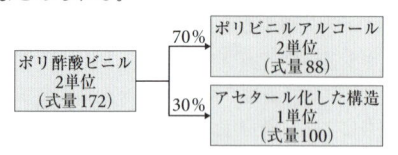

ポリ酢酸ビニル 2単位（式量172）
- 70% → ポリビニルアルコール 2単位（式量88）
- 30% → アセタール化した構造 1単位（式量100）

得られるビニロンの質量は，

$$1000 \times \frac{70}{100} \times \frac{88}{172} + 1000 \times \frac{30}{100} \times \frac{100}{172}$$
$$= 5.32\cdots \times 10^2 ≒ 5.3 \times 10^2 \text{ g}$$

52 合成樹脂（プラスチック）

基本問題 ････････････ 本冊 p.153

330

[答] ① A ② A ③ A ④ B ⑤ B

[検討] ①加熱すると軟らかくなる樹脂が熱可塑性樹脂である。
②熱可塑性樹脂は鎖状構造，熱硬化性樹脂は立体網目構造である。
③熱可塑性樹脂には付加重合によって合成されるものが多く，熱硬化性樹脂には縮合重合によって合成されるものが多い。
④⑤熱硬化性樹脂は，硬くて熱に強い性質から，建材や食器，電気器具などに使われる。

331

[答] (1) ア；ポリプロピレン　イ；尿素樹脂
ウ；ポリ塩化ビニル　エ；ナイロン66
オ；メタクリル樹脂（アクリル樹脂）
カ；ポリエチレンテレフタラート
(2) イ　(3) イ，エ，カ

[検討] ア；ポリプロピレンは，プロピレン $CH_2=CH-CH_3$ の付加重合によって生じる熱可塑性樹脂である。
イ；尿素樹脂は，尿素 $(NH_2)_2CO$ とホルムアルデヒド $HCHO$ の縮合重合によって生じる熱硬化性樹脂である。
ウ；ポリ塩化ビニルは，塩化ビニル $CH_2=CHCl$ の付加重合によって生じる熱可塑性樹脂である。
エ；ナイロン66は，ヘキサメチレンジアミン $H_2N-(CH_2)_6-NH_2$ とアジピン酸 $HOOC-(CH_2)_4-COOH$ の縮合重合によって生じる熱可塑性樹脂である。
オ；メタクリル樹脂は，メタクリル酸メチル $CH_2=C(CH_3)-COOCH_3$ の付加重合によって生じる熱可塑性樹脂である。
カ；ポリエチレンテレフタラートは，エチレングリコール $HO-(CH_2)_2-OH$ とテレフタル酸 $HOOC-\langle\bigcirc\rangle-COOH$ の縮合重合によって生じる熱可塑性樹脂である。
(2)熱硬化性樹脂は立体網目状の構造をもつ。

332

[答] (1) ア，カ　(2) エ，キ　(3) ウ，ク
(4) ウ，エ，カ　(5) ア，オ，カ，キ

[検討] (1)ポリエチレンは $+CH_2-CH_2+_n$，ポリスチレンは $+CH_2-CH(C_6H_5)+_n$ であり，ともに炭化水素である。
(2)ポリエチレンテレフタラートはテレフタル酸とエチレングリコールからなるポリエステル，ポリ酢酸ビニルはポリビニルアルコールと酢酸からなるエステルである。
(3)フェノール樹脂とメラミン樹脂は立体網目状の構造をもつ熱硬化性樹脂である。
(4)フェノール樹脂はフェノールの部分に，ポリエチレンテレフタラートはテレフタル酸の部分に，ポリスチレンはスチレンの部分に，それぞれベンゼン環をもつ。
(5)ポリエチレンはエチレン，ポリアクリロニトリルはアクリロニトリル，ポリスチレンはスチレン，ポリ酢酸ビニルは酢酸ビニルが付加重合したものである。

応用問題 ････････････ 本冊 p.154

333

[答] (1) エ　(2) イ　(3) オ　(4) ア
(5) カ　(6) ウ

[検討] (1)フェノールとホルムアルデヒドを，酸触媒を用いて反応させるとノボラック，塩基触媒を用いるとレゾールが中間生成物として得られる。

334
[答] (1) A；カ　B；エ　C；オ
(2) ① 熱可塑性樹脂　② 熱硬化性樹脂

[検討] (1) A；炭化水素はポリプロピレンとポリスチレン。このうち，ベンゼン環をもつのはポリスチレン。
B；成分元素が C，H，O の3種類なのは，メタクリル樹脂とポリエチレンテレフタラート。このうち，ベンゼン環をもつのはポリエチレンテレフタラート。
C；成分元素が C，H，O，N の4種類なのは，ナイロン66と尿素樹脂。このうち，加熱によって硬化するのは尿素樹脂である。

335
[答] **198 kg**

[検討] アセチレンからポリビニルアルコールを生成する反応は次のとおりである。〔( )内の数字は分子量〕

$n\text{CH}\equiv\text{CH} \xrightarrow[\text{付加}]{n\text{CH}_3\text{COOH}} n\text{CH}_2=\text{CH}$
$(26) \qquad\qquad\qquad\qquad\quad |$
$\qquad\qquad\qquad\qquad\qquad \text{OCOCH}_3$

$\xrightarrow{\text{付加重合}} \begin{bmatrix}\text{CH}_2-\text{CH} \\ \qquad | \\ \qquad \text{OCOCH}_3\end{bmatrix}_n$

$\xrightarrow[\text{けん化}]{n\text{NaOHaq}} \begin{bmatrix}\text{CH}_2-\text{CH} \\ \qquad | \\ \qquad \text{OH}\end{bmatrix}_n$
$\qquad\qquad\qquad (44n)$

$+\, n\text{CH}_3\text{COONa}$

量的関係を調べると，アセチレンとポリビニルアルコールの**物質量の比**は，$n:1$ になっている。反応の収率は90%だから，

$$\frac{130\times 0.90\,\text{kg}}{26\,\text{g/mol}} : \frac{x\,[\text{kg}]}{44n\,[\text{g/mol}]} = n:1$$

∴ $x = 198$ kg

53 天然ゴムと合成ゴム

基本問題 ………………… 本冊 p.155

336
[答] ウ，オ

[検討] ウ；イソプレン分子は二重結合を2つ含む。
エ；イソプレンを付加重合すると，二重結合の位置と単結合の位置が入れ替わる。
オ；生ゴムに硫黄を数%加えると**弾性ゴム**になり，30～40%加えると**エボナイト**となる。エボナイトは黒色で硬いプラスチック状の物質である。

337
[答] n 個

[検討] イソプレン分子には二重結合が2個あるが，ポリイソプレンのイソプレン単位1個には二重結合が1個ある。

338
[答] ① クロロプレン　② イソプレン
③ ブタジエン

> 🖉 **テスト対策**
> ▶ゴムの構造と名称
> $\left[\begin{array}{c}\text{CH}_2-\text{C}=\text{CH}-\text{CH}_2 \\ \quad\ |\quad \\ \quad\ X\end{array}\right]_n$
>
> X が $\begin{cases} \text{H} \Rightarrow \text{ブタジエンゴム} \\ \text{Cl} \Rightarrow \text{クロロプレンゴム} \\ \text{CH}_3 \Rightarrow \text{イソプレンゴム} \end{cases}$

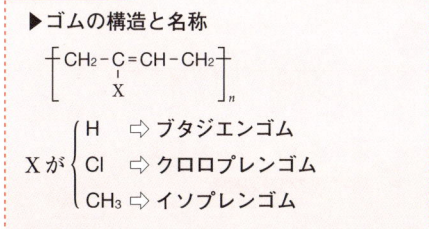

応用問題 ………………… 本冊 p.156

339
[答] (1) オ　(2) イ　(3) イ　(4) ア

[検討] (1)生ゴムを空気を遮断して加熱(**乾留**)すると，単量体であるイソプレンが生じる。
(2)イソプレンを付加重合すると生ゴムが生成。
(3)ポリクロロプレンはクロロプレンの付加重合体である。

(4) 2種類以上の単量体による付加重合を，特に **共重合** という。

340

【答】(1) ① ラテックス　② 硫黄
　　③ 架橋
(2) $+CH_2-CCH_3=CH-CH_2+_n$
　　$\longrightarrow nCH_2=CCH_3-CH=CH_2$
(3) アクリロニトリル-ブタジエンゴム
(4) 共重合

【検討】(1)②生ゴムに数%の硫黄を加えて加熱すると弾性ゴムが得られ，30～40%の硫黄を加えて加熱するとエボナイトが得られる。
③生ゴムの二重結合の部分に，硫黄原子が橋をかけたような構造ができる。
(3)(4)アクリロニトリルとブタジエンとの共重合によって生成するのが，アクリロニトリル-ブタジエンゴムである。

54　機能性高分子と再利用

基本問題　　本冊 p.158

341

【答】ア：スルホ　イ：陽イオン
　ウ：水素イオン　エ：陽イオン交換樹脂
　オ：陰イオン　カ：水酸化物イオン
　キ：陰イオン交換樹脂

342

【答】(1) イ　(2) ア　(3) ウ　(4) エ
【検討】(2)ペットボトルをそのまま再利用している。
(3)原料の石油まで分解している。

応用問題　　本冊 p.159

343

【答】A：イ　B：エ　C：オ　D：ア
　E：ウ

【検討】アはナイロン6，イはポリエチレンテレフタラート，ウはポリスチレン，エはナイロン66，オはポリアクリロニトリル。
A・B；縮合重合により合成され，おもに繊維に用いられるものは，ポリエチレンテレフタラートとナイロン66。Aはペットボトルに用いられることからポリエチレンテレフタラート。
C・E；付加重合により合成されるものは，ポリスチレンとポリアクリロニトリル。イオン交換樹脂は，スチレンとジビニルベンゼンの共重合体の水素原子を，酸性や塩基性の基で置換したもの。
D；開環重合で合成されることからナイロン6。

344

【答】(1) $2R-SO_3H + Cu^{2+}$
　　$\longrightarrow (R-SO_3)_2Cu + 2H^+$
(2) **30 mL**

【検討】(1)硫化銅(Ⅱ)水溶液中の Cu^{2+} とイオン交換樹脂のスルホ基の H^+ が交換される。
(2) Cu^{2+} 1 mol と H^+ 2 mol が交換される。求める水酸化ナトリウム水溶液を x [mL] とすると，
$0.10 \times \dfrac{15}{1000} \times 2 = 0.10 \times \dfrac{x}{1000}$　∴ $x = 30$ mL